食品安全检测技术

◎张萌娥　牛天悦　杨　婕　主编

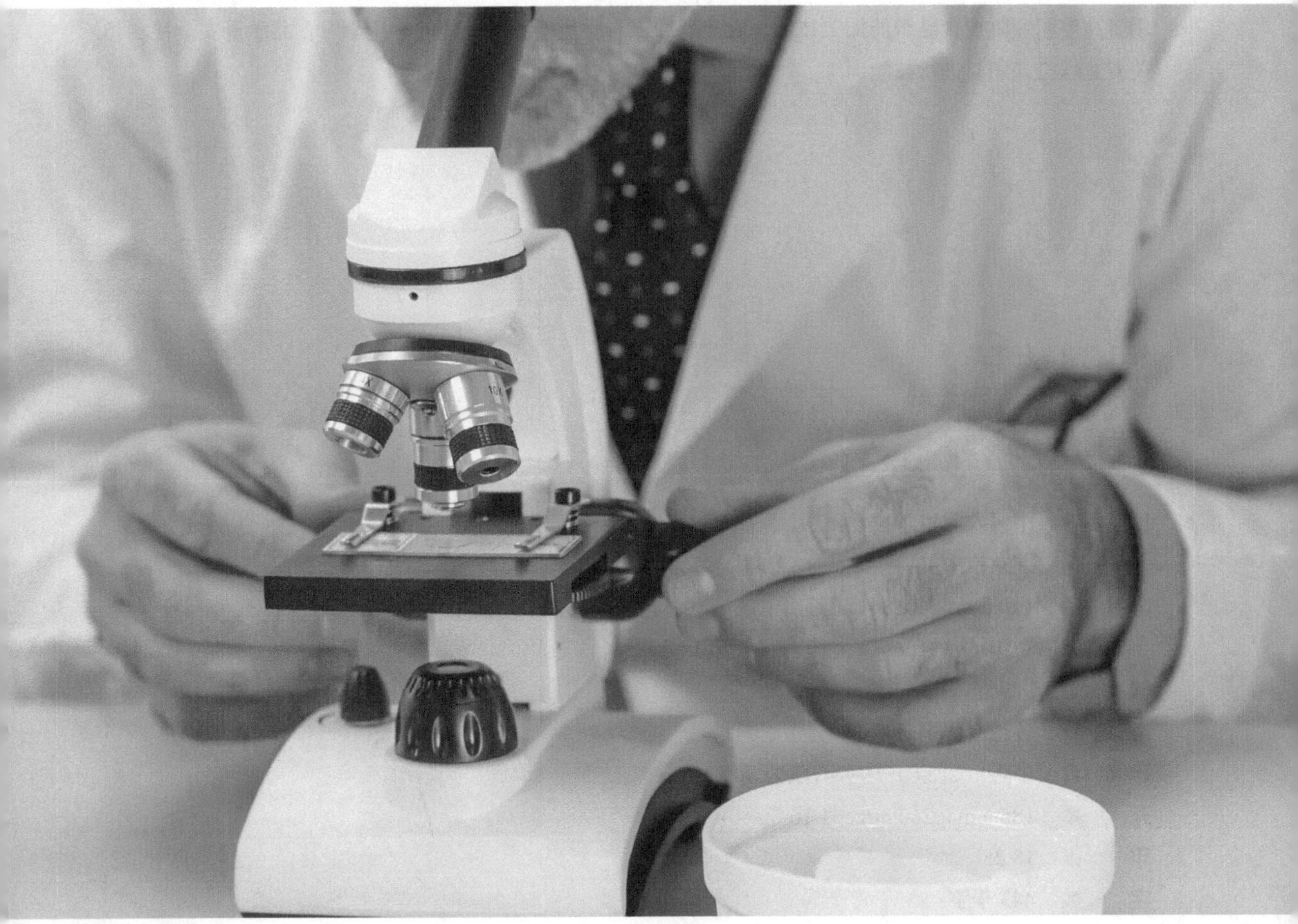

中国农业科学技术出版社

图书在版编目（CIP）数据

食品安全检测技术 / 张萌娥，牛天悦，杨婕主编 . 北京 ：中国农业科学技术出版社，2024. 10. -- ISBN 978-7-5116-7138-7

Ⅰ. TS207

中国国家版本馆 CIP 数据核字第 2024VT6197 号

内容提要

本书参考各类食品检测的国家标准，涵盖样品检测准备、食品中一般品质检测、食品常规营养成分的检测、食品中添加剂的检测、食品中有害物质的检测、食品中常见致病菌的检测等方面。本书适用于高等职业院校食品智能加工技术、农产品加工与质量检测等专业的学生学习食品质量安全检测相关专业理论知识与进行技能训练。

责任编辑 任玉晶
责任校对 马广洋
责任印制 姜义伟　王思文

出 版 者 中国农业科学技术出版社
北京市中关村南大街 12 号　　邮编：100081
电　　话 （010）82106641（编辑室）（010）82106624（发行部）
（010）82106624（读者服务部）
网　　址 https://castp.caas.cn
经 销 者 各地新华书店
印 刷 者 中煤（北京）印务有限公司
开　　本 185 mm × 260 mm　1/16
印　　张 18.25
字　　数 443 千字
版　　次 2024 年 10 月第 1 版　2024 年 10 月第 1 次印刷
定　　价 42.00 元

编委会

主　编　张萌娥　牛天悦　杨　婕

副主编　王　源　王　琦　毛玉平

参　编　牛骁麟　范忠原　司晓萍
　　　　　高明艳　郝　佳　黎晓磊

前 言

认真贯彻落实《国家职业教育改革实施方案》等文件对职业教育教学质量提出的新要求，落实立德树人的根本任务，适应我国职业教育课程改革的趋势，直面“培养什么人、怎样培养人、为谁培养人”的教育根本问题，将党的二十大精神融入高校教育教学，是高校学生实现全面发展的必然要求，也是高校推动课程改革创新的重要依据。

本教材内容涵盖了检验工作准备、样品采样和预处理、样品检验结果处理与检验报告、食品一般品质的检验、食品中常规营养成分的检测、食品中添加剂的检测、食品中有害物质的检测、食品中常见致病菌的检测八大项目。每个项目按“任务导入、任务工单、任务准备、任务筹划、任务实施、实训报告、任务评价”等模式编排，将知识学习与任务实施融合为一体，便于学生更好地将理论知识与实际任务相结合，提高专业能力。教材编写中融入了新的职业教育理念，汲取了大量行业专家和企业技术人员提供的宝贵意见和经验；以职业能力培养为主线，以食品行业、企业检验员岗位需求为导向，以最新的食品安全国家标准或被认可的方法为依据，选取内容为食品企业、第三方检测机构的实际工作任务，同时结合食品检验管理 1+X 证书考核标准，构建了基于工作过程的检验课程内容。

本教材由张萌娥、牛天悦、杨婕担任主编，王源、王琦、毛玉平担任副主编，牛骁麟、范忠原、司晓萍、高明艳、郝佳、黎晓磊参与编写。尽管编者尽了最大的努力去整理和核实，但由于时间和水平有限，书中难免有疏漏和错误之处，恳请广大读者批评指正。

编者

2024 年 7 月

目 录

项目一　检验前期工作准备

项目导读

截至2024年3月，我国共发布食品安全国家标准1 610项，其中通用标准15项、食品产品标准72项、特殊膳食食品标准10项、食品添加剂质量规格及相关标准643项、食品营养强化剂质量规格标准75项、食品相关产品标准18项、生产经营规范标准36项、理化检验方法标准256项、寄生虫检验方法6项、微生物检验方法标准45项、毒理学检验方法与规程标准29项、农药残留检测方法标准120项、兽药残留检测方法标准95项、被替代（拟替代）和已废止（待废止）标准190项。作为食品行业检验人员应按照食品安全标准和检验规范完成检测工作，尊重科学，恪守职业道德与职业操守，保证检验数据的真实性和结果的客观性与公正性，不得出具虚假检验报告。因此，学会查询和解读国家标准、配制检验过程中所需试剂是食品检验员必须掌握的岗位技能。

知识目标

（1）理解食品检测相应国标中的各项内容要求。

（2）掌握溶液浓度的表示方法、标准溶液的配制与标定方法。

技能目标

（1）能够查询并解读食品检验的相关标准。

（2）学会配制试剂，能按照要求正确准备实验药品及配制检验试剂。

（3）能够按照要求完成标准滴定溶液的配制与标定操作。

素质目标

（1）具备安全防护、文明操作意识。

（2）具备严谨谨慎的操作习惯。

思政目标

关注时事政治，树立食品安全意识，了解“健康中国”战略的实施意义。

任务一　查询与解读检验标准

任务导入

你作为公司的工作人员，今天接到工作任务，需负责查询和解读食品中脂肪测定的相关检验标准，请依据流程，制订工作计划，完成本次工作任务。

任务工单

班级:____________　姓名:____________　学号:____________

任务名称	查询与解读食品中脂肪测定的相关检验标准
任务描述	任务内容：通过课程学习完成食品中脂肪测定方法相关标准的查询，并根据标准内容解读脂肪测定方法及适用范围。 任务目的：能够说出标准的分级、分类，区分不同性质的标准；能快速、准确查找现行的食品检测相应标准，并依据样品种类选择正确标准。 任务流程：查询标准、依据样品种类选择适合标准、解读标准。 任务方法：资料查找。
获取信息	要完成任务，需要掌握相关的知识。请收集资料，回答以下问题。 1. 我国标准是如何分类的？ 2. 常见的标准分类主要包括什么类型？ 3. 如何通过代号区分不同类型的标准？

任务准备

一、知识准备

标准是对重复性事物和概念所做的统一规定，它以科学、技术和实践经验的综合为基础，经过有关方面协商一致，由主管机构批准，以特定的形式发布，作为共同遵守的准则和依据。

标准按使用范围划分有国际标准、区域标准、国家标准（简称国标）、行业标准、地方标准、团体标准、企业标准。具体分类见表1-1-1。

表 1-1-1　标准分类及举例

类型	符号及举例
国际标准	ISO 国际标准化组织 \IEC 国际电工委员会 \ITU 国际电信联盟
区域标准	EN 欧洲标准 \ARS 非洲地区标准 \PAS 泛美标准
国家标准	GB 国家标准 \JJF 国家计量技术规范 \GHZB 国家环境质量标准
行业标准	NY 农业标准 \DL 电力标准 \FZ 纺织标准等
地方标准	DB 地方标准
企业标准	Q/XXX 企业标准

标准依据性质分为强制性标准 GB、推荐性标准 GB/T 及指导性技术文件 GB/Z；标准依据应用范围不同分为质量标准、卫生标准、卫生规范、安全限量标准、检测标准、标签标准等。

二、工具准备

请你按照表 1-1-2 中的清单，准备好所需工具，并填写检查确认情况。

表 1-1-2　工具清单

序号	名称	型号与规格	单位	数量	检查确认
1	手机 / 电脑		台	1	
2	笔记本		个	1	

任务筹划

检验标准查询与解读工作流程如图 1-1-1 所示。

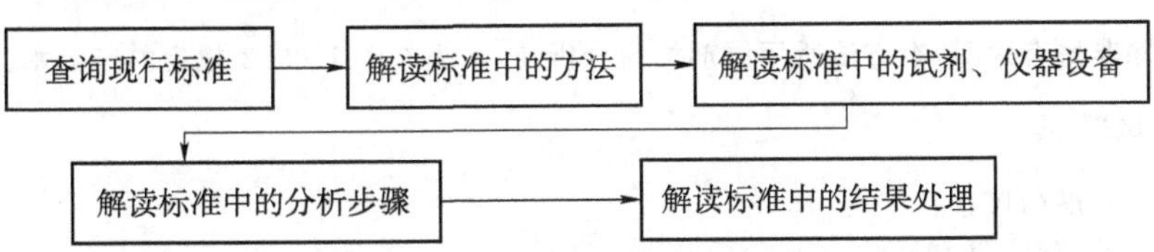

图 1-1-1　检验标准查询与解读

任务实施

一、检测标准查询

常见查找检测标准权威网站有国家标准全文公开系统、全国标准信息公共服务平台、食品伙伴网等。

打开上述任何一个网点，搜索关键词“脂肪”，在搜索结果中选择 GB 5009.6—

2016 标准，进行查看或下载。

二、标准方法解读

部分标准会含有多种检测方法。在一般情况下，这些方法没有优劣之分，但需要根据当前样品性质种类及实验室的配置，选择最合适的方法。如图 1-1-2 所示。

本标准规定了食品中脂肪含量的测定方法。

本标准第一法适用于水果、蔬菜及其制品、粮食及粮食制品、肉及肉制品、蛋及蛋制品、水产及其制品、焙烤食品、糖果等食品中游离态脂肪含量的测定。

本标准第二法适用于水果、蔬菜及其制品、粮食及粮食制品、肉及肉制品、蛋及蛋制品、水产及其制品、焙烤食品、糖果等食品中游离态脂肪及结合态脂肪总量的测定。

本标准第三法适用于乳及乳制品、婴幼儿配方食品中脂肪的测定。

本标准第四法适用于乳及乳制品、婴幼儿配方食品中脂肪的测定。

图 1-1-2　标准检测方法介绍示例

三、试剂、仪器和设备准备解读

标准中每类方法中会详细列出检测中所需的试剂、设备、工具等。同时标准中还会对每类试剂配制方法进行介绍，如图 1-1-3、1-1-4 所示。

9.2　试剂的配制

9.2.1　盐酸溶液(2 mol/L)：量取 50 mL 盐酸，加入到 250 mL 水中，混匀。

9.2.2　碘液(0.05 mol/L)：称取 6.5 g 碘和 25 g 碘化钾于少量水中溶解，稀释至 1 L。

图 1-1-3　检验中所需试剂示例

除非另有说明，本方法所用试剂均为分析纯，水为 GB/T 6682 规定的三级水。

9.1　试剂

9.1.1　盐酸(HCl)。

9.1.2　乙醇(C_2H_5OH)。

9.1.3　无水乙醚($C_4H_{10}O$)。

9.1.4　石油醚(C_nH_{2n+2})：沸程为 30 ℃～60 ℃。

9.1.5　碘(I_2)。

9.1.6　碘化钾(KI)。

图 1-1-4　检验中所需试剂配置方法示例

四、分析方法步骤解读

标准中详细介绍检测项目的具体的分析步骤，检测时根据具体步骤进行检测。如图 1-1-5 所示。

17　分析步骤

17.1　试样碱水解

17.1.1　巴氏杀菌乳、灭菌乳、生乳、发酵乳、调制乳

称取充分混匀试样 10 g(精确至 0.000 1 g)于抽脂瓶中。加入 2.0 mL 氨水，充分混合后立即将抽脂瓶放入(65±5)℃的水浴中，加热 15～20 min，不时取出振荡。取出后，冷却至室温。静置 30 s。

17.1.2　乳粉和婴幼儿食品

称取混匀后的试样，高脂乳粉、全脂乳粉、全脂加糖乳粉和婴幼儿食品约 1 g(精确至 0.000 1 g)，脱脂乳粉、乳清粉、酪乳粉约 1.5 g(精确至 0.000 1 g)，其余操作同 17.1.1。

17.1.2.1　不含淀粉样品

加入 10 mL (65±5)℃的水，将试样洗入抽脂瓶的小球，充分混合，直到试样完全分散，放入流动水中冷却。

图 1-1-5　检验项目中检验分析步骤示例

五、计算结果处理解读

检测结束后，需对结果进行分析。标准中列出计算公式，检验员根据检验过程中所得数据代入公式中，即可得出结果，如图 1-1-6 所示。

试样中脂肪的含量按式(2)计算：

$$X=\frac{(m_1-m_2)-(m_3-m_4)}{m}\times 100$$

式中：

X ——试样中脂肪的含量，单位为克每百克(g/100 g)；

m_1 ——恒重后脂肪收集瓶和脂肪的质量，单位为克(g)；

m_2 ——脂肪收集瓶的质量，单位为克(g)；

m_3 ——空白试验中，恒重后脂肪收集瓶和抽提物的质量，单位为克(g)；

m_4 ——空白试验中脂肪收集瓶的质量，单位为克(g)；

m ——样品的质量，单位为克(g)；

100——换算系数。

图 1-1-6　检验结果计算方法示例

一般来说，检验试验都需要进行平行试验，因此标准中对精密度也做出了详细要求。如图 1-1-7 所示。只有重复两次独立测定结果精密度在范围要求以内，该试验结果才算有效；如不符合要求，则需要进行双人双平行重新测定。

精密度

当样品中脂肪含量≥15%时，两次独立测定结果之差≤0.3 g/100 g；
当样品中脂肪含量在 5%～15%时，两次独立测定结果之差≤0.2 g/100 g；
当样品中脂肪含量≤5%时，两次独立测定结果之差≤0.1 g/100 g。

图 1-1-7　检验结果精密度要求示例

- **实训报告**

<table>
<tr><th colspan="2">操作记录</th></tr>
<tr><td>实训名称：
姓名：</td><td>班级：
学号：</td></tr>
<tr><td colspan="2">工具准备：</td></tr>
<tr><td colspan="2">操作步骤：</td></tr>
<tr><td colspan="2">实训总结反思：</td></tr>
</table>

任务评价

<table>
<tr><th colspan="6">评价表</th></tr>
<tr><th>项目</th><th>评价内容</th><th>分值</th><th>自评</th><th>互评</th><th>师评</th></tr>
<tr><td rowspan="3">知识基础</td><td>能够准确说出标准的分级</td><td>9</td><td></td><td></td><td></td></tr>
<tr><td>能够正确识别标准的分类</td><td>9</td><td></td><td></td><td></td></tr>
<tr><td>能够区分标准的性质</td><td>9</td><td></td><td></td><td></td></tr>
<tr><td rowspan="2">实践操作</td><td>能够迅速准确地查询相应的标准</td><td>15</td><td></td><td></td><td></td></tr>
<tr><td>能够读懂标准，依据标准进行检测准备</td><td>15</td><td></td><td></td><td></td></tr>
<tr><td>任务质量</td><td>能够合理规范完成标准查询与解读</td><td>15</td><td></td><td></td><td></td></tr>
<tr><td rowspan="2">素养表现</td><td>团队分工明确、合作良好</td><td>7</td><td></td><td></td><td></td></tr>
<tr><td>沟通协作</td><td>7</td><td></td><td></td><td></td></tr>
<tr><td rowspan="2">思政表现</td><td>标准化的理念</td><td>7</td><td></td><td></td><td></td></tr>
<tr><td>遵守规章制度</td><td>7</td><td></td><td></td><td></td></tr>
<tr><td colspan="2">合计</td><td>100</td><td></td><td></td><td></td></tr>
</table>

任务二　配制和标定检测试剂

任务导入

你作为公司的试剂配制员，今天接到工作任务，需带领小组配制 100 L 的 0.01mol/L 氢氧化钠标准滴定溶液给检测组进行牛乳酸度测定，请依据试剂配制流程，制订工作计划，完成本次氢氧化钠标准滴定溶液的制备与标定。

任务工单

班级：____________________　姓名：____________________　学号：________________

任务名称	0.01 mol/L 氢氧化钠标准滴定溶液的配制和标定
任务描述	任务内容：通过本次任务，完成 0.01 mol/L 氢氧化钠标准溶液配制与标定。 任务目的：能够说出一般溶液和标准溶液的配制方法和注意事项；能够完成溶液配制过程计算、配制与标定；能够完成数据处理，所配制溶液符合要求。 任务流程：准备仪器、试剂；配制溶液；标定溶液；处理结果。 任务方法：实践操作法。
获取信息	要完成任务，需要掌握相关的知识。请收集资料，回答以下问题。 1. 溶液是什么？ 2. 配制溶液试剂时有何要求？ 3. 配制溶液所用的化学试剂有哪些种类？分别有什么用途？

任务准备

一、知识准备

（一）试剂

试剂（reagent），又称化学试剂或试药，主要是实现化学反应、分析化验、研究试验、教学实验、化学配方使用的纯净化学品。

一般按用途分为通用试剂、高纯试剂、分析试剂、仪器分析试剂、临床诊断试剂、生化试剂、无机离子显色剂试剂等。随着科学技术和新兴工业的发展，对化学试剂的纯度、净度以及精密度要求愈加严格和专门化。试剂的品级与规格应根据具体要求和使用情况加以选择。定级的根据是试剂的纯度（即含量）、杂质含量、提纯的难易，以及各项物理性质。有时也根据用途来定级，例如光谱纯试剂、色谱纯试剂，以及 pH 标准试剂等。

化学试剂一般根据纯度有以下四种常用规格，具体分别见表 1-2-1。

表 1-2-1　化学试剂纯度等级分类及应用

等级	符号	标签颜色	纯度	特点	应用范围
优级纯 / 一级品	GR	绿标	99.8%	主成分含量很高、纯度很高	重要精密的分析工作和科学研究工作
分析纯 / 二级品	AR	红标	99.7%	主成分含量很高、纯度较高，干扰杂质很低	重要分析及一般研究工作
化学纯 / 三级品	CP	蓝标	99.5%	主成分含量高、纯度较高，存在干扰杂质	工矿、学校一般分析工作
实验试剂 / 四级品	LR	黄标	＜99.5%	主成分含量高，纯度较差，杂质含量不做选择	一般化学实验和合成制备

除了上述四个级别外，目前市场上还有以下 3 种试剂。

1. 基准试剂（Primary Reagent, PT）

专门作为基准物用，标定标准溶液时用。

2. 光谱纯试剂（Spectrum pure, SP）

属于专用试剂，用于光谱分析。但由于有机物在光谱上显示不出，所以有时主成分达不到 99.9% 以上，使用时必须注意。

3. 高纯试剂（Extra pure, EP）

纯度远高于优级纯的试剂叫作高纯试剂（99.99%）。高纯试剂是在通用试剂基础上发展起来的，它是为了专门的使用目的而用特殊方法生产的纯度最高的试剂。它的杂质含量要比优级纯试剂低 2 个、3 个、4 个或更多个数量级。因此，高纯试剂特别适用于一些痕量分析，而通常的优级纯试剂就达不到这种精密分析的要求。

（二）溶液

溶液是由至少两种物质组成的均一、稳定的混合物，其中一种物质（溶质）以分子或更小的质点分散于另一种物质（溶剂）中。溶液中的溶质可以同时有多种，且溶质可以被溶剂完全溶解。溶液既可以是液态，也可以是非液体的形态，如气态或固态。通常情况下，能溶解其他物质的化合物被称为溶剂，而被溶解的物质则称为溶质。一般溶液浓度的表示方法有质量分数（m/m，%）、体积分数（V/V，%）、质量浓度（m/V，g/L）、物质的量浓度（n/V，mol/L）、比例浓度（$V+V$、$m+m$）。

1. 标准溶液的一般规定

根据 GB/T 601—2016《化学试剂　标准滴定溶液的制备》，对于标准溶液制备一般规定如下。

（1）除另有规定外，标准滴定溶液配制所用试剂的级别应在分析纯（含分析纯）以上，所用制剂及制品，应按 GB/T 603—2023《化学试剂　试验方法中所用制剂及制品的制备》的规定制备，实验用水应符合 GB/T 6682—2008《分析实验室用水规格和试验方法》中三级水的规格。

（2）制备标准滴定溶液的浓度，除高氯酸标准滴定溶液、盐酸－乙醇标准滴定溶液、亚硝酸钠标准滴定溶液 [c（$NaNO_2$）=0.5 mol/L] 外，均指 20 ℃时的浓度。在标准滴定溶液标定直接制备和使用时若温度不为 20 ℃时，应对标准滴定溶液体积进行补正。规定“临用前标定”的标准滴定溶液，若标定和使用时的温度差异不大时，可以不进行补正。标准滴定溶液标定、直接制备和使用时所用分析天平、滴定管、单标线容量瓶、单标线吸管等按相关检定规程定期进行检定或校准。单标线容量瓶、单标线吸管应有容量校正因子。

（3）在标定和使用标准滴定溶液时，滴定速度一般应保持在 6～8 mL/min。

（4）称量工作基准试剂的质量小于或等于 0.5 g 时，按精确至 0.01 g 称量；大于 0.5 g 时，按精确至 0.1 mg 称量。

（5）制备标准滴定溶液的浓度应在规定浓度的 ±5% 范围以内。

（6）除另有规定外，标定标准滴定溶液的浓度时，需两人进行实验，分别做四平行，每人四平行标定结果相对极差不得大于相对重复性临界极差 [$CR_{0.95}(4)_r$=0.15%]，两人共八平行标定结果相对极差不得大于相对重复性临界极差 [$CR_{0.95}(8)_r$=0.18%]。在运算过程中保留 5 位有效数字，取两人八平行标定结果的平均值为标定结果，报出结果取 4 位有效数字。需要时，可采用比较法对部分标准滴定溶液的浓度进行验证。

（7）使用工作基准试剂标定标准滴定溶液的浓度。当对标准滴定溶液浓度的准确度有更高要求时，可使用标准物质（扩展不确定度应小于 0.05%）代替工作基准试剂进行标定或直接制备，并在计算标准滴定溶液浓度时，将其质量分数代入计算式中。

（8）标准滴定溶液的浓度小于或等于 0.02 mol/L 时（除 0.02 mol/L 乙二胺四乙酸二钠、氯化锌标准滴定溶液外），应于临用前将浓度高的标准滴定溶液用煮沸并冷却的水稀释（不含非水溶剂的标准滴定溶液），必要时重新标定。当需用本标准规定浓度以外的标准滴定溶液时，可参考相应标准滴定溶液的制备方法进行配制和标定。

（9）贮存。除另有规定外，标准滴定溶液在 10～30 ℃下，密封保存时间一般不超过 6 个月；超过保存时间的标准滴定溶液进行复标定后可以继续使用。标准滴定溶液在 10～30 ℃下，开封使用过的标准滴定溶液保存时间一般不超过 2 个月（倾出溶液后立即盖紧）。当标准滴定溶液出现浑浊、沉淀、颜色变化等现象时，应重新制备。

（10）贮存标准滴定溶液的容器，其材料不应与溶液起理化作用，壁厚最薄处不小于 0.5 mm。

二、材料准备

氢氧化钠固体颗粒（分析纯及以上）1 瓶、邻苯二甲酸氢钾（基准试剂）1 瓶、酚酞指示剂（10 g/L）1 瓶、蒸馏水（无二氧化碳）若干毫升。

三、工具准备

请你按照表 1-2-2 中的清单，准备好实验所需仪器及工具，并填写检查确认情况。

表 1-2-2 氢氧化钠标准溶液配制标定仪器及工具表

序号	名称	型号与规格	单位	数量	检查确认
1	分析天平	感量 0.1 mg	台	1	
2	铁架台		个	1	
3	酸碱两用滴定管		支	1	
4	电炉		台	1	
5	称量瓶		个	1	
6	聚乙烯瓶	1 000 mL	个	1	
7	干燥箱		台	1	
8	三角瓶	250 mL	个	4	
9	量筒	100 mL	个	1	
10	塑料量管		个	1	

任务筹划

氢氧化钠标准溶液的配制与标定工作流程如图 1-2-1 所示。

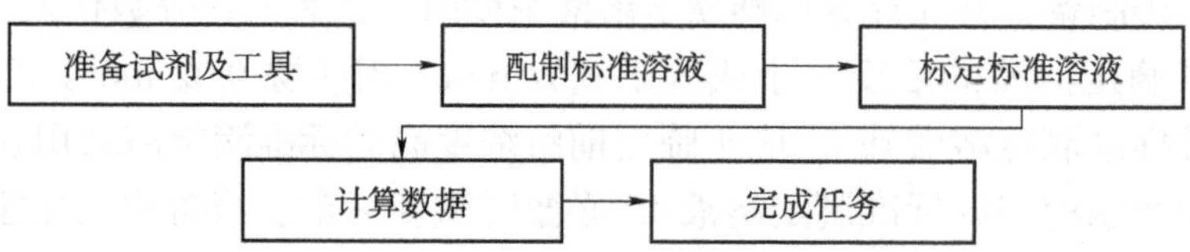

图 1-2-1 氢氧化钠标准溶液的配制与标定

任务实施

一、标准溶液的配制

称取 110 g 氢氧化钠，溶于 100 mL 无二氧化碳的水中，摇匀，注入聚乙烯容器中，密闭放置至溶液清亮。按表 1-2-3 的规定量，用塑料管量取上层清液，用无二氧化碳的水稀释至 1 000 mL，摇匀。

表 1-2-3　氢氧化钠配置浓度与所需体积对应表

氢氧化钠标准滴定溶液的浓度 c（NaOH）/（mol/L）	氢氧化钠溶液的体积 V/mL
1	54
0.5	27
0.1	5.4

二、标准溶液的标定

按表 1-2-4 的规定量，称取于 105～110 ℃电烘箱中烘干至恒量的工作基准试剂邻苯二甲酸氢钾 4 份，加无二氧化碳的水溶解，加 2 滴酚指示液（10 g/L），用配制的氢氧化钠溶液滴定至溶液呈粉红色并保持 30 s。从铁架台上取下滴定管，读取滴定所消耗的标准滴定溶液的体积数 V_1。读数时需保持滴定管垂直，视线与滴定管保持水平，读取月牙面最下缘与刻度线相切处。使用同样的方法，对称取的 4 份基准试剂在相同的操作条件下进行 4 次平行测定。

表 1-2-4　氢氧化钠标准浓度与邻苯二甲酸氢钾、无二氧化碳水所需量对应表

氢氧化钠标准滴定溶液的浓度 c（NaOH）/（mol/L）	工作基准试剂邻苯二甲酸氢钾的质量 m/g	无二氧化碳水的体积 V/mL
1	7.5	80
0.5	3.6	80
0.1	0.75	50

同时，在不加基准试剂的情况下，按相同步骤和条件做空白试验，并记录空白试验所消耗的标准滴定溶液的毫升数 V_2。

三、数据计算

氢氧化钠标准滴定溶液的浓度 c（NaOH），按下式计算：

$$c(\text{NaOH}) = \frac{m \times 1\,000}{(V_1 - V_2) \times M}$$

式中：m——邻苯二甲酸氢钾质量，单位为克（g）；

V_1——氢氧化钠溶液体积，单位为毫升（mL）；

V_2——空白试验消耗氢氧化钠溶液体积，单位为毫升（mL）；

M——邻苯二甲酸氢钾的摩尔质量，单位为克每摩尔（g/mol）[M（$KH_8CH_4O_4$）= 204.22]。

- **实训报告**

<table>
<tr><td colspan="6">操作记录</td></tr>
<tr><td colspan="6">实训名称：　　　　　　　　　　　　班级：
姓名：　　　　　　　　　　　　　　学号：</td></tr>
<tr><td colspan="6">试剂配制、工具准备：</td></tr>
<tr><td colspan="6">试验记录</td></tr>
<tr><td colspan="6">实训项目：　　　　　　　　　　　　检测依据：
样品名称：　　　　　　　　　　　　样品数量：
配制日期：</td></tr>
<tr><td colspan="6">操作步骤：</td></tr>
<tr><td colspan="6">结果记录：</td></tr>
<tr><td colspan="2">测定次数</td><td>1</td><td>2</td><td>3</td><td>4</td></tr>
<tr><td colspan="2">邻苯二甲酸氢钾取样量 m/g</td><td></td><td></td><td></td><td></td></tr>
<tr><td colspan="2">试样消耗氢氧化钠标准溶液的体积数 V_1/mL</td><td></td><td></td><td></td><td></td></tr>
<tr><td colspan="2">空白消耗氢氧化钠标准溶液的体积数 V_2/mL</td><td></td><td></td><td></td><td></td></tr>
<tr><td colspan="2">氢氧化钠标准溶液的浓度 c/（mol/L）</td><td></td><td></td><td></td><td></td></tr>
<tr><td colspan="2">氢氧化钠标准溶液的平均浓度 $\bar{c}$ /（mol/L）</td><td></td><td></td><td></td><td></td></tr>
<tr><td colspan="2">平均测定的极差 /（mol/L）</td><td></td><td></td><td></td><td></td></tr>
<tr><td colspan="2">相对极差 /%</td><td></td><td></td><td></td><td></td></tr>
<tr><td colspan="2">检测人员签字</td><td colspan="4"></td></tr>
<tr><td>结果判定</td><td colspan="5">检测项目：
配制与标定方法：
配制浓度 /（mol/L）：
标定浓度 /（mol/L）：
标准要求 /%：±5　　　　　　　误差值 /%：
检验员签字：　　　　　　　　　检测日期：</td></tr>
</table>

任务评价

评价表					
项目	评价内容	分值	自评	互评	师评
实践操作	试验物品的准备和检查	2			
	能够正确使用滴定管完成滴定、读数准确无误	5			
	能够正确判断滴定终点	5			
	及时正确记录原始数据	5			
结果	结果报告：报告结果规范、正确	8			
	数据结果计算：计算完全准确、无误	8			
任务进度	阶段任务一：能够按照操作要求准确完成标准溶液配制	10			
	阶段任务二：能够根据操作要求准确规范完成基准溶液准备	10			
	阶段任务三：能够熟练准确进行标准溶液标定	10			
	阶段任务四：能够根据公式及数据处理要求准确进行结果计算处理	10			
任务质量	能够合理规范完成试剂配制任务，并出具完整报告	15			
素养表现	清洁操作台面，器械清洁干净并摆放整齐	2			
	废液、废弃物处理合理	2			
	遵守实验室规定，操作文明、安全	2			
	严格执行操作程序，遵守标准溶液配制操作要求	2			
思政表现	实事求是的工作态度	2			
	科学严谨的研究态度	2			
合计		100			

项目二 采集和预处理样品

项目导读

样品采集和预处理是食品检测工作中至关重要的第一步。在实际中，要检验的食品原料是大量的，其组成可能是不均匀的，且在检验时因检测项目不同所需的分析试样往往也不尽相同。而检测要求其结果必须能够代表全部物料的平均水平。因此，采集样品必须具有代表性，才能得到正确可靠的分析结果。同时由于大多食品的组成成分比较复杂，导致检测时会出现干扰；或者含量较少，需进行提纯浓缩才能达到测定灵敏度。所以样品测定前需要根据样品情况及测定要求进行预处理。

知识目标

（1）熟悉待测样的采集、制备与保存的原则和一般方法。

（2）掌握待测样采集工具的使用范围。

技能目标

（1）熟悉常见样品预处理的方法，并能根据样品的特点选择合适的方法处理。

（2）能独立完成液体、半固体、固体样品的采集、制备与预处理。

（3）能根据分析检验项目要求正确进行样品采集与预处理。

素质目标

具有吃苦耐劳及团队合作精神。

思政目标

明确职业道德底线，坚定“守初心、护食安”的决心。

任务一　采集和保存样品

任务导入

今天公司收到一批小麦、鲜乳和鲜肉的检测任务，你作为公司的样品采集员，需带领小组负责该批食品样品的采集和保存工作，请依据样品采集工作一般流程，制订工作计划，完成本次样品采集与保存任务。

任务工单

班级：________________　姓名：________________　学号：________________

任务名称	小麦、鲜乳和鲜肉的样品采集和保存
任务描述	任务内容：能够依据采样原则，正确完成对小麦、鲜乳和鲜肉的采集。 任务目的：能遵循采样原则，确定采样方法、采样数量，正确使用合适的采样工具，完成不同物理状态的样品采样；合理正确保存样品，并正确填写采样记录单。 任务流程：储备知识；选择采样方法；采样；保存样品；填写采样记录单。 任务方法：实践操作法。
获取信息	要完成任务，需要掌握相关的知识。请收集资料，回答以下问题。 1. 在样品采集过程中，应遵循哪些原则？ 2. 应如何规范进行样品采集工作？ 3. 样品采集过程中应注意哪些问题？ 4. 不同的食品进行样品采集时应采取什么样的采集方法？ 5. 样品的保存原则和方法是什么？

任务准备

一、知识准备

（一）样品采样

1. 采样程序

（1）采样前的准备。

①采样前了解食品的详细情况。了解该批食品的原料来源、加工方法、运输和贮存条件及销售中各环节的状况。审查所有证件，包括运货单、质量检验证明书、兽医检疫证书、商品检验机构或卫生防疫机构的检验报告等。

②现场检查、观察整批食品的外部情况。有包装的食品要注意包装的完整性，即有无破损、变形、污痕等；未包装的食品要进行感官检查，即有无异臭、异味、杂物、霉变、虫害等。发现包装不良或有污染时，需打开外包装进行检查，如果仍有问题，则须全部打开包装进行感官检查。

（2）采样。采集样品的步骤一般分六步，依次如下。

①获得检样。从整批物料的各个部分采集的少量物料称为检样。

②形成原始样品。许多份检样综合在一起称为原始样品。如果采得的检样互不一致，则不能把它们放在一起做成一份原始样品，而只能把质量相同的检样混在一起，做成若干份原始样品。

③得到平均样品。原始样品经过技术处理后，再抽取其中一部分供分析检验用的样品称为平均样品。

④将平均样品平分为三份，分别作为检验样品（供分析检测使用）、复验样品（供复验使用）和保留样品（供备用或查用）。

⑤填写采样记录。采样记录要求详细填写被采样单位名称，样品名称，采样地点，样品的产地，商标、数量、生产日期、批号，采样的条件，采样时的包装情况，采样方式，采样数量，要求检验的项目，采样人，采样日期，被采样单位负责人签名等资料。

⑥样品签封和编号。采样完毕整理好现场后，将采好的样品分别盛装在容器或牢固的包装内，由采样人或采样单位在容器盖接处或包装上进行签封。每件样品还必须贴上标签，明确标记样品名称、来源、数量、采样地点、采样人及采样日期等内容。如样品品种较少，应对每件样品进行编号，其编号应与采样收据和样品送检单的样品名称或编号相符。

2. 采样方法

（1）固态食品。

①大包装固态食品。根据大包装食品的总件数确定应采集的件数，计算公式为：

$$\text{采集件数}=\sqrt{\text{总件数}/2}$$

结果如为小数，则进为整数。在食品堆放的不同部位随机采样，取出选定的大包装，用采样器在每一个包装的上、中、下三层和五点（周围四点和中心）取出样品。

将采集的样品充分混匀，并缩减至所需采样量。

采集的固态样品可以用“四分法”进行缩分。即将采集的样品倒在清洁的玻璃板或塑料布上，充分混合，铺平，用分样板在样品上画两条对角线，将其平均分成四份，去除其中对角的两份，取剩余的两份再混合，重复操作，直至所剩的样品为所需的采样量。

②小包装食品。对于罐头、听装或其他小包装食品，一般应根据生产班次或批号随机抽样。对于同一批号食品的取样件数，250 g 以上的包装不得少于 6 个；250 g 以下的包装不得少于 10 个。如果小包装的外面还有大包装（如纸箱等），可在堆放的不同部位抽取一定数量的大包装，开启后从各包装中按“三层、五点”抽取小包装，再用四分法缩减到所需的采样量。

③散装固态食品。对于粮食类散装固态食品，应采用取样器自每批食品的上、中、下三层中的不同部位分别采集样品，混匀后用“四分法”，对角取样，经数次混合和缩分，最后取出代表性样品。对于稻谷、小麦、豆类等颗粒粮食，若采集的样品量很大，可采用钟鼎式分样器进行混样和缩分。

采集固体颗粒及粉末样品的采样器，可分为小型和大型两种。小型采样器由空心薄壁金属管制成，前端尖后端圆，其尖端部分可直接刺入包装袋内，使样品沿采样管的内壁流出，进行收集，即可得到不同层次的固体食品样品。大型采样器适用于散装食品的采集，如仓库、散装船、散堆的颗粒及粉末样品。近年来出现了自动粮食取样器和自动粮食扦样机，适用于车载包装粮食和散粮无盖运输车的自动扦样。

（2）液体及半流体食品。对贮存在桶、缸、罐等大容器内的液体或半流体食品（如植物油、鲜乳、酒类、液态调味品和饮料等），应先充分混匀后再采样。采用虹吸法按上、中、下三层取出部分样品，充分混合后盛放在三个清洁的容器中，分别供检验、复检和备查用；对于散（池）装的液体食品，可采用虹吸法在储存池的四角及中心五点分层取样，每层取 500 mL 左右，混合后再缩减至所需的采样量。若样品量较多，可采用旋转搅拌法混匀；样品量少时，可采用反复倾倒法。

液体样品的采集可用直径为 0.8～1.0 cm、长为 50～60 cm 的玻璃管，上端套有带弹簧夹的橡皮管。使用时先松开弹簧夹，将采样器缓缓插入液体食品中，到达一定深度时，再夹紧弹簧夹，将其提出液面，并将管内的样品转入收集瓶中。

（3）组成不均匀的食品。对于组成不均匀的肉、鱼、水果、蔬菜等食品，由于本身组成或部位很不均匀，个体大小及成熟程度差异较大，取样时更应注意代表性，可按下述方法进行取样。

①肉类、水产品等应按分析项目的要求，分别采取不同部位的样品，如检测六六六、DDT 农药残留，可在肉类食品中脂肪较多的部位取样或从不同部位取样，混合后作为样品。对于小鱼、小虾等，可随机抽取多个样品，切碎、混匀后，缩分至所需采样量。

②个体较大的果蔬类食品，如苹果、西瓜、大白菜、萝卜等，可按成熟程度及个体大小的组成比例，选取若干个体，按生长轴纵剖分成 4 或 8 份，取对角 2 份，切碎混匀，缩分至所需采样量。个体较小的果蔬类食品（如葡萄、樱桃、蒜、青菜等），随机抽取若干个整体，切碎混匀，缩分至所需采样量。

（4）食物中毒和掺伪食品。应采集具有典型性的样品，尽可能采集含毒物或掺伪最多的部位。不能简单混匀后取样。

采样完毕后，应将所采集的食品样品装在适当的容器中，密封后，贴好标签，带回实验室分析。采样容器应密闭、清洁、干燥、无异味。对于某些不稳定的待测成分，在不影响检测的前提下，在采样后立即加入适当的试剂，再密封。

食品样品所需的采样量通常根据检验项目、分析方法、待测食品样品的均匀程度等确定。采集的数量应能反映该食品的卫生质量和满足检验项目对样品的要求。一般食品样品采集完成后将其分为三份，分别供检验、复验和备查或仲裁用。每份样品一般不小于检验需要量的两倍，如标准检验方法中对样品数量有规定的，则应按要求采集。

（二）样品保存

食品中含有丰富的营养物质，在适宜的条件下，由于光、热、酶及微生物等作用，其组成和性质会发生变化。因此，食品样品采集后，应尽快分析。若不能立即检验，则应妥善保存，防止食品中待测成分的挥发损失和污染，尽量保持样品原有的性状，以保证检验结果的准确性。样品保存的原则和方法如下。

1. 保存原则

（1）稳定待测成分。食品中某些待测成分易挥发、分解或氧化，在运输和保存过程中应尽量保持其稳定不变。根据后续的检测方法，可在采样后立即加入某些试剂或采取适当的措施，稳定这些待测成分，避免其挥发损失或发生化学变化。例如，维生素 B_1、维生素 B_2、β- 胡萝卜素、黄曲霉毒素 B_1 等见光易分解，所以检测这些成分的食品样品，应在避光条件下保存。检测亚硫酸盐的食品样品，采样后应加入氢氧化钠，防止在酸性条件下，亚硫酸盐生成亚硫酸而挥发损失。维生素 E 易被氧化，在保存和处理过程中应加抗氧化剂（如抗坏血酸）保护。

（2）防止污染。采集和保存食品样品的各种工具和容器不能含有待测成分及其他干扰分析的物质，避免使样品受到污染。接触样品时应使用一次性手套，采集好的样品要密封加盖。例如，分析食品中的金属成分，采样工具和盛放样品的容器均不应含有待测金属成分。

（3）防止腐败变质。采集的食品样品应盛放在密封洁净的容器内，并根据食品种类选择适宜的温度或加入合适的制冷剂与防腐剂（如氯化汞、重铬酸钾和三氯甲烷等）保存，避免其理化性质发生改变。特别是对肉类和水产品等样品，应低温冷藏，这样可以抑制酶的活性与微生物的生长繁殖，减缓食品中可能的生物化学反应，防止食品样品腐败变质。但应注意，制冷剂或防腐剂的加入应以不影响分析结果为前提。

（4）稳定水分。水分是食物成分的重要指标，食品的水分含量直接影响到食品中营养成分和有害物质的浓度与组成比例，对测定结果影响很大。对许多食品而言，稳定水分，可以保持食品应有的感官性状。对于含水量较高的食品样品，若不能尽快分析，可以先测定水分，将样品烘干后保存，检测结果应根据其中水分的含量，折算为原样品中待测成分的含量。

2. 保存方法

食品样品的保存应做到净、密、冷、快。所谓“净”是指采集样品的工具和保存样品的容器必须清洁干净，不得含有待测成分和其他可能污染样品的成分。“密”是指所采集食品样品的包装应密闭，以稳定水分，防止待测成分挥发损失，避免样品在运输和保存过程中受到污染。“冷”是将样品在低温下运输、保存，以抑制酶的活性和微生物的生长繁殖。“快”是指采样后应尽快分析，避免食品样品变质。

对于检验后剩余的样品，一般应保存一个月，以备需要时复检。保存期限自检验报告书签发之日起计算。易于腐败变质的食品则不予保存。

（三）采样工具、容器及设备

根据采样样品特点、采样数量等特性，采样时需准备合适的采样工具、容器及设备等。

1. 采样工具

（1）一般采样工具。镊子、剪刀、刀子、铲子、开瓶器、勺子、吸量管、吸球、量杯、量筒等。

（2）专用用具。主要有固体取样器、液体取样器、取样钻等，具体见表 2-1-1。

表 2-1-1　采样工具及适用范围

名称	适用范围	图例
定量液体取样器	一般液体	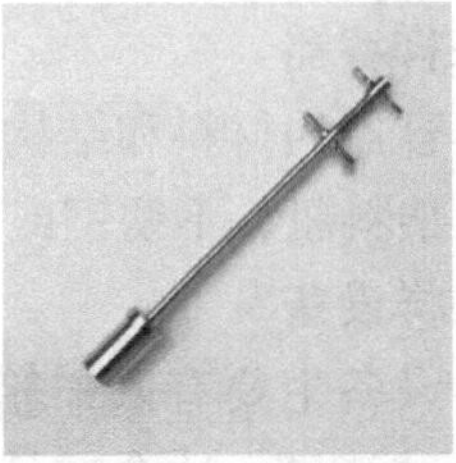
抽拉液体取样器	黏稠液体、一般液体，取一个点或一条线上的样品	
分层液体取样器	液体样品，上中下多点取样	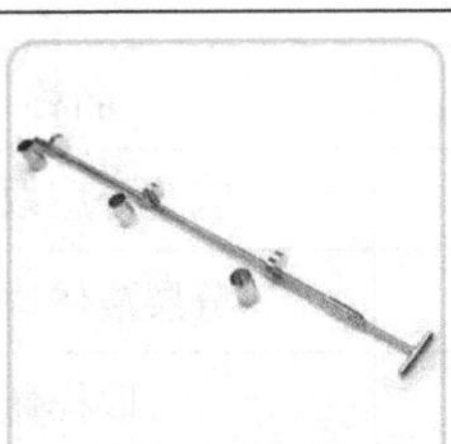
双管分层取样器	颗粒状、粉末状物质，分层取样	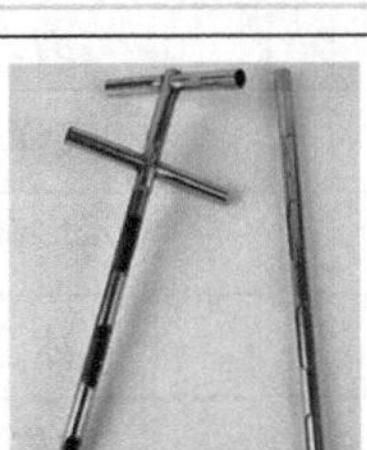

（续表）

名称	适用范围	图例
探子扦样器	颗粒状、粉末状物质，单点取样	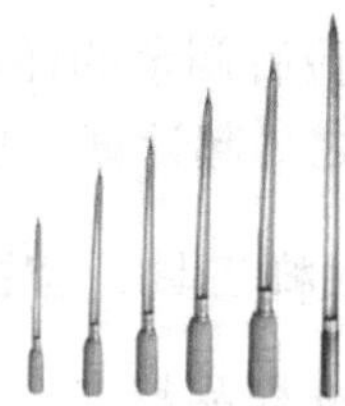
采样钻	较为坚硬的固体	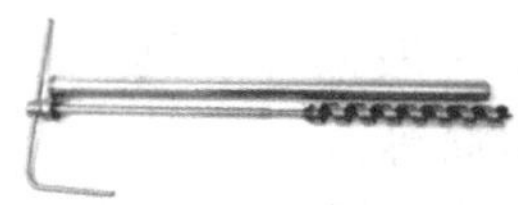

（3）辅助工具。标签纸、签字笔、手套、工作服、照相机、密封条、抽样记录单、车载冰箱等。

2. 采样容器

采样容器的材料和结构应能充分保留样品原有状态。一般常见的多为带塞广口瓶、玻璃瓶或塑料瓶、不锈钢或铝制盒、搪瓷容器、采样袋等。

3. 采样设备

采样设备主要有采样箱、冰盒、温度记录器等。采样箱在每次使用之前、之后需用酒精棉球消毒。冰盒在使用前将冰袋或冰排置于冰盒至少 12 h，同时用酒精棉球清洗消毒冰袋或冰排的外部表面。

二、工具准备

请你按照表 2-1-2 的清单，准备好实验所需仪器及工具，并填写检查确认情况。

表 2-1-2　采样所需仪器及工具清单

序号	名称	单位	数量	检查确认
1	双管分层取样器	套	1	
2	分层液体取样器	套	1	
3	取样瓶	个	4	
4	剪刀	把	1	
5	采样袋	个	若干	
6	采样箱	个	1	
7	冰盒	个	1	
8	取样泵	台	1	

（续表）

序号	名称	单位	数量	检查确认
9	记录表	张	1	
10	标签纸	张	若干	
11	签字笔	支	1	
12	手套	套	1	
13	工作服	套	1	
14	导管	根	1	

任务筹划

样品采集及保存工作流程如图 2-1-1 所示。

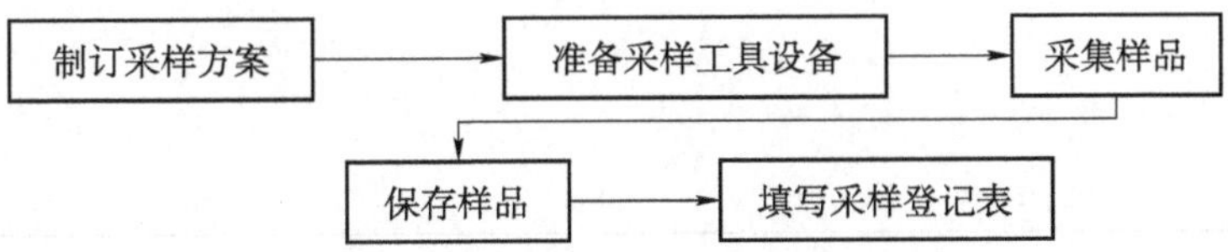

图 2-1-1　样品采集及保存工作流程

任务实施

一、样品采集

1. 小麦样品采集

小麦为颗粒状样品，采用双管分层取样器取样，每包必须抽上、中、下 3 层，所抽取的整批样品混合为原始样品，再采用四分法缩分至所需数量，即得到平均样品。

2. 鲜乳样品采集

鲜乳为液体样品，采用虹吸法、或液体取样器、采样泵分层取样。每层 500 mL 左右，充分混合后，分取缩减至所需数量即为平均样品。

3. 鲜肉样品采集

鲜肉为组成不均匀的固体物料，根据检验项目需求，采取有代表性的各个部分，经充分打碎，混合后即为平均样品。

二、样品保存

对于易腐败变质的鲜乳及鲜肉等样品应在采样容器上标明“易腐”“冷藏”等字样，并放置在 0～4 ℃条件下冷藏，避光保存，同时放置时间不宜过长，需快速送检。

三、填写样品采样登记表

根据实际采样过程，填写采样登记表。

- **实训报告**

<table>
<tr><td colspan="7">操作记录</td></tr>
<tr><td colspan="5">实训名称：
姓名：</td><td colspan="2">班级：
学号：</td></tr>
<tr><td colspan="7">采样工具及容器准备：</td></tr>
<tr><td colspan="7">操作步骤及反思：</td></tr>
<tr><td colspan="7">采样记录单</td></tr>
<tr><td>样品编号</td><td>采样单位</td><td>采样地点</td><td>样品名称</td><td>样品类别</td><td>采样时间</td><td>采样数量</td></tr>
<tr><td></td><td></td><td></td><td></td><td></td><td></td><td></td></tr>
<tr><td colspan="2">包装形式</td><td rowspan="2">生产批号</td><td rowspan="2">生产企业名称</td><td rowspan="2">贮存条件</td><td rowspan="2">样品产地</td><td rowspan="2">采样员</td></tr>
<tr><td>定型包装</td><td>散装</td></tr>
<tr><td></td><td></td><td></td><td></td><td></td><td></td><td></td></tr>
<tr><td>样品编号</td><td>采样单位</td><td>采样地点</td><td>样品名称</td><td>样品类别</td><td>采样时间</td><td>采样数量</td></tr>
<tr><td></td><td></td><td></td><td></td><td></td><td></td><td></td></tr>
<tr><td colspan="2">包装形式</td><td rowspan="2">生产批号</td><td rowspan="2">生产企业名称</td><td rowspan="2">贮存条件</td><td rowspan="2">样品产地</td><td rowspan="2">采样员</td></tr>
<tr><td>定型包装</td><td>散装</td></tr>
<tr><td></td><td></td><td></td><td></td><td></td><td></td><td></td></tr>
<tr><td>样品编号</td><td>采样单位</td><td>采样地点</td><td>样品名称</td><td>样品类别</td><td>采样时间</td><td>采样数量</td></tr>
<tr><td></td><td></td><td></td><td></td><td></td><td></td><td></td></tr>
<tr><td colspan="2">包装形式</td><td rowspan="2">生产批号</td><td rowspan="2">生产企业名称</td><td rowspan="2">贮存条件</td><td rowspan="2">样品产地</td><td rowspan="2">采样员</td></tr>
<tr><td>定型包装</td><td>散装</td></tr>
<tr><td></td><td></td><td></td><td></td><td></td><td></td><td></td></tr>
</table>

任务评价

评价表					
项目	评价内容	分值	自评	互评	师评
知识基础	能够说出采样的原则	2			
	能够说出样品保存过程中应注意的问题	5			
采样方案制订	能够依据不同类型产品制订采样方案	5			
	能够依据不同类型产品准备合适的采样工具	5			
	能够依据不同类型产品特性准备合适的容器盛装样品	5			
采样与保存操作	能够准确抽取具有代表性的样本，符合检测要求	8			
	能正确对样品进行分类保存	8			
采样登记单	使用规范字体正确填写抽样记录表	8			
	能够遵循实事求是的工作态度，确保采样过程真实有效	2			
任务进度	阶段任务一：能够按照操作要求准确完成小麦采样及保存	10			
	阶段任务二：能够按照操作要求准确完成鲜乳采样及保存	10			
	阶段任务三：能够按照操作要求准确完成鲜肉采样及保存	10			
任务质量	能够合理规范完成采样操作及样品保存任务，并完成实训报告	10			
素养表现	清洁操作台面，器械清洁干净并摆放整齐	2			
	废液、废弃物处理合理	2			
	遵守实验室规定，操作文明、安全	2			
	全程参与，学习积极主动，与他人沟通配合良好	2			
思政表现	实事求是的工作态度	2			
	科学严谨的研究态度	2			
合计		100			

任务二　制备样品

任务导入

你作为公司的样品采集员，现收到一批由采集小组送到的面包、鸡蛋、禽肉样品，需带领小组负责该批食品进行样品制备，为后续样品检测做准备。请依据不同类型样品选择合适的样品制备流程，制订工作计划，完成本次样品制备任务。

任务工单

班级：________ 姓名：________ 学号：________

任务名称	面包、鸡蛋和禽肉样品的制备
任务描述	任务内容：通过任务实施，完成面包、鸡蛋、禽肉样品的制备工作。 任务目的：能够根据不同特性的样品选择合适的样品制备工具，制订合适的样品制备方案，规范进行样品制备工作，并完成样品制备登记表。 任务流程：知识储备；设计样品制备方案；仪器工具准备；样品制备；填写样品制备登记表。 任务方法：实践操作法。
获取信息	要完成任务，需要掌握相关的知识。请收集资料，回答以下问题。 1. 在样品制备过程中，应注意哪些问题？ 2. 样品制备过程中都需要哪些常用工具？ 3. 样品制备过程常用的方法主要包括哪些？ 4. 不同的食品进行样品制备时应采取什么样的采集方法？

任务准备

一、知识准备

（一）样品制备

1. 样品制备方法概述

食品样品制备是指对采集的食品样品进行分取、粉碎、混匀、缩分等处理工作。通常采集的样品量比分析所需量多，如果样品组成不均，不能直接用于实验室分析检测。必须经过样品制备过程，使待检样品具有均匀性和代表性，以满足检验对样品的要求。常用的样品制备方法有搅拌、切细、粉碎、研磨或者捣碎等，使检验样品粒度大小达到分析要求，并且充分混匀。

2. 样品制备工具

常用到的工具有研钵、磨粉机、万能微型粉碎机、球磨机、高速组织捣碎机、绞肉机、搅拌机、均质器、烘干机等。样品制备时应选用惰性材料制成的器具，如不锈钢、玻璃、聚四氟乙烯塑料等，避免处理过程中引入污染。

3. 不同类别食品的样品制备方法

（1）粮谷、豆类脱水蔬菜等。用四分法缩分至约 300 g，再用四分法分成两份，一份留样（＞100 g），另一份用捣碎机捣碎混匀供分析用（＞50 g）。

（2）新鲜水果、蔬菜、蘑菇等。去皮、核、蒂、梗、籽等，取可食部分，沿纵轴剖开成两半，截成四等份，每份取出部分样品，混匀，用四分法分成两份，一份留样（>100 g），另一份用捣碎机捣碎混匀供分析用（＞50 g）。

（3）坚果类。去壳，取出果肉，混匀，用四分法分成两份，一份留样（＞100 g），另一份用捣碎机捣碎混匀供分析用（＞50 g）。

（4）糕点、饼干类。硬糕点用研钵粉碎，中等硬糕点用刀具、剪刀切细，软糕点按其形状进行分割，混匀，用四分法分成两份留样（＞100 g），另一份用捣碎机捣碎混匀供分析用（＞50 g）。

（5）块状冻虾仁、鱼糜类。将样块划成四等份，在每一份的中央部位钻孔取样，取出的样品用四分法分成两份，一份留样（＞100 g），另一份室温解冻后弃去解冻水，用捣碎机捣碎混匀供分析用（＞50 g）。

（6）单冻虾、小龙虾等。室温解冻，弃去头尾和解冻水，用四分法缩分至约 300 g，再用四分法分成两份，一份留样（＞100 g），另一份用捣碎机捣碎混匀供分析用（＞50 g）。

（7）蛋类。以全蛋作为分析对象时，捣碎蛋，除去蛋壳，充分搅拌；蛋白、蛋黄分别分析时，按烹调方法将其分开，分别搅匀，称取分析样品后，其余部分留样（＞100 g）。

（8）甲壳类。室温解冻，去壳和解冻水，四分法分成两份，一份留样（＞100 g），另一份用捣碎机捣碎混匀供分析用（＞50 g）。

（9）鱼类。室温解冻，取出 1～3 条留样，另取鱼样的可食部分用捣碎机捣碎混匀供分析用（＞50 g）。

（10）蜂王浆。室温解冻至融化，用玻璃棒充分搅匀，称取分析样品后，其余部分留样（＞100 g）。

（11）禽肉类。室温解冻，在每一块样品上取出可食部分，四分法分成两份，一份留样（＞100 g），另一份切细后用捣碎机捣碎混匀供分析用（＞50 g）。

（12）肠衣类。去掉附盐，沥净盐卤，将整条肠衣对切，一半留样（＞100 g），从另一半肠衣中逐一剪取样品并剪碎混匀供分析用（＞50 g）。

（13）蜂蜜、油脂、乳类。未结晶、结块样品直接在容器内搅拌均匀，称取分析样品后，其余部分留样（＞100 g）。对有结晶析出或已结块的样品，盖紧瓶盖后，置于不超过 60 ℃的水浴温热，样品全部融化后搅匀，迅速盖紧瓶盖冷却至室温，称取分析样品后，其余部分留样（＞100 g）。

（14）罐头食品类。取固形物或可食部分，酱类取全部，用捣碎机捣碎混匀供分析用（＞50 g），其余部分留样（＞100 g）。

（15）酱油、醋、酒、饮料类。充分摇匀，称取分析样品后，其余部分留样（＞100 g）。

（16）保健品。用四分法缩分至约 300 g，再用四分法分成两份，一份留样（＞100 g），另一份用捣碎机捣碎混匀供分析用（＞50 g）。

（二）样品制备注意事项

1. 普通样品制备

样品制备室不仅需要具备通风设备及温湿度记录仪，还应保持环境清洁、干燥、避光，以防止样品发生氧化或霉变。样品制样设备包括粉碎机、剪刀、刀具、勺子等，制样前要保持制样设备清洁、干燥，不能与样品发生任何化学反应。制样人员需佩戴一次性手套、帽子、口罩，且每制备一批样品应更换一次手套，以免污染样品。待制备样品按标签标识分类摆放，避免交叉污染。此外，因为样品在粉碎时一般会产生热量，而有些检验项目遇热后会发生变化，所以样品制备时要保持良好的散热。

2. 特殊样品制备

微生物检验项目无需制样，但要求保持样品的完整性。特殊检验项目（如塑化剂）不能用塑料制品盛装样品，如检验白酒中的塑化剂时，要用清洁、烘干后的玻璃管盛装样品；检验白酒酒精度时，样品不能拆开包装，要将带有原包装的样品流转进实验室。食品种类繁多，如预包装糖果制品中常有不同颜色的糖果颗粒，不同颜色代表不同食用色素，制备样品时要将不同颜色的糖果分别制备；个别种类糖果内带有果核，而果核是不可食用部分，因此制备时不能将果核一同打碎，应先将果核剔除后再打碎。

3. 样品管理

样品管理包括备样管理和复测样管理。备样是指食品抽样人员在商家抽检样品时包封完好的备用样品，用于生产厂家对食品检验结果有异议时进行复检；复测样是指检验人员对上次检验结果存在疑问时再次检验的样品，备样和复测样需严格按照样品包装储存方式进行储藏。例如，速冻调理肉制品的贮藏温度要控制在 -18 ℃以下；包装上标注需要冷藏的样品温度要保持在 -10～0 ℃；常温贮藏样品要注意避光、通风、干燥，温度为 22～26 ℃。

二、材料准备

样品（面包、鸡蛋、禽肉）。

三、工具准备

请你按照表 2-2-1 中的清单，准备好实验所需仪器及工具，并填写检查确认情况。

表 2-2-1　样品制备所需仪器及工具清单

序号	名称	单位	数量	检查确认
1	玻璃瓶	个	4	
2	剪刀	把	1	
3	采样袋	个	若干	

（续表）

序号	名称	单位	数量	检查确认
4	烧杯	个	4	
5	记录表	张	1	
6	标签纸	张	若干	
7	签字笔	支	1	
8	手套	套	1	
9	工作服	套	1	

任务筹划

样品制备工作流程如图 2-2-1 所示。

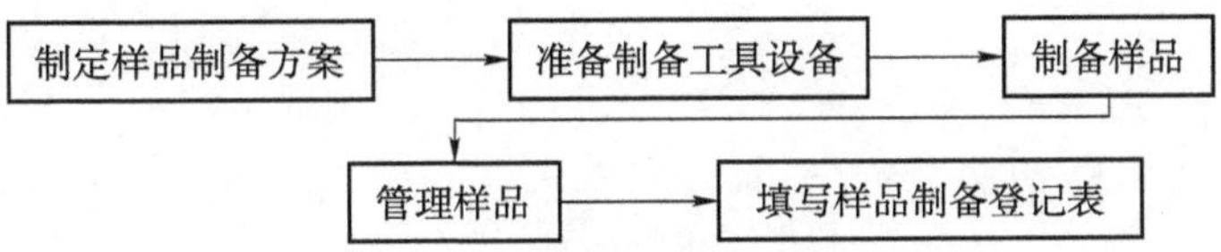

图 2-2-1　样品制备及样品管理工作流程

任务实施

一、面包样品制备

把采集的样品用刀具、剪刀切细，用四分法分成两份，一份样品（＞100 g）装入采样袋中，贴上标签，写明样序号、时间及制备人员，作为留样，常温避光保存；另一份样品（＞50 g）用捣碎机捣碎混匀供分析用。

二、鸡蛋样品制备

随机从样品中选取 5～10 枚鸡蛋，根据检验项目判断是否需要进行蛋白、蛋黄分离。

若无须分离，敲碎蛋壳，将其倒入烧杯中搅拌混匀，称取分析样品后，其余部分（＞100 g）倒入玻璃瓶内，写明样品序号、时间及制备人员，作为留样，0～4 ℃的冰箱冷藏保存。

若蛋白、蛋黄需分别分析时，敲碎蛋壳后，将蛋白、蛋黄分别放入洁净烧杯中，再分别用玻璃棒将蛋白和蛋黄充分混匀，称取分析样品后，其余部分（＞100 g）倒入玻璃瓶内，写明样品、时间及制备人员，作为留样，0～4 ℃的冰箱冷藏保存。

三、禽肉样品制备

将禽肉自然解冻，用剪刀、刀子及镊子在每个样品上取出可食部分，用四分法分成两份，一份放入采样袋中写明样品、时间及制备人员，作为留样（＞100 g），在-18 ℃的冰柜中保存；另一份用刀子切细后用捣碎机捣碎混匀供分析用（＞50 g）。

- **实训报告**

操作记录	
实训名称： 姓名：	班级： 学号：
样品制备工具及容器准备：	
操作步骤及反思：	
样品制备记录单：	

任务评价

评价表					
项目	评价内容	分值	自评	互评	师评
知识基础	能够说出样品制备的目的	3			
	能够熟知各类食品样品制备所用的方法	5			

（续表）

评价表					
项目	评价内容	分值	自评	互评	师评
样品制备方案制订	能够依据不同类型产品制订样品制备方案	5			
	能够依据不同类型产品准备合适的样品制备工具	5			
	能够依据不同类型产品特性准备合适的容器盛装样品	5			
采样与保存操作	食品的可食部分选择正确，剔除非可食部分	8			
	正确规范操作各类样品制备流程	8			
样品制备登记单	制订样品制备登记表	6			
	使用规范字体正确填写样品制备登记表	3			
任务进度	阶段任务一：能够按照操作要求准确完成面包样品制备与管理	10			
	阶段任务二：能够按照操作要求准确完成鸡蛋样品制备与管理	10			
	阶段任务三：能够按照操作要求准确完成禽肉样品制备与管理	10			
任务质量	能够合理规范完成样品制备操作及样品管理任务，并完成实训报告	10			
素养表现	清洁操作台面，器械清洁干净并摆放整齐	2			
	规范操作意识、规范穿戴工作服和鞋帽	2			
	遵守实验室规定，操作文明、安全	2			
	全程参与，学习积极主动，与他人沟通配合良好	2			
思政表现	实事求是的工作态度	2			
	科学严谨的研究态度	2			
合计		100			

任务三　预处理样品

任务导入

公司现需对牛乳的蛋白质进行测定，你作为公司的样品预处理员，需带领小组负责该批食品进行样品预处理，为后续样品检测做准备。请依据不同类型样品选择合适的样品预处理方法，制订工作计划，完成本次样品的预处理任务。

任务工单

班级：________________ 姓名：________________ 学号：________________

任务名称	牛乳样品的预处理
任务描述	任务内容：通过项目实施，完成牛乳蛋白质测定的样品预处理操作。 任务目的：能够表述样品预处理的基本要求；能够根据样品的不同特点选择正确的样品预处理方法并能正确规范操作。 任务流程：储备知识、选择预处理方法、预处理样品。 任务方法：实践操作法。
获取信息	要完成任务，需要掌握相关的知识。请收集资料，回答以下问题。 1. 样品在检验之前进行预处理的目的是什么？ 2. 对样品进行预处理的基本要求是什么？ 3. 样品预处理常用的方法主要包括哪些？

任务准备

一、知识准备

许多食品的组成比较复杂，各组分往往以复杂的结合状态或复合物存在于食物中，导致测定时出现许多干扰。还有些组分由于含量较少，必须浓缩才能达到测定的灵敏度。所以，样品测定前需要预处理。

（一）样品预处理的基本要求

（1）完整保留被测组分，不使被测组分增加或减少。
（2）被测组分与其他组分分离，消除干扰物质。
（3）所用试剂不影响后续测定。
（4）使被测组分处于适当的浓度范围，以获得可靠的分析结果。

（二）样品预处理的方法

1. 粉碎法

样品检测前一般都要进行粉碎。目前，常用的方法有组织捣碎、粉碎机打碎、提取液研磨、液氮研磨等方法。不同的样品根据测定项目的不同选择不同的粉碎方法。

2. 灭酶法

酶的活动是许多食品采样过程中普遍存在的问题。例如，在分析食品中糖类、脂肪、蛋白质的含量时，食品中的酶会导致某些成分会发生改变。因此需要根据样品、试验结果和酶的类型不同，采用相应的灭酶法，使酶失去活性，以保证待测组分的稳定存在。

3. 有机物破坏法

当测定食物中无机物含量时，常采用有机物破坏法来消除有机物的干扰。因为食物中的无机元素会与有机物结合，形成难溶、难解离的化合物，使无机元素失去原有的物性，而不能被检出。有机物破坏法是将有机物在高温或强氧化剂的作用下经长时间的处理，破坏其分子结构，有机物分解呈气态逸散，而使被测无机元素得以释放。该法除常用于测定食品中微量金属元素之外，还可用于检测硫、氮、氯、磷等非金属元素，根据具体操作不同，常用的有机物破坏法有干法灰化、湿法消化和微波消解法等。

（1）干法灰化。干法灰化是通过高温灼烧将有机物破坏。干法灰化常用的方法有高温电炉直接灰化法、氧瓶燃烧法、燃烧法、低温灰化法。

（2）湿法消化。湿法消化是向样品中加入硫酸、硝酸、高氯酸、过氧化氢、高锰酸钾等氧化剂，并加热消煮，使有机物完全分解、氧化、呈气态逸出，待测组分转化成无机状态存在于消化液中供测试用。

（3）微波消解法。微波消解法是利用微波能量对样品进行消解的新技术。在 2 450 MHz 的微波电磁场作用下，样品与酸的混合物通过吸收微波能量，使介质中的分子间相互摩擦，产生高热。同时，交变的电磁场使介质分子产生极化，由极化分子的快速排列引起张力。由于这两种作用，样品的表面层不断被搅动破裂，产生新的表面与酸反应，从而使样品迅速分解。

4. 蒸馏法

（1）常压蒸馏。常压蒸馏只能分离具有较大的沸点差别的化合物，如沸点差别大于 50 ℃的两种化合物时常采用。

（2）减压蒸馏。对于沸点在 150 ℃以上的化学试剂，或沸点虽在 150 ℃以上但热不稳定、易热分解的化学试剂，可以采用减压蒸馏和水蒸气蒸馏。

（3）水蒸气蒸馏。水蒸气蒸馏也是另一种用于对热敏感样品制备和纯化的技术。通常蒸馏瓶的盛水量为容器容积的 75% 为宜，安全玻管几乎插到发生器的底部。当容器内气压太大时，水可以沿着玻管上升，以调节内压。

5. 溶剂提取法

同一溶剂中，不同物质具有不同的溶解度。利用混合物中各物质溶解度的不同将混合物组分完全或部分分离的过程称为萃取，也称提取，常用方法有以下几种。

（1）浸提法。浸提法又称浸泡法，用于从固体混合物或有机体中提取某种物质，所采用的提取剂，应既能大量溶解被提取的物质，又要不破坏被提取物质的性质。为提高物质在溶剂中的溶解度，往往在浸提时加热，如用索氏抽提法提取脂肪。提取剂是此类方法中重要因素，可以用单一溶剂，也可以用混合溶剂。

（2）溶剂萃取法。溶剂萃取法用于从溶液中提取某一组分，利用该组分在两种互不相溶的试剂中分配系数的不同，使其从一种溶液转移至另一种溶剂中，从而与其他组分分离，达到分离和富集的目的。通常可用分液漏斗多次提取达到目的。若被转移的成分是有色化合物，可用有机相直接进行比色测定，即萃取比色法。萃取比色法具有较高的灵敏度和选择性，如双硫腙法测定食品中的铅含量。此法设备简单、操作迅速、分离效果好，但是，成批试样分析工作量大时，萃取溶剂常易挥发、易燃，且有毒，操作时应加以注意。

6. 化学分离法

（1）磺化法和皂化法。磺化法和皂化法是处理油脂或脂肪样品时经常使用的方法。例如，残留农药分析和脂游性维生素测定中，油脂被浓硫酸磺化，或被碱皂化，由疏水性变成亲水性，使油脂中需检测的非极性物质能较容易地被非极性或弱极性溶剂提取出来。

（2）沉淀分离法。沉淀分离法是利用沉淀反应进行分离的方法。在试样中加入适当的沉淀剂，使被测组分沉淀下来，或将干扰组分沉淀除去，从而达到分离的目的。

（3）掩蔽法。利用掩蔽剂与样液中的干扰成分作用，使干扰成分转变为不干扰测定的状态，即被掩蔽起来。运用这种方法，可以不经过分离干扰成分的操作而消除其干扰作用，简化分析步骤，因而在食品分析中应用十分广泛，常用于金属元素的测定。

7. 浓缩法

食品样品经提取、净化后，有时净化液的体积较大，被测组分的浓度太低，会影响最后结果的测定。此时需要对被测样液进行浓缩，以提高被测成分的浓度。常用的方法有常压浓缩法和减压浓缩法两种。

（1）常压浓缩法。常压浓缩法只能用于待测组分为非挥发性的样品试液的浓缩，否则会造成待测组分的损失。操作可采用蒸发皿直接挥发。如果溶剂需要回收，则可用一般蒸馏装置或旋转蒸发器。该法操作简便、快速，是常用的方法。

（2）减压浓缩法。减压浓缩法主要用于待测组分为热不稳定性或易挥发的样品净化液的浓缩，其样品净化液的浓缩需采用 K-D 浓缩器。浓缩时，水浴加热并抽气减压，以便浓缩在较低的温度下进行，且速度快，可减少被测组分的损失。食品中有机磷农药的测定（如甲胺磷、乙酰甲胺磷）多采用此法浓缩样品净化液。

8. 盐析法

向溶液中加入某种无机盐，使溶质在原溶剂中的溶解度大大降低，而从溶液中沉淀析出，这种方法称作盐析法。如在蛋白质溶液中加入大量的盐类（硫酸盐），特别是加入重金属盐，使蛋白质从溶液中沉淀出来。在进行盐析工作时，应注意溶液中所加入物质的选择，它应是不会破坏溶液中所要析出的物质，否则达不到盐析提取的目的。样品预处理过程会消耗大量溶剂及其他化学品，是实验重复性和准确性最差的环节，更是影响实验结果好坏的最重要因素。

9. 色层分离法

色层分离法又称色谱分离法，是一种在载体上进行物质分离的方法的总称。根据分离原理的不同，可分为吸附色谱分离、分配色谱分离和离子交换色谱分离等。此类方法分离效果好，近年来在食品分析中应用得越来越广泛。色层分离法不仅分离效果好，而且分离过程往往也就是鉴定的过程。色层分离法常用于有机物质的分析测定。

二、材料准备

样品（牛乳）、硫化铜、硫酸钾、硫酸。

三、工具准备

请你按照表 2-3-1 中的清单，准备好实验所需仪器及工具，并填写检查确认情况。

表 2-3-1　样品预处理所需仪器及工具清单

序号	名称	型号与规格	单位	数量	检查确认
1	消化管		根	2	
2	量筒		把	2	
3	天平	感量 1 mg	个	1	
4	消化炉		台	1	
5	漏斗		个	2	
6	记录表		张	1	
7	标签纸		张	若干	
8	签字笔		支	1	
9	手套		套	1	
10	工作服		套	1	

任务筹划

样品预处理工作流程如图 2-3-1 所示。

图 2-3-1　样品预处理工作流程

任务实施

一、牛乳样品预处理

1. 样品称量

准确称量 15 g 待测样品，精确至 0.001 g，移入干燥的 250 mL 的定氮瓶中。

2. 样品消化

分别在盛有样品及空白的定氮瓶中加入 0.4 g 硫酸铜、6 g 硫酸钾及 20 mL 硫酸，轻摇后于瓶口放一小漏斗，将瓶以 45° 角斜支于有小孔的石棉网上。小心加热，待内容物全部碳化，泡沫完全停止后，加强火力，并保持瓶内液体微沸，至液体呈蓝绿色并澄清透明后，再继续加热 0.5～1 h。取下，小心加入 20 mL 水放冷后移入 100 mL 容量瓶中，并用少量水洗定氮瓶，洗液并入容量瓶中，再加水至刻度，混匀备用。

- **实训报告**

操作记录	
实训名称： 姓名：	班级： 学号：
样品预处理工具及容器准备：	
操作步骤及反思：	

任务评价

评价表					
项目	评价内容	分值	自评	互评	师评
知识基础	能够说出样品预处理的基本要求	5			
	能够熟知各类样品预处理的方法	5			
样品预处理方案制订	能够依据不同类型产品制订样品预处理方案	6			
	能够依据不同类型产品准备合适的样品预处理工具	6			
	能够理解不同样品处理方法的应用范围	6			
样品预处理操作	样品称量准确无误	10			
	正确规范按照样品预处理流程操作	10			
任务进度	阶段任务一：能够按照操作要求准确完成样品称取并准确记录	10			
	阶段任务二：能够按照操作要求准确完成样品消解过程	10			
任务质量	能够合理规范完成样品预处理过程，并完成实训报告	10			

（续表）

评价表					
项目	评价内容	分值	自评	互评	师评
素养表现	清洁操作台面，器械清洁干净并摆放整齐	3			
	规范操作意识、规范穿戴工作服和鞋帽	3			
	遵守实验室规定，操作文明、安全	3			
	全程参与，学习积极主动，与他人沟通配合良好	3			
思政表现	实事求是的工作态度	5			
	科学严谨的研究态度	5			
合计		100			

项目三　处理样品检验结果与出具检验报告

项目导读

在实际食品检测工作中，完成检验的一系列准备程序，例如样品采集、制备、保存、预处理后，要准备进行样品检验工作，同时需要进行正确地记录和计算，以及处理检验报告。检验报告直接反映出产品质量的优劣，是食品生产加工进行质量控制、成本核算的重要依据。

知识目标

1. 理解分析结果的误差与数据处理方法。
2. 明确分析检验报告单的书写格式和要求。

技能目标

1. 能够正确记录、处理检验数据。
2. 能够依据结果处理方法，正确计算得出检验结果，并判定检验结果。
3. 能规范编写、出具检验报告。
4. 掌握数据运算及信息处理能力。

思政目标

具备精益求精、严谨治学的学习和工作态度。

任务一　处理样品检验结果

任务导入

今天公司对柑橘中的维生素 C 进行检测，你作为公司的样品检测员，请根据试验数据结果进行处理，计算出样品中维生素 C 的含量，请依据数据处理的方法，完成本次检验结果处理工作。

任务工单

班级:__________　姓名:__________　学号:__________

任务名称	柑橘样品中维生素 C 检验结果的处理
任务描述	任务内容：通过任务实施，正确独立完成柑橘中维生素 C 结果计算处理。 任务目的：能够了解常见分析仪器读数应保留的小数位数；能够正确判定有效数字的位数；会进行有效数字的正确修约和运算；能够独立完成检验项目的结果计算处理。 任务流程：储备知识、计算处理项目结果。 任务方法：实践操作法。
获取信息	要完成任务，需要掌握相关的知识。请收集资料，回答以下问题。 1. 试验结果处理时，所说的有效数字是指什么？ 2. 有效数字的有效数位如何判断？ 3. 什么是有效数字修约？如何进行有效数字的修约？ 4. 如何进行有效数字的四则运算？

任务准备

一、知识准备

（一）有效数字的概念

有效数字是指在分析工作中实际能够测量到的数字。能够测量到的是包括最后一位估计的，不确定的数字。我们把通过直读获得的准确数字叫作可靠数字；把通过估读得到的那部分数字叫作存疑数字。例如：用分析天平称量某样品重量为 25.12 g，则共包含 4 位有效数字；其中 25.1 为可靠数值，末尾 2 为存疑数字。

有效数字的个数称为该数的有效位数。对没有小数位且以若干个零结尾的数值，从非零数字最左一位向右数得到的位数减去无效零（即仅为定位用的零）的个数，就是有效位数；对其他十进位数，从非零数字最左一位向右数而得到的位数，就是有效位数。因此"0"在有效数字中情况比较特殊，可以是有效数字，也可以不是有效数字。例如，5016 有 4 位有效数字，其中，"5""0""1""6"均为有效数字；0.057 8 有 3 位有效数字，前面的两个"0"则不是有效数字；5.60 有 3 位有效数字，末尾的"0"也为有效数值。45 000，若有两个无效零，则为三位有效位数，应写为 450×10^2；若有三个无效零，则为两位有效位数，应写为 45×10^3。需特殊注意的是，pH、pOH、logK 等数值的整数部分只代表该数值的次幂（数量级），所以有效数值的位数取决于小数点后的位数。例如 pH=6.58 有 2 位有效数字；lgA=7.03 有 2 位有效数字。

为了取得准确的分析结果，不仅要准确测量，而且还要正确记录与计算。所谓正确记录是指记录数字的位数。因为数字的位数不仅表示数字的大小，也反映测量的准确程度。有效数字保留的位数，应根据分析方法与仪器的准确度来决定，一般实测得的数值中只有最后一位是可疑的。例如在分析天平上称取试样 0.500 0 g，这不仅表明试样的质量为 0.500 0 g，还表明称量的误差在 ±0.000 1 g 以内。如将其质量记录成 0.50 g，则表明该试样是在台称上称量的，其称量误差为 ±0.01 g，故记录数据的位数不能任意增加或减少。如在上例中，在分析天平上，测得称量瓶的重量为 10.432 0 g，这个记录说明有 6 位有效数字，最后一位是可疑的。因为分析天平只能称准到 0.000 1 g，即称量瓶的实际重量应为（10.432 0 ± 0.000 1）g，无论计量仪器如何精密，其最后一位数总是估计出来的。同时从上面的例子也可以看出有效数字是和仪器的准确程度有关，即有效数字不仅表明数量的大小，而且也反映测量的准确度。

注意事项

（1）试验中的数字与数学上的数字是不一样的。例如数学的 8.35=8.350=8.350 0，而试验的 $8.35 \neq 8.350 \neq 8.350\ 0$。

（2）单位的变换不应改变有效数字的位数。因此，试验中要求尽量使用科学记数法表示数据。如 100.2 m 可记为 0.100 2 km。但若用 cm 和 mm 作单位时，数学上可记为 10 020 cm 和 100 200 mm，但却改变了有效数字的位数，这是不可取的，采用科学计数法就不会产生这个问题了。

（二）有效数字的修约

修约，即为数字修约。数字修约是通过省略原数值的最后若干位数字，调整所保留的末位数字，使最后所得到的值最接近原数值的过程。经数值修约后的数称为（原数的）修约值。

修约首先要了解修约间隔。修约间隔为修约值的最小数值单位。注意修约间隔的数值一经确定，修约值即为该数值的整数倍。如指定修约间隔为 0.1，修约值应在 0.1 的整数倍中选取，相当于将数值修约到一位小数。如指定修约间隔为 100，修约值应在 100 的整数倍中选取，相当于将数值修约到“百”数位。

数值修约具体规则如下。

1. 确定修约间隔

（1）指定修约间隔为 10^{-n}（n 为正整数），或指明将数值修约到 n 位小数。

（2）指定修约间隔为 1，或指明将数值修约到“个”数位。

（3）指定修约间隔为 10^{n}（n 为正整数）或指明将数值修约到 10^{n} 数位，或指明将数值修约到“十”“百”“千”……数位。

2. 进舍规则

进舍规则通常称为“四舍六入五看右左”，具体应用如下。

（1）舍弃数字的最左一位数字小于 5，则舍去，保留其余各位数字不变。例如将 24.315 修约到个数位，得 24；将 24.315 修约到一位小数，得 24.3。

（2）舍弃数字的最左一位数字大于 5，则进一，即保留数字的末位数字加 1。例如将 2778 修约到“百”数位，得 28×10^{2}。

（3）舍弃数字的最左一位数字是 5，其后有非 0 数字时进一，即保留数字的末位数字加 1。例如将 24.500 7 修约到个数位，得 25。

（4）舍弃数字的最左一位数字为 5，且其后无数字或皆为 0 时，若所保留的末位数字为奇数（1、3、5、7、9）则进一，即保留数字的末位数字加 1；若所保留的末位数字为偶数（0、2、4、6、8）则舍去。具体修约进舍规则见表 3-1-1。

表 3-1-1　修约举例

拟修约数值	修约间隔	修约值
2.050	0.1	20×10^{-1}
353.50	1	354
0.015	0.01	2×10^{-2}
6500	1000	6×10^{3}

注意事项

（1）拟修约数字应在确定修约间隔或指定修约数位后一次修约获得结果，不得多次按进舍规则连续修约。

例如，修约 35.46，修约间隔为 1。

正确的做法：35.46 → 35。

不正确的做法 35.46 → 35.5 → 35。

例如，修约 27.4546，修约间隔为 1。

正确的做法：27.4546 → 27。

不正确的做法 27.4546 → 27.455 → 27.46 → 27.5 → 28。

（2）在具体实施中有时测试与计算部门先将获得数值按指定的修约数位多一位或几位报出，而后由其他部门判定。为避免产生连续修约的错误，应按下述步骤进行。

①报出数值最右的非零数字为 5 时应在数值上加“+”或加“-”或不加符号分别表明已进行过舍，进或未舍未进。

例如，16.50+ 表示实际值大于 16.50，经修约舍弃为 16.50；16.50-，表示实际值小于 16.50，经修约进一为 16.50。

②如对报出值需进行修约，当拟舍弃数字的最左一位数字为 5，且其后无数字或皆为零时，数值右上角有“+”者进一，有“-”者舍去，其余情况类同。

举例见表 3-1-2。

表 3-1-2　修约举例

实测值	修约值	报出值
25.478	25	25^{+}
17.658	18	18^{-}
15.500	16	16^{-}
22.500	22	22^{+}

（三）有效数字的计算

在进行有效位数计算时，参加运算的分量可能很多。各分量数值的大小及有效位数的位数也不相同，而且在运算过程中，有效位数的位数会越乘越多，除不尽时有效位数的位数也无止境。即便是使用计算器，也会遇到中间数的取位问题以及如何更简洁的问题。测量结果的有效位数，只能允许保留一位欠准确数字，直接测量是如此，间接测量的计算结果也是如此。根据这一原则，为了达到：①不因计算而引进误差，影响结果；②尽量简洁，不作徒劳的运算，简化有效位数的运算，约定下列规则。

1. 加减运算

结果位数取决于绝对误差最大数值的位数。几个数进行加法或减法运算时，可先将多余数修约，将应保留欠准确数字的位数多保留一位进行运算，最后结果按保留欠准确数字的数位进行取舍。这样既可以减少计算引起的误差，同时可以减小繁杂的数字计算。

例：3.4+7.424+18.335=3.4+7.42+18.34=29.16=29.2

2. 乘除运算

用有效位数进行乘法或除法运算时，乘积或商的结果的有效位数的位数与参与运算的各个量中有效位数的位数最少者相同。计算方法同加减运算。

例：3.78 × 3.1 × 8.785=3.78 × 3.1 × 8.78=102.884 04=102.9

二、材料准备

样品检测原始数据。

三、工具准备

请你按照表 3-1-3 中的清单，准备好试验所需仪器及工具，并填写检查确认情况。

表 3-1-3　样品检验数据结果处理所需仪器及工具清单

序号	名称	单位	数量	检查确认
1	计算器	个	1	
2	签字笔	支	1	
3	试验结果记录表	张	4	
4	工作服	套	1	

任务筹划

样品检验数据结果处理工作流程如图 3-1-1 所示。

图 3-1-1　样品检验结果数据处理

任务实施

柑橘中 L（+）- 抗坏血酸含量测定（2,6- 二氯靛酚滴定法）数据记录见表 3-1-4。

表 3-1-4　L（+）- 抗坏血酸测定数据记录表

数据	1	2
取样量 m/g	20.34	21.13
试样试验消耗 2,6- 二氯靛酚溶液的体积 V/mL	1.229	1.320
空白试验 2,6- 二氯靛酚溶液的体积 V_0/mL	0.040	
2,6- 二氯靛酚溶液的滴定度 T/（mg/mL）	1/1.740	
柑橘中维生素 C 含量 /（mg/g）		
平均维生素 C 含量 /（mg/g）		
极差 /（mg/g）		
相对极差 /%		

根据 GB 5009.86—2016《食品安全国家标准　食品中抗坏血酸的测定》，L（+）-抗坏血酸结果计算公式如下：

$$X = \frac{(V - V_0) \times T \times A}{m} \times 100\%$$

式中：X——为试样中 L（+）- 抗坏血酸含量，mg/100 g；

V——为滴定试样试验所消耗的 2,6- 二氯靛酚溶液的体积，mL；

V_0——为滴定空白试验所消耗的 2,6- 二氯靛酚溶液的体积，mL；

T——为 2,6- 二氯酚溶液的滴定度，即每毫升 2,6- 二氯靛酚溶液相当于抗坏血酸的毫克数，mg/mL；

A——为稀释倍数；

M——为试样质量，g。

计算结果以重复性条件下获得的两次独立测定结果的算术平均值表示，结果保留 3 位有效数字。

- **实训报告**

<table>
<tr><td colspan="2">操作记录</td></tr>
<tr><td>实训名称：
姓名：</td><td>班级：
学号：</td></tr>
<tr><td colspan="2">材料、工具准备：</td></tr>
<tr><td colspan="2">操作步骤及反思：</td></tr>
<tr><td colspan="2">结果处理记录</td></tr>
<tr><td colspan="2">计算试样 1 中抗坏血酸的含量。

计算试样 2 中抗坏血酸的含量。

计算 2 个平行测定试样中抗坏血酸的含量平均值。</td></tr>
</table>

（续表）

计算 2 个平行测定试样中抗坏血酸的含量极差。   计算 2 个平行测定试样中抗坏血酸的含量相对极差。

任务评价

评价表					
项目	评价内容	分值	自评	互评	师评
知识基础	能够说出有效数字的概念	5			
	知道常见分析仪器读数应保留的位数	8			
有效数字数位、修约与四则运算	能够熟练判断有效数字的位数	8			
	会进行有效数字的正确修约	8			
	能够正确进行有效数字的运算	8			
任务进度	阶段任务一：能够独立正确完成检测项目的结果计算	10			
	阶段任务二：任务项目完成中计算公式正确，数据带入正确	10			
	阶段任务三：任务项目完成中单位的运算正确	10			
任务质量	能够合理规范完成试验结果处理任务，并完成实训报告	5			
素养表现	学习过程积极主动	5			
	精益求精的工作态度	5			
	自主学习与灵活应用的能力	5			
	全程参与，与他人沟通配合良好	5			
思政表现	实事求是的工作态度	4			
	科学严谨的研究态度	4			
合计		100			

任务二　出具检验报告

任务导入

今天公司需完成样品的蛋白质、脂肪的检测任务，你作为公司的样品检测报告文员，请根据已完成的样品的蛋白质、脂肪检测项目的检测结果，出具一份检验报告（简易）。

任务工单

班级:________　姓名:________　学号:________

任务名称	出具某样品蛋白质和脂肪检验结果的报告
任务描述	任务内容：通过任务实施正确规范编写检测项目的建议检验报告。 任务目的：能够熟知检验报告的基本要求；能够表述检验报告的基本格式，能正确规范出具简易检验报告。 任务流程：储备知识、确定检验报告内容格式、出具检验报告。 任务方法：小组协作。
获取信息	要完成任务，需要掌握相关的知识。请收集资料，回答以下问题。 1. 作为检测机构，出具检验报告应符合哪些基本要求？ 2. 一份完整的检验报告应包含哪些内容？

任务准备

一、知识准备

（一）检验报告的要求

检验报告是经过检验机构或实验室对样品进行分析测试后得到的结论，通常包括样品信息、检验方法、检验结构、结论等内容。在实际生产或科研中，检验报告具有重要的参考价值和决策依据。为了保证检验报告的可靠性，对检验报告的基本要求如下。

（1）应准确、清晰、明确、客观地出具检验检测结果。这是对结果报告的总体性要求。准确，数据准确；清晰，文字清晰；明确，依据明确；客观，结果客观；以便于客户及相关方将报告用作数据结果的证据。

（2）报告应包含充分的信息。报告信息包括基本信息和解释结果的信息，基本信息为满足客户要求及所用方法要求的信息，解释结果所需的信息应根据需要在报告中清晰标注，包括方法的偏离、符合性声明、测量不确定度、抽样结果、分包结果以及意见和解释等用于解释结果的信息。

（3）报告在发出前应经过审查和批准。报告作为一种特殊的技术性文件，应符合文件发布的要求，就应经过审核和批准。按照记录的原始性、现场性的要求，应有报告编写人的签字。为降低报告编写的出错率，如果设置了审核人员，审核人员也应签字确认。最后，由授权签字人对报告签字批准。

（4）报告应有唯一性标识。按照文件控制的规定，作为技术性文件，报告应有唯一性标识。应将报告中所有部分标记为完整报告的一部分，应有报告结束的清晰标识。

（5）应标注资质认定标志，加盖检验检测专用章（适用时）。《检验检测机构资质认定管理办法》第二十八条规定，“检验检测机构向社会出具具有证明作用的检测数据、结果的，应当在其检验检测报告上标注资质认定标志”。加盖检验检测专用章，标注“CMA”标识，才会获得承认并具有证明作用。

（6）检验检测报告格式设计应有所区分。检验检测领域产品、项目繁多，报告格式的设计应适用于所进行的各种检验检测类型，并尽量减小产生误解或误用的可能性。

（7）检验检测报告签发后，若有更正或增补应满足要求。当更改、修订或重新发布已发出的报告时，应在报告中清晰标识修改的信息，适当时标注修改的原因。对已发出报告的修改，并包含以下声明：“对序列号为 ××× 报告的修改”，或其他等效文字。当有必要发布全新的报告时，应有唯一性标识，并注明所替代的原报告。

（8）应作出相应的免责声明。在抽样过程中，当客户对抽样程序有偏离的要求并有可能影响结果有效性时，应在报告中做出免责声明。在接收样品时，当客户知道偏离了规定条件仍要求进行检测时，应在报告中做出免责声明。当实验室不负责抽样（如为客户委托的样品）时，实验室应声明结果报告仅适用于收到的样品。当报告中包含客户提供的数据并有可能影响结果有效性时，报告中应有免责声明。

（9）结果报告的保存应符合要求。检验检测机构应对原始记录、报告归档留存，保存期限通常不少于6年。在《检验检测机构监督管理办法》第十三条第四款规定“未按照标准等规定传输、保存原始数据和报告的”，将被定性为“不实报告”，检验检测机构应规避此类风险。

（二）检验报告的内容

1. 必备内容

（1）标题。

（2）标注资质认定标志，加盖检验检测专用章。

（3）检验检测机构的名称和地址，检验检测的地点。

（4）所用检验检测方法的识别。

（5）检验检测样品的描述、状态和标识。

（6）检验检测的日期，对检验检测结果的有效性和应用有重大影响时，注明样品的接收日期或抽样日期。

（7）检验报告签发人的姓名、签字或等效的标识和签发日期。

2. 其他内容

其他内容依据具体情况进行说明。

（1）当需对检验检测结果进行说明时，检验报告中还应包括下列内容：对检验检测方法的偏离、增加或删减，以及特定检验检测条件的信息，如环境条件；适用时，给出符合（或不符合）要求或规范的声明；测量不确定度的信息；适用且需要时，提出意见和解释。

（2）检验检测机构从事抽样时，检验报告还应包括下列内容：抽样日期；抽取的物质、材料或产品的清晰标识；抽样位置，包括简图、草图或照片；抽样过程中可能影响检验检测结果的环境条件的详细信息。

二、材料准备

样品检测原始数据。

任务筹划

检验报告出具工作流程如图 3-2-1 所示。

图 3-2-1　检验报告出具流程

任务实施

根据本次蛋白质、脂肪检验结果出具一份简易的检验报告。数据记录于表 3-2-1。

表 3-2-1　数据记录表

检验项目	单位	检测结果
蛋白质	g/100 g	1.3
粗脂肪	g/100 g	21.2

- **实训报告**

操作记录	
实训名称： 姓名：	班级： 学号：
材料、工具准备：	

（续表）

确定检验报告内容：
检验报告

任务评价

评价表					
项目	评价内容	分值	自评	互评	师评
知识基础	说出检验报告的基本要求	5			
	能够列出检验报告的格式	10			
检验报告出具	报告填写内容完整	10			
	报告填写文字准确无误	10			
	报告填写数据准确无误	10			
	报告结论准确无误	10			
	排版美观大方简洁	5			
任务质量	能够合理规范完成检验报告	10			
素养表现	学习过程积极主动	5			
	精益求精的工作态度	5			
	自主学习与灵活应用的能力	5			
	全程参与，与他人沟通配合良好	5			
思政表现	实事求是的工作态度	5			
	科学严谨的研究态度	5			
合计		100			

项目四 检测食品的一般品质

项目导读

食品的一般品质检测主要包括食品物理检验法和一般成分检测。其中食品的物理检验法是根据食品的相对密度、折射率、旋光度、黏度等物理常数与食品的组分含量之间的关系进行检测的方法。食品的物理检验法有两类：第一类是检验食品的一些物理常数，如密度、相对密度、折射率等，这些物理常数与食品的组成成分及其含量之间存在着一定的函数关系。因此，可以通过物理常数的测定来间接地检测食品的组成成分及其含量。第二类是检验与食品的质量指标密切相关的一些物理量，如罐头的真空度，固体饮料的颗粒度，膨松食品的比体积，冰激凌的膨胀率，液体的透明度、浊度、黏度，碳酸饮料的二氧化碳体积。这一类物理量可以通过物理检测方法直接测得。一般成分的检测主要是通过酸碱滴定、干燥、碳化灼烧等方式测定，从而反应食品其品质。

知识目标

（1）了解密度瓶、密度计等仪器的构造及工作原理。

（2）理解密度和相对密度、酸度、酸价等概念。

（3）熟知食品检验一般品质检验的方法、标准及操作规范。

（4）熟悉相关检测指标的概念及检验设备仪器。

技能目标

（1）能够熟练完成检验指标的测定、仪器操作及维护。

（2）能够正确处理测定结果并填写检验报告单。

素质目标

具备良好的独立解决问题的能力和实事求是的专业素质。

思政目标

（1）培养学生科学严谨的基本素养。

（2）培养学生精益求精的工作态度。

任务一　测定食品的相对密度

任务导入

你是某检测技术公司的食品检测员，今天接到任务，要完成公司果汁饮料的相对密度的测定，依据检测工作一般流程，完成本次检测项目任务。

任务工单

班级：____________　姓名：____________　学号：____________

任务名称	果汁饮料相对密度的测定
任务描述	任务内容：通过任务实施，利用密度瓶完成果汁饮料相对密度测定，并完成结果的处理。 任务目的：掌握相对密度测定的意义及方法，能够正确准备液体食品相对密度所需的仪器、试剂，能够规范利用密度瓶完成液体食品相对密度的测定，并对实验数据进行结果处理，确保测定结果符合精密度要求。 任务流程：储备知识、准备仪器试剂、测定相对密度、处理数据。 任务方法：任务驱动法、小组协作法、实践法。
获取信息	要完成任务，需要掌握相关的知识。请收集资料，回答以下问题。 1. 密度的计算原理是什么？ 2. 相对密度的测定原理是什么？

任务准备

一、知识准备

（一）密度、相对密度的定义

1. 密度

密度是对特定体积内的质量的度量，密度等于物体的质量除以体积，可以用符号 ρ（读作 [rəʊ]）表示，国际单位制和中国法定计量单位中，密度的单位为千克每立方米，符号是 kg/m^3。

密度物质在一定温度下单位体积的质量，又叫作绝对密度。物质一般具有热胀冷缩的性质（水在 4 ℃以下是反常的），所以密度值随温度而改变。故密度值应标出测定时物质的温度，符号记为 ρ_t。若 m 表示物体质量，V 表示物体体积，则密度表达式为 $\rho_t=\dfrac{m}{V}$，单位为 g/cm^3。

2. 相对密度

相对密度又称为比重，指在特定条件下，某物质（液体）的密度与水的密度之比，也是某一温度下物质的质量与同体积某一温度下水的质量之比。符号为 $d_{t_2}^{t_1}$，表达式为 $d_{t_2}^{t_1}=\dfrac{\rho_{t_1}(物质)}{\rho_{t_2}(纯水)}$，式中，$\rho_{t_1}$（物质）为 t_1 温度下物质的密度；ρ_{t_2}（纯水）为 t_2 温度下同体积水的密度。

当用密度瓶或密度天平测定液态物质的相对密度时，以测定溶液对同温度水的相对密度比较方便，通常测定液体在 20 ℃时相对水在 20 ℃时的相对密度，以 d 表示。

3. 密度与相对密度的关系

（1）密度有单位，相对密度没有单位。

（2）某一特定温度下液体的密度只有一个值，而相对密度在某一温度下不止一个值。

（二）测定食品相对密度的意义

（1）检验食品的纯度、浓度及判断食品的品质和掺假情况。各种液态食品都有其相应的相对密度，均在一定的范围内。当其组成成分及其浓度发生改变时，其相对密度也发生改变。例如，全脂牛奶的相对密度为 1.028～1.032（d_4^{20}）。

（2）求可溶性固形物或总固形物的含量。当液态食品水分被完全蒸发，干燥至恒重时所得到的剩余物称为干物质或固形物。液态食品的相对密度与其固形物含量具有一定的数学关系，故测定液态食品相对密度即可求出其固形物含量。例如果汁、番茄酱等，测定相对密度后通过换算或查专用经验表可以确定可溶性固形物或总固形物的含量。

（三）相对密度的测定方法

依据 GB 5009.2—2024《食品安全国家标准　食品相对密度的测定》，相对密度的测定方法主要有密度瓶法、天平法、比重计法、U 型振荡管数字密度计法。本任务主要介绍密度瓶测定法。

二、材料准备

样品、水、滤纸。

三、工具准备

请你按照表 4-1-1 的清单，准备好实验所需仪器及工具，并填写检查确认情况。

表 4-1-1　用密度瓶法测定相对密度所需仪器及工具清单

序号	名称	型号与规格	单位	数量	检查确认
1	精密密度瓶	25 mL 附温度计	个	1	
2	天平	感量为 0.000 1 g	台	1	
3	恒温水浴锅	/	台	1	
4	烧杯	100 mL	个	2	
5	废液杯	500 mL	个	1	
6	洗瓶	500 mL	个	1	
7	吸水纸	/	盒	1	

任务筹划

相对密度检验工作流程如图 4-1-1 所示。

准备仪器设备 → 登记和处理样品 → 测定相对密度 → 处理测定结果

图 4-1-1　相对密度测定检验工作流程

任务实施

一、仪器设备准备

1. 检查试验器具和仪器

密度瓶是否洁净、干燥、恒重和准确称量；恒温水浴锅和分析天平是否正常工作。

2. 检查天平室内温度

通过温度计检查天平室内的温度，如果不符合 20 ℃，需要将房间空调打开，待房间温度为 20 ℃开始试验。

二、相对密度测定

1. 取洁净、干燥、恒重、准确称量的密度瓶，记录空密度瓶质量 m_0。

2. 将密度瓶装满试样后，置 20 ℃水浴中使内容物的温度达到 20 ℃，盖上瓶盖，并用细滤纸条吸去支管标线上的试样，盖上小帽后取出。用滤纸把瓶外擦干，置天平室内（室温 20 ℃）0.5 h，称量，记录密度瓶加液体试样的质量 m_2。

3. 将试样倾出，洗净密度瓶，装满水，置 20 ℃水浴中使内容物的温度达到 20 ℃，盖上瓶盖，并用细滤纸条吸去支管标线上的水，盖上小帽后取出。用滤纸把瓶外擦干，置天平室内 0.5 h，称量，记录密度瓶加水的质量 m_1。

注意事项

密度瓶内不应有气泡，天平室内温度保持（20±1）℃。

4. 平行测定 2 次。

三、数据结果处理

试样在 20 ℃时的相对密度按下式进行计算：

$$d_{20}^{20}=\frac{m_2-m_0}{m_1-m_0}$$

式中：d_{20}^{20}——试样在 20 ℃时的相对密度；

m_0——密度瓶的质量，单位为克（g）；

m_1——密度瓶加水的质量，单位为克（g）；

m_2——密度瓶加液体试样的质量，单位为克（g）。

计算结果表示到称量天平的精度的有效位数（精确到 0.001）。

- **实训报告**

<table>
<tr><td colspan="2" align="center">操作记录</td></tr>
<tr><td>实训名称：
姓名：</td><td>班级：
学号：</td></tr>
<tr><td colspan="2" align="center">检验记录</td></tr>
<tr><td>检测项目：
样品名称：
收样日期：</td><td>检测依据：
样品数量：
检测日期：</td></tr>
<tr><td colspan="2">操作步骤及反思：</td></tr>
</table>

（续表）

密度瓶法测定果汁饮品相对密度原始记录		
实验次数	1	2
实验温度 /℃		
m_0/g		
m_1/g		
m_2/g		
d_{20}^{20}		
平均值		
极差		
相对极差 /%		
结果判定		
样品密度值：		
结果判定：		

任务评价

评分表（参照 1+X 证书评价标准）					
项目	评价内容	分值	自评	互评	师评
实验准备	按规定着装	1			
	实验物品的检查	1			
	实验物品的标识清晰	2			
天平的使用	正确清洁天平	1			
	正确检查天平水平并能进行调节	2			
	正确开机预热	2			
	称量操作熟练、规范，正确打开并及时关闭各玻璃门	4			
	读数稳定后进行正确读数	2			
	结束称量后及时将天平归零	2			
	正确关机	1			
	正确填写仪器使用登记	1			
恒温水浴锅的使用	正确开启水浴锅并调至所需温度，使用完毕后正确关机	5			

（续表）

评分表（参照 1+X 证书评价标准）					
项目	评价内容	分值	自评	互评	师评
密度瓶的使用	正确进行密度瓶的清洁、干燥和恒重	2			
	准确称量空密度瓶的质量	3			
	正确将密度瓶装满试样，瓶内不得有气泡	4			
	正确进行恒温操作	3			
	正确盖上瓶盖和小帽，擦干瓶外壁	4			
	准确称量瓶加试样的质量	3			
	正确清洗密度瓶	2			
	正确将密度瓶装满水，瓶内不得有气泡	4			
	准确称量瓶加水的质量	3			
	正确进行平行试验	2			
数据处理	及时记录原始数据	2			
	记录规范、整洁、正确划改数据（未按要求划改每一处扣 1 分）	3			
	记录齐全（缺一项或错一项扣 1 分）	2			
	计算公式正确，数据代入正确	2			
	有效数字正确（错一处扣 1 分）	3			
	计算结果正确	3			
检测结果	两次平行测定结果的相对相差≤1%，25 分；1%＜相对相差≤2%，20 分；2%＜相对相差≤3%，15 分；3%＜相对相差≤4%，10 分；4%＜相对相差≤5%，5 分相对相差＞5%，0 分。	25			
其他	清洁操作台面，器材清洁干净并摆放整齐	1			
	废液、废弃物处理合理	1			
	遵守实验室规定，操作文明、安全	2			
	操作熟练，按时完成	2			
	操作失败，重新操作，每次倒扣 2 分				
	操作过程中出现倒洒，每次倒扣 2 分				
	重大失误，如损坏仪器设备或玻璃器皿等，倒扣 2 分				
	超时 5 分钟以上由考评员终止操作				
合计		100			

任务二　测定食品中的水分含量

任务导入

你是某检测技术公司的食品检测员，今天接到任务，要完成面粉中水分含量的测定，依据检测工作一般流程，完成本次检测项目任务。

任务工单

班级：________________　　姓名：________________　　学号：________________

任务名称	面粉中水分含量的测定
任务描述	任务内容：通过任务实施，利用直接干燥法测定面粉中水分含量。 任务目的：正确利用直接干燥法规范操作完成食品中水分含量的测定；正确完成试验数据的记录与水分含量的计算；检验结果符合精密度要求。 任务流程：储备知识、准备仪器工具、测定水分含量、记录与计算结果、出具检验报告单。 任务方法：实践操作法。
获取信息	要完成任务，需要掌握相关的知识。请收集资料，回答以下问题。 1. 游离水的定义。 2. 试验过程中何为恒重?

任务准备

一、知识准备

（一）食品中水分存在形式

在动植物食品组织中存在的水分按其存在形式和特性的不同，基本上可以分为两种，即游离水和结合水。食品中的游离水（或自由水）没有和胶体物质（如蛋白质、淀粉等）相结合，其性质与普通水相同，0 ℃或稍低于0 ℃即能结冰，在干燥情况下，通过细管作用可以散发而减少，在潮湿情况下，因吸水而增加。食品中还有一部分水是以氢键与食品中的胶体物质结合在一起的，称为结合水。这部分结合水的含量约相当于胶体成分的50%。结合水在0 ℃时不结冰，甚至在-20 ℃以下也难结冰；它比重大于普通水，不能溶解可溶性的物质。由于它被胶体物质所束缚，在一般的干燥和潮湿条件下，很少会发生变化。食品不适当地干燥，会使食品中结合水破坏，使干燥食品的复水性受到影响，而降低食品的质量。根据 GB 5009.3—2016《食品安全国家标准　食品中水分的测定》，食品中水分测定常用的方法有直接干燥法、减压干燥法、蒸馏法、卡尔·费休法，本任务主要学习直接干燥法。

（二）直接干燥法的原理

利用食品中水分的物理性质，在 101.3 kPa（一个大气压），温度 101～105 ℃下采用挥发方法测定样品中干燥减失的重量，包括吸湿水、部分结晶水和该条件下能挥发的物质，再通过干燥前后的称量数值计算出水分的含量。

小学士

测定水分含量所需试剂配制方法

二、材料准备

请准备好以下试剂：盐酸溶液（6 mol/L）、氢氧化钠溶液（6 mol/L）、海砂。除非另有说明，本方法所用试剂均为分析纯，水为 GB/T 6682 规定的三级水。具体成分及配制方法详见二维码。

三、工具准备

请你按照表 4-2-1 中的清单，准备好试验所需仪器及工具，并填写检查确认情况。

表 4-2-1　测定水分含量所需仪器及工具清单

序号	名称	型号与规格	单位	数量	检查确认
1	扁形铝制或玻璃制称量瓶		个	2	
2	电热恒温干燥箱		个	1	
3	干燥器	内附有效干燥剂	个	1	
4	天平	精确度 0.000 1 g	个	1	

任务筹划

食品中水分含量测定的工作流程如图 4-2-1 所示。

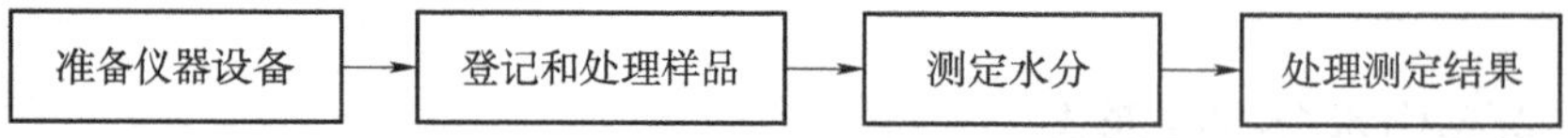

图 4-2-1　水分测定检验工作流程

任务实施

一、样品水分含量测定

1. 称量瓶恒重

取洁净铝制或玻璃制的扁形称量瓶，置于 101～105 ℃干燥箱中，瓶盖斜支于瓶边；加热 1.0 h，取出盖好，置干燥器内冷却 0.5 h；称量，并重复干燥至前后两次质量差不超过 2 mg，即为恒重，记为 m_0。

2. 样品干燥至恒重

将混合均匀的试样迅速磨细至颗粒小于 2 mm，不易研磨的样品应尽可能切碎，称取 2～10 g 试样（精确至 0.000 1 g），放入干燥至恒重的称量瓶中，试样厚度不超过 5 mm，如为疏松试样，厚度不超过 10 mm，加盖，精密称量，记为 m_1。

置于 101～105 ℃干燥箱中，瓶盖斜支于瓶边，干燥 2～4 h后，盖好取出；放入干燥器内冷却 0.5 h后称量，记录数据。然后再放入 101～105 ℃干燥箱中干燥 1 h左右，取出，放入干燥器内冷却 0.5 h后再称量；重复以上操作至前后两次质量差不超过 2 mg，即为恒重，记为 m_2。

注意事项

两次恒重值在最后计算中，取质量较小的一次称量值。

二、数据记录与结果分析

试样中的水分含量，按以下公式进行计算：

$$X=\frac{m_1-m_2}{m_1-m_0}\times 100\%$$

式中：X——试样中水分的含量，单位为克每百克（g/100 g）；

m_1——称量瓶（加海砂、玻棒）和试样的质量，单位为克（g）；

m_2——称量瓶（加海砂、玻棒）和试样干燥后的质量，单位为克（g）；

m_0——称量瓶（加海砂、玻棒）的质量，单位为克（g）；

100——单位换算系数。

水分含量≥1 g/100 g时，计算结果保留三位有效数字；水分含量＜1 g/100 g时，计算结果保留两位有效数字。

在重复性条件下独立获得的两次独立测定结果的绝对差值不得超过算数平均数的 10%。

- **实训报告**

操作记录	
实训名称： 姓名：	班级： 学号：
试剂配制：	
检验记录	
检测项目： 样品名称： 收样日期：	检测依据： 样品数量： 检测日期：

（续表）

<table>
<tr><td colspan="5">操作步骤及反思：</td></tr>
<tr><td colspan="5">结果判定：</td></tr>
<tr><td>样品名称：</td><td colspan="2"></td><td colspan="2"></td></tr>
<tr><td>样品编号：</td><td></td><td></td><td></td><td></td></tr>
<tr><td>分析序号：</td><td>1</td><td>2</td><td>1</td><td>2</td></tr>
<tr><td>m_0/g</td><td></td><td></td><td></td><td></td></tr>
<tr><td>m_1/g</td><td></td><td></td><td></td><td></td></tr>
<tr><td>m_2/g</td><td></td><td></td><td></td><td></td></tr>
<tr><td>水分含量 /（g/100 g）</td><td></td><td></td><td></td><td></td></tr>
<tr><td>平均值 /（g/100 g）</td><td colspan="2"></td><td colspan="2"></td></tr>
<tr><td>精密度</td><td colspan="2"></td><td colspan="2"></td></tr>
<tr><td>样品水分含量</td><td colspan="2"></td><td colspan="2"></td></tr>
<tr><td>结果判定</td><td colspan="2"></td><td colspan="2"></td></tr>
</table>

任务评价

<table>
<tr><td colspan="6">评价表</td></tr>
<tr><td>项目</td><td>评价内容</td><td>分值</td><td>自评</td><td>互评</td><td>师评</td></tr>
<tr><td rowspan="2">试验准备</td><td>检查实验器具是否准备妥当：扁形铝制或玻璃制称量瓶；干燥器：内附有效干燥剂</td><td>4</td><td></td><td></td><td></td></tr>
<tr><td>检查仪器是否正常工作
（电热恒温干燥箱、天平）</td><td>4</td><td></td><td></td><td></td></tr>
<tr><td rowspan="5">试验过程</td><td>样品：磨细至颗粒小于 2 mm，混匀</td><td>4</td><td></td><td></td><td></td></tr>
<tr><td>洁净铝制或玻璃制的扁形称量瓶烘干时需将瓶盖斜支于瓶边</td><td>4</td><td></td><td></td><td></td></tr>
<tr><td>称取试样时天平托盘上无撒落的样品</td><td>10</td><td></td><td></td><td></td></tr>
<tr><td>烘干样品，干燥和转移样品时是否有洒落</td><td>10</td><td></td><td></td><td></td></tr>
<tr><td>半固体或液体试样水浴蒸发水分时需在蒸发快结束时用少量水清洗玻璃棒，否则固体样品会有损失；</td><td>7</td><td></td><td></td><td></td></tr>
<tr><td rowspan="2">结果</td><td>结果报告：报告结果规范、正确</td><td>10</td><td></td><td></td><td></td></tr>
<tr><td>物品的整理归位：台面整理干净、物品归位、无破损</td><td>5</td><td></td><td></td><td></td></tr>
</table>

（续表）

评价表					
项目	评价内容	分值	自评	互评	师评
任务进度	阶段任务一：能够做好试验前的准备工作，保证仪器在试验进行时正常工作	10			
	阶段任务二：能够根据操作要求准确规范完成测定	10			
任务质量	能够合理规范完成检测任务，并出具完整检测报告	10			
素养表现	清洁操作台面，器械清洁干净并摆放整齐	2			
	废液、废弃物处理合理	2			
	遵守实验室规定，操作文明、安全	2			
	严格执行操作程序，遵守无菌操作要求	2			
思政表现	实事求是的工作态度	2			
	科学严谨的研究态度	2			
合计		100			

任务三　测定食品中的灰分含量

任务导入

你是某检测技术公司的食品检测员，今天接到任务，要完成公司玉米淀粉中灰分含量的测定，依据检测工作一般流程，完成本次检测项目任务。

任务工单

班级：________________　姓名：________________　学号：________________

任务名称	玉米淀粉中灰分含量的测定
任务描述	任务内容：通过任务实施，完成玉米淀粉中灰分含量的测定。 任务目的：能够正确领用、使用灰分测定所需的试剂、仪器和设备；安全配制、操作使用所需试剂；按照正确操作步骤进行规范严谨的测定操作；能够准确记录原始数据并正确运算，能对测定结果进行正确判定。 任务流程：储备知识、准备仪器设备及试剂、测定灰分含量、分析试验结果。 任务方法：实践操作法、小组协作。

（续表）

任务名称	玉米淀粉中灰分含量的测定
获取信息	要完成任务，需要掌握相关的知识。请收集资料，回答以下问题。 1. 食品中灰分含量测定的意义是什么? 2. 食品中灰分测定的原理是什么?

任务准备

一、知识准备

（一）灰分的定义

灰分，可以是煅烧后的残留物也可以是烘干后的剩余物。但灰分一定是某种物质中的固体部分而不是气体或液体部分。在高温时，发生一系列物理和化学变化，最后有机成分挥发逸散，而无机成分（主要是无机盐和氧化物）则残留下来，这些残留物称为灰分。GB 5009.4—2016《食品安全国家标准 食品中灰分的测定》共有三种方法，其中第一法规定了食品中总灰分的测定方法。

小学士

测定灰分含量所需试剂配制方法

（二）原理

食品经灼烧后所残留的无机物质称为灰分。灰分数值系用灼烧、称重后计算得出。

二、材料准备

请你准备好以下试剂：乙酸镁溶液（80 g/L）、乙酸镁溶液（240 g/L）、10% 盐酸溶液。除非另有说明，本方法所用试剂均为分析纯，水为 GB/T 6682 规定的三级水。具体成分及配制方法详见二维码。

三、工具准备

请你按照表 4-3-1 中的清单，准备好实验所需仪器及工具，并填写检查确认情况。

表 4-3-1 测定灰分含量所需仪器及工具清单

序号	名称	型号与规格	单位	数量	检查确认
1	高温炉		个	1	
2	石英坩埚或瓷坩埚		个	1	
3	分析天平	感量 0.000 1 g	台	1	

（续表）

序号	名称	型号与规格	单位	数量	检查确认
4	干燥器		个	1	
5	电热板		个	1	
6	恒温水浴锅		个	1	

任务筹划

食品中灰分含量测定的工作流程如图 4-3-1 所示。

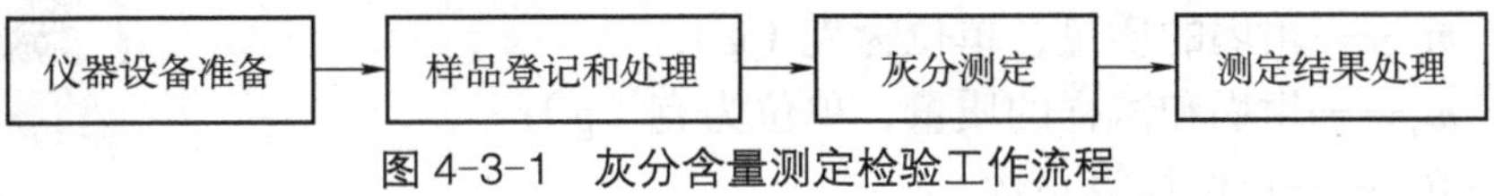

图 4-3-1　灰分含量测定检验工作流程

任务实施

一、坩埚预处理

先用沸腾的稀盐酸洗涤，再用大量自来水洗涤，最后用蒸馏水冲洗。将洗净的坩埚置于高温炉内，在（900 ± 25）℃下灼烧 30 min，并在干燥器内冷却至室温，称重，精确至 0.000 1 g，记为 m_2。

二、称样

迅速称取样品 10 g（精确至 0.000 1 g）于坩埚内，注意样品需均匀分布在坩埚内，不要压紧。同步操作称取 2 份，记为 m_3。

三、测定

将坩埚置于高温炉口或电热板上，半盖坩埚盖，小心加热使样品在通气情况下完全炭化至无烟，即刻将坩埚放入高温炉内，将温度升高至（900 ± 25）℃，保持此温度直至剩余的炭全部消失为止，一般 1～2 h 至无炭粒。

待炉温冷却至 200 ℃左右，取出，放入干燥器中冷却至室温。最终，灼烧至恒重，称量，记为 m_1。

小学士

含磷量较高的食品和其他食品的预处理

小学士

含磷量较高的食品和其他食品的称样

小学士

含磷量较高的食品的测定方法

注意事项

称量前如发现灼烧残渣有炭粒时，应向试样中滴入少许水湿润，使结块松散，蒸干水分再次灼烧至无炭粒，即表示灰化完全，方可称量。

重复灼烧至前后两次称量相差不超过 0.5 mg 为恒重。以最小称量值为准。

小学士

其他食品的测定方法

四、结果分析

试样中灰分的含量，未加乙酸镁溶液的试样，按下式计算：

$$X=\frac{m_1-m_2}{m_3-m_2}\times 100$$

式中：X——未加乙酸镁溶液试样中灰分的含量，单位为克每百克（g/100 g）；

m_1——坩埚和灰分的质量，单位为克（g）；

m_2——坩埚的质量，单位为克（g）；

m_3——坩埚和试样的质量，单位为克（g）；

100——单位换算系数。

小学士

加入乙酸镁溶液的试样灰分计算方法

- **实训报告**

操作记录		
实训名称： 姓名：	班级： 学号：	
试剂配制：		
检验记录		
检测项目： 样品名称： 收样日期：	检测依据： 样品数量： 检测日期：	
操作步骤及反思：		
玉米淀粉中灰分含量测定数据记录表		
样品编号	1	2
取样量 m/g		
空坩埚质量 m_2/g		
灼烧前：坩埚 + 玉米淀粉质量 m_3/g		
灼烧后：坩埚 + 玉米淀粉质量 m_1/g		
总灰分含量 /（g/100 g）		

（续表）

算术平均数 / （g/100 g）	
极差	
相对极差 /%	
结果判定	

任务评价

评价表

项目	评价内容	分值	自评	互评	师评
试验准备	检查仪器是否可以正常工作	4			
	选择符合实际的正常样品	5			
试验过程	取试样是否符合测定需求，混合均匀	5			
	样品是否均匀分布在坩埚内，不要压紧	5			
	烘干样品，干燥和转移样品时是否有洒落	4			
	根据样品的特征选择的坩埚预处理方法、测定方法是否正确	10			
结果	结果报告：是否规范、正确	15			
	物品的整理归位是否正确：台面整理干净、物品归位、无破损	5			
任务进度	阶段任务一：能够做好试验前的准备工作，保证仪器在试验进行时正常工作	15			
	阶段任务二：能够根据操作要求准确规范完成测定	15			
任务质量	能够合理规范完成检测任务，并出具完整检测报告	5			
素养表现	清洁操作台面，器械清洁干净并摆放整齐	2			
	废液、废弃物处理合理	2			
	遵守实验室规定，操作文明、安全	2			
	严格执行操作程序，遵守无菌操作要求	2			
思政表现	实事求是的工作态度	2			
	科学严谨的研究态度	2			
合计		100			

任务四 测定食品中的酸度

任务导入

什么样的牛奶才算新鲜呢？这个标准要如何判定？牛奶的酸度是判定牛奶新鲜程度的一个重要指标。微生物的生长繁殖，导致酸度升高，因此酸度高低可以反映牛乳的新鲜程度。你是某检测技术公司的食品检测员，依据检测工作一般流程，完成本次乳粉的总酸度检测项目任务。

任务工单

班级：________ 姓名：________ 学号：________

任务名称	乳粉中总酸度的测定
任务描述	任务内容：通过任务实施，完成食品中乳粉总酸度的测定，并依据酸度测定结果对食品品质进行分析评价。 任务目的：了解食品酸度测定的方法及实际意义，能够规范进行酸度测定操作，正确填写原始数据及计算结果。 任务流程：储备知识、准备仪器设备及试剂、测定酸度、分析结果。 任务方法：实践操作法、小组协作。
获取信息	要完成任务，需要掌握相关的知识。请收集资料，回答以下问题。 1. 食品中酸度的概念是什么？ 2. 食品中酸度测定意义及原理是什么？ 3. 滴定分析法如何操作？如何正确判断滴定终点？ 4. 利用 pH 计如何测定有效酸度？

任务准备

一、知识准备

（一）酸度的概念

食品中的酸度通常用总酸度（滴定酸度）、有效酸度（pH）和挥发酸来表示。

1. 总酸度

指食品中所有酸性成分的总量。包括在测定前已离解成 H^+ 的酸浓度（游离态），也包括未离解酸的浓度（结合态、酸式盐）。采用标准碱溶液滴定，并以样品中主要代表酸的百分含量表示。

2. 有效酸度

指被测溶液中 H^+ 的浓度。反映的是已离解的酸浓度，指样品中呈离子状态的氢离子的浓度（严格地讲是活度），用 pH 计进行测定，常用 pH 值表示。pH 值的大小与总酸中酸的性质与数量有关，还与食品中缓冲物的质量与缓冲能力有关。

3. 挥发酸

指食品中易挥发的有机酸。如甲酸、乙酸、丁酸等低碳链的直链脂肪酸，其大小可以通过蒸馏法分离，再用标准碱溶液进行滴定。挥发酸包含游离的和结合的两部分。

（二）酸度测定的意义

（1）有机酸影响食品的色、香、味及稳定性。

（2）食品中有机酸的种类和含量是判断其质量好坏的一个重要指标。

（3）利用食品中有机酸的含量和糖含量之比，可判断某些果蔬的成熟度。

（三）食品中常见酸

果蔬中常见的主要含有苹果酸、柠檬酸、酒石酸、琥珀酸、醋酸、草酸等成分，鱼和肉类中主要是乳酸。

（四）酸度的测定

1. 总酸度的测定（滴定法）

试样经过处理后，以酚酞作为指示剂，用 0.100 0 mol/L 氢氧化钠标准溶液滴定至中性，记录消耗氢氧化钠溶液的体积数，经计算确定试样的酸度。

2. 有效酸度（pH）的测定

记录中和试样溶液至 pH 值为 8.30 所消耗的 0.100 0 mol/L 氢氧化钠体积，经计算确定其酸度。

3. 挥发性酸度的测定

可用直接或间接法进行测定。

二、材料准备

本次食品中酸度的测定主要参考 GB 5009.239—2016《食品安全国家标准　食品酸度的测定》和教育部 1+X 职业技能—食品检验管理操作技能。在检验项目开始前需准备好以下试剂：氢氧化钠标准溶液（0.100 0 mol/L）、参比溶液、酚酞指示液、中性乙醇 - 乙醚混合液、不含二氧化碳的蒸馏水、氮气。除非另有说明，本方法所用试剂均为分析纯，水为 GB/T 6682 规定的三级水。具体配制方法详见二维码。

小学士

酸度测定所需试剂配制方法

三、工具准备

请你按照表 4-4-1 中的清单，准备好实验所需仪器及工具，并填写检查确认情况。

表 4-4-1　测定酸度所需仪器及工具清单

序号	名称	型号与规格	单位	每人数量	检查确认
1	酸度计	精确度 0.01、仪器应有温度补偿系统	台	1	
2	复合电极	与酸度计配套	支	1	
3	磁力搅拌器	附搅拌子	台	1	
4	温度计	0～100 ℃	支	1	
5	烧杯	100 mL	个	4	
6	胶头滴管	/	支	3	
7	吸水纸	/	盒	1	
8	废液杯	500 mL	个	1	
9	洗瓶	500 mL、装满蒸馏水	个	1	
10	pH 值标准缓冲溶液	pH 值为 4.01、6.86	mL	各 50 mL	
11	分析天平	感量为 0.001 g	台	1	
12	碱式滴定管	10 mL，最小刻度 0.05 mL	支	1	
13	碱式滴定管	25 mL，最小刻度 0.1 mL	支	1	
14	水浴锅		台	合用	
15	锥形瓶	100 mL、150 mL、250 mL	个	1	
16	具塞磨口锥形瓶	250 mL	个	1	
17	粉碎机	孔径 0.425 mm（40 目）粉碎样品时磨膛不应发热	台	合用	
18	振荡器	往返式，振荡频率为 100 次 /min	台	1	
19	中速定性滤纸		张	3	
20	移液管	10 mL、20 mL	支	1	
21	量筒	50 mL、250 mL	个	1	
22	玻璃漏斗和漏斗架		套	1	

任务 筹划

乳粉中总酸度的测定流程如图 4-4-1 所示。

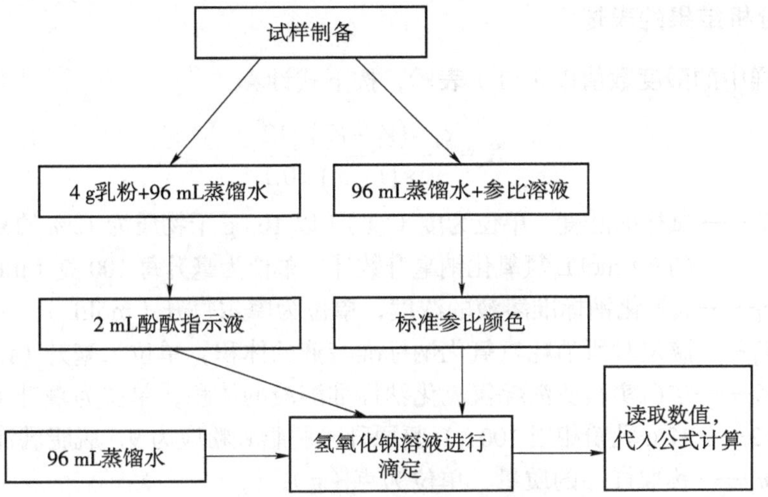

图 4-4-1　乳粉中总酸度的测定流程

任务 实施

一、酚酞指示剂法测乳粉中的总酸度

（一）试样制备

将乳粉全部移入约两倍于样品体积的洁净干燥容器中（带密封盖），立即盖紧容器，反复旋转振荡，使乳粉彻底混合。在此操作过程中，应尽量避免乳粉暴露在空气中。

（二）测定

称取 4 g 乳粉（精确到 0.01 g）于 250 mL 锥形瓶中。用量筒量取 96 mL 约 20 ℃的水，使乳粉复溶，搅拌，然后静置 20 min。

向一只装有 96 mL 约 20 ℃的水的锥形瓶中加入 2.0 mL 参比溶液，轻轻转动，使之混合，得到标准参比颜色。

向另一只装有样品溶液的锥形瓶中加入 2.0 mL 酚酞指示液，轻轻转动，使之混合。用 25 mL 碱式滴定管向该锥形瓶中滴加氢氧化钠溶液，边滴加边转动烧瓶，直到颜色与参比溶液的颜色相似，且 5 s 内不消退，整个滴定过程应在 45 s 内完成。滴定过程中，向锥形瓶中吹氮气，防止溶液吸收空气中的二氧化碳。记录所用氢氧化钠溶液的毫升数（V_1），精确至 0.05 mL，代入公式计算。

（三）空白滴定

用 96 mL 水做空白实验，读取所消耗氢氧化钠标准溶液的毫升数（V_0）。空白所消耗的氢氧化钠的体积应不小于零，否则应重新制备和使用符合要求的蒸馏水。

（四）分析结果的表述

乳粉试样中的酸度数值以（°T）表示，按下式计算：

$$X_1=\frac{c_1\times(V_1-V_0)\times 12}{m_1\times(1-\omega)\times 0.1}$$

式中：X_1——试样的酸度，单位为度（°T）[以 100 g 干物质为 12% 的复原乳所消耗的 0.1 mol/L 氢氧化钠毫升数计，单位为毫升每 100 克（mL/100 g）]；

c_1——氢氧化钠标准溶液的浓度，单位为摩尔每升（mol/L）；

V_1——滴定时所消耗氢氧化钠标准溶液的体积，单位为毫升（mL）；

V_0——空白实验所消耗氢氧化钠标准溶液的体积，单位为毫升（mL）；

12——12 g 乳粉相当 100 mL 复原乳（脱脂乳粉应为 9，脱脂乳清粉应为 7）；

m_1——称取样品的质量，单位为克（g）；

ω——试样中水分的质量分数，单位为克每百克（g/100 g）；

$1-\omega$——试样中乳粉的质量分数，单位为克每百克（g/100 g）；

0.1——酸度理论定义氢氧化钠的摩尔浓度，单位为摩尔每升（mol/L）。

以重复性条件下获得的两次独立测定结果的算术平均值表示，结果保留三位有效数字。

注：若以乳酸含量表示样品的酸度，那么样品的乳酸含量（g/100 g）= T × 0.009。T 为样品的滴定酸度（0.009 为乳酸的换算系数，即 1 mL 0.1 mol/L 的氢氧化钠标准溶液相当于 0.009 g 乳酸）。

小学士

pH 计法测乳粉中的有效酸度

（五）精密度

在重复性条件下获得的两次独立测定结果的绝对差值不得超过算术平均值的 10%。

- **实训报告**

操作记录	
实训名称： 姓名：	班级： 学号：
试剂配制：	
检验记录	
检测项目： 样品名称： 收样日期：	检测依据： 样品数量： 检测日期：

（续表）

操作步骤及反思：		
结果判定		
测定次数	1	2
氢氧化钠标准溶液的浓度 c/（mol/L）		
称取乳粉的质量 m_1/g		
样品滴定消耗 NaOH 溶液体积 V_1/mL		
空白实验消耗 NaOH 溶液体积 V_0/mL		
样品总酸的含量 X/（g/L）		
平均值 $\bar{X}$ /（g/L）		
平行测定结果的极差 /（g/L）		
相对极差 /%		

任务评价

评价表（参照 1+X 证书评价标准）					
项目	评价内容	分值	自评	互评	师评
实验准备	按规定着装	1			
	实验物品的检查	1			
	实验物品的标识清晰	2			
酸度计的校正	正确检查并安装电极	2			
	正确开机预热	2			
	选择“pH”测量状态	2			
	打开电极安全锁，保证内外压力平衡	2			
	正确测定缓冲溶液温度	2			
	正确设置温度为缓冲溶液温度	3			
	正确选用 pH 值 6.86 的缓冲溶液调整定位	5			
	正确选用 pH 值 4.00 的缓冲溶液调整斜率	5			
	每次更换溶液能正确清洗电极	2			
磁力搅拌器的使用	正确操作磁力搅拌器，搅拌速度合适，搅拌子未触及电极	3			

（续表）

评价表（参照 1+X 证书评价标准）					
项目	评价内容	分值	自评	互评	师评
试液制备	根据试样性质选择合适的制备方法	2			
	正确进行试液制备	3			
试样的测定	取样量适量，能够浸没电极	3			
	正确测量样液温度并在仪器上进行设置	3			
	正确测定试样 pH 值	4			
	正确读取数据	2			
	正确进行平行测定	2			
	测定结束正确清洗电极并做好电极维护	2			
	正确关机	2			
	正确填写仪器使用登记	2			
数据处理	及时记录原始数据	3			
	记录规范、整洁、正确划改数据（未按要求划改每一处扣 1 分）	3			
	记录齐全（缺一项或错一项扣 1 分）	3			
	有效数字正确（错一处扣 1 分）	3			
检测结果	两次平行测定结果的绝对差值≤0.02，25 分；0.02＜绝对差值≤0.04，20 分；0.04＜绝对差值≤0.06，15 分；0.06＜绝对差值≤0.08，10 分；0.08＜绝对差值≤0.10，5 分；绝对差值＞0.10 或结果错误，0 分	25			
其他	清洁操作台面，器材清洁干净并摆放整齐	1			
	废液、废弃物处理合理	1			
	遵守实验室规定，操作文明、安全	2			
	操作熟练，按时完成	2			
	操作失败，重新操作，每次倒扣 2 分				
	操作过程中出现倒洒，每次倒扣 2 分				
	重大失误，如损坏仪器设备或玻璃器皿等，倒扣 2 分				
	超时 5 分钟以上由考评员终止操作				
合计		100			

任务五 测定食品中的酸价

任务导入

脂肪在长期保藏过程中，由于微生物等的作用发生缓慢水解，产生游离脂肪酸，脂肪的质量与游离脂肪酸的含量有关，食用油中酸价是衡量食用油中游离脂肪酸含量的指标，游离脂肪酸越多，说明油的品质越差。你作为食品检测员，今天接到任务，要完成公司的一批食用油订单中酸价项目的测定，依据检测工作一般流程，完成本次检测项目任务。

任务工单

班级:____________ 姓名:____________ 学号:____________

任务名称	测定食用油的酸价
任务描述	任务内容：通过项目实施，完成食用油中酸价的测定，并依据检测结果对食用油的品质进行判定。 任务目的：合理进行样品预处理，并配制测定所需的试剂；能够在规定时间内规范正确地完成测定操作，规范记录、正确计算、合理判定。 任务流程：储备知识、准备仪器设备及试剂、酸价测定、分析结果。 任务方法：实践操作法、小组协作。
获取信息	要完成任务，需要掌握相关的知识。请收集资料，回答以下问题。 1. 食品中酸价的概念是什么？ 2. 食品中酸价测定的意义及原理是什么？ 3. 冷溶剂指示剂滴定法的操作技能是什么？ 4. 热乙醇指示剂滴定法的操作技能是什么？

任务准备

一、知识准备

（一）酸价的概念

酸价，又叫酸值，是指中和 1 g 油脂中的游离脂肪酸所需要的氢氧化钾毫克数。它是脂肪分解程度的标志。

（二）测定意义

酸价是脂肪中游离脂肪酸含量的标志，脂肪在长期保藏过程中，由于微生物、酶和热的作用发生缓慢水解，产生游离脂肪酸。而脂肪的质量与其中游离脂肪酸的含量有关。一般常用酸价作为衡量标准之一。在脂肪生产的条件下，酸价可作为水解程度的指标；在其保藏的条件下，则可作为酸败的指标。酸价越小，说明油脂质量越好，新鲜度和精炼程度越好。

（三）测定方法

1. 冷溶剂指示剂滴定法

适用于常温下能够被冷溶剂完全溶解成澄清溶液的食用油脂样品，适用范围包括食用植物油（辣椒油除外）、食用动物油、食用氢化油、起酥油、人造奶油、植脂奶油、植物油料共计 7 类。

用有机溶剂将油脂试样溶解成样品溶液，再用氢氧化钾或氢氧化钠标准滴定溶液中和滴定样品溶液中的游离脂肪酸，以指示剂相应的颜色变化来判定滴定终点，最后通过滴定终点消耗的标准滴定溶液的体积计算油脂试样的酸价。

2. 热乙醇指示剂滴定法

适用于常温下不能被冷溶剂完全溶解成澄清溶液的食用油脂样品，适用范围包括食用植物油、食用动物油、食用氢化油、起酥油、人造奶油、植脂奶油共计 6 类。

将固体油脂试样同乙醇一起加热至 70 ℃以上（但不超过乙醇的沸点），使固体油脂试样熔化为液态，同时通过振摇形成油脂试样的热乙醇悬浊液，使油脂试样中的游离脂肪酸溶解于热乙醇，再趁热用氢氧化钾或氢氧化钠标准滴定溶液中和滴定热乙醇悬浊液中的游离脂肪酸，以指示剂相应的颜色变化来判定滴定终点，然后通过滴定终点消耗的标准溶液的体积计算样品油脂的酸价。

二、材料准备

本次酸价检测项目任务主要参考 GB 5009.229—2016《食品安全国家标准　食品中酸价的测定》和教育部 1+X 职业技能—食品检验管理操作技能。在检验项目开始前需准备好以下试剂：氢氧化钾或氢氧化钠标准滴定水溶液、乙醚－异丙醇混合液、酚酞指示剂、百里香酚酞指示剂、碱性蓝 6B 指示剂、液氮（N_2）。除非另有说明，本方法所用试剂均为分析纯，水为 GB/T 6682 规定的三级水。具体成分及配制方法详见二维码。

小学士

测定酸价所需试剂具体成分及配制方法

三、工具准备

请你按照表 4-5-1 中的清单，准备好实验所需仪器及工具，并填写检查确认情况。

表 4-5-1　测定酸价所需仪器及工具清单

序号	名称	型号与规格	单位	每人数量	检查确认
1	天平	感量 0.001 g	台	1	
2	滴定管	25 mL、酸碱通用	支	1	
3	碘量瓶	250 mL	个	3	
4	胶头滴管	/	支	3	
5	刻度吸管	1 mL	支	2	
6	烧杯	100 mL	个	3	
7	量筒	50 mL	个	1	
8	量筒	100 mL	个	1	
9	洗瓶	500 mL、装满蒸馏水	个	1	
10	废液杯	500 mL	个	1	
11	微量滴定管	10 mL、最小刻度为 0.05 mL	个	1	
12	恒温水浴锅		个	1	
13	恒温干燥箱		台	1	
14	离心机	最高转速不低于 8 000 r/min	台	1	
15	旋转蒸发仪		台	1	
16	索氏脂肪提取装置		个	1	
17	植物油料粉碎机或研磨机		台	1	

任务筹划

食用油中酸价检测项目流程如图 4-5-1 所示。

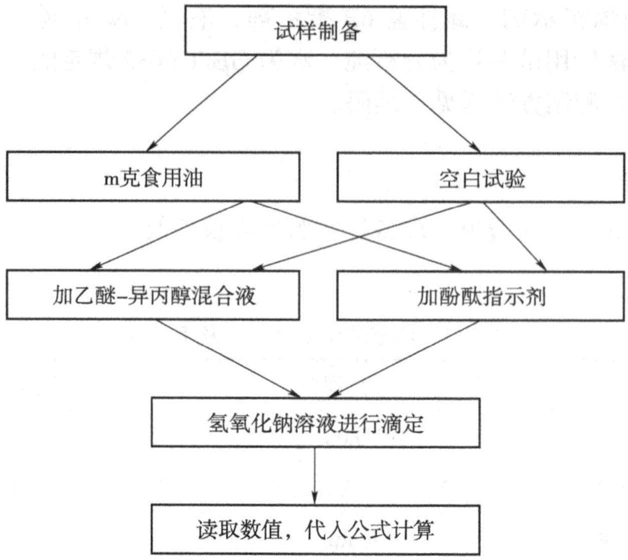

图 4-5-1 食用油中酸价的测定流程

任务实施

一、油脂试样制备

1. 试样制备

对动植物油脂液态样品，振摇装有试样的密闭容器，充分均匀后直接取样。

2. 试样称量确定

根据食用油的颜色和估计的酸价，按照表 4-5-2 规定称量食用油。

表 4-5-2 试样称样表

估计的酸价 /（mg/g）	试样的最小称样量 /g	使用滴定液的浓度 /（mol/L）	试样称重的精确度 /g
0～1	20	0.1	0.05
1～4	10	0.1	0.02
4～15	2.5	0.1	0.01
15～75	0.5～3	0.1 或 0.5	0.001
＞75	0.2～1	0.1	0.001

食用油称样量和滴定液浓度应使滴定液用量为 0.2～10.0 mL（扣除空白后）。若检测后，发现样品的实际称样量与该样品酸价所对应的应有称样量不符，应按照表 4-5-2 要求，调整称样量后重新检测。

3. 试样测定

样品称量：取一个干净的 250 mL 的锥形瓶，用天平称取食用油，其质量为 m，单位为 g，精确值 0.01 g。

试样溶解：加入 50～100 mL 乙醚－异丙醇混合液和 3～4 滴的酚酞指示剂，充分振摇溶解食用油。

试样滴定：再用装氢氧化钾标准滴定溶液的刻度滴定管对食用油进行手工滴定，当试样溶液初现微红色，且 15 s 内无明显褪色时，为滴定的终点，立刻停止滴定，记录下此滴定所消耗的标准滴定溶液的毫升数，此数值为 V。

对于深色泽的油脂样品，可用百里香酚酞指示剂或碱性蓝 6B 指示剂取代酚酞指示剂，滴定时，当颜色变为蓝色时为百里香酚酞的滴定终点，碱性蓝 6B 指示剂的滴定终点为由蓝色变红色。米糠油（稻米油）的冷溶剂指示剂法测定酸价只能用碱性蓝 6B 指示剂。

4. 空白试验

另取一个干净的 250 mL 的锥形瓶，准确加入相同体积、相同种类的乙醚－异丙醇混合液和酚酞指示剂、百里香酚酞指示剂或碱性蓝 6B 指示剂振摇混匀。然后再用装有氢氧化钾或氢氧化钠标准滴定溶液的刻度滴定管进行手工滴定，当溶液初现微红色，且 15 s 内无明显褪色时，为滴定的终点。立刻停止滴定，记录下此滴定所消耗的标准滴定溶液的毫升数，此数值为 V_0。

5. 分析结果的表述

酸价（又称酸值）按照下式的要求进行计算：

$$X_{AV}=\frac{\left(V-V_0\right)\times c\times 56.1}{m}$$

式中：X_{AV}——酸价，单位为毫克每克（mg/g）；

V——试样测定所消耗的标准滴定溶液的体积，单位为毫升（mL）；

V_0——相应的空白测定所消耗的标准滴定溶液的体积，单位为毫升（mL）；

c——标准滴定溶液的摩尔浓度，单位为摩尔每升（mol/L）；

56.1——氢氧化钾的摩尔质量，单位为克每摩尔（g/mol）；

m——油脂样品的称样量，单位为克（g）。

酸价≤1 mg/g，计算结果保留 2 位小数；1 mg/g＜酸价≤100 mg/g，计算结果保留 1 位小数；酸价 >100 mg/g，计算结果保留至整数位。

6. 精密度

当酸价＜1 mg/g 时，在重复条件下获得的两次独立测定结果的绝对差值不得超过算术平均值 15%；当酸价≥1 mg/g 时，在重复条件下获得的两次独立测定结果的绝对差值不得超过算术平均值 12%。

● **实训报告**

<table>
<tr><td colspan="2" align="center">操作记录</td></tr>
<tr><td>实训名称：
姓名：</td><td>班级：
学号：</td></tr>
<tr><td colspan="2">试剂配制：</td></tr>
<tr><td colspan="2" align="center">检验记录</td></tr>
</table>

（续表）

检测项目：	检测依据：
样品名称：	样品数量：
收样日期：	检测日期：
操作步骤及反思：	

结果判定		
测定次数	1	2
取样量		
试样消耗氢氧化钠标准溶液的体积 V/mL		
空白消耗氢氧化钠标准溶液的体积 V_0/mL		
酸价 /（mg/g）		
酸价平均值 /（mg/g）		
相对相差极差 /%		
标准滴定溶液的浓度 c（KOH）/（mol/L）		
结果判定		

任务评价

评价表（参照 1+X 证书评价标准）					
项目	评价内容	分值	自评	互评	师评
实验准备	按规定着装	1			
	实验物品的检查	1			
	实验物品的标识清晰	2			
试样的称量	正确清洁天平	1			
	正确检查天平水平并能进行调节	1			
	正确开机预热	2			
	称量操作熟练、规范，正确打开并及时关闭各玻璃门	2			
	称样量在规定范围之内	3			

（续表）

评价表（参照 1+X 证书评价标准）					
项目	评价内容	分值	自评	互评	师评
试样的称量	读数稳定后进行正确读数	2			
	结束称量后及时将天平归零	2			
	正确关机	1			
	正确填写仪器使用登记	1			
试样的溶解	正确使用量筒加入混合溶剂	3			
	试样溶解充分	2			
饱和碘化钾的加入	正确润洗移液管	2			
	吸液操作正确	2			
	放液操作正确	2			
	用吸水纸及时擦拭移液管外壁	1			
	移取量准确	1			
	重复吸液 3 次及以上倒扣 1 分				
	空吸一次倒扣 1 分，可重复扣分				
	吸液进洗耳球一次倒扣 1 分，可重复扣分				
试样的测定	正确洗涤滴定管并试漏	2			
	正确润洗、装液	2			
	正确排除滴定管内的气泡	2			
	正确调节零点	2			
	于暗处放置 3 分钟后正确使用量筒加入 100 mL 水于碘量瓶中	2			
	正确加入酚酞，加入时间恰当	3			
	终点控制准确（错一次扣 2 分）	6			
	滴定操作规范，读数准确	2			
	正确进行平行测定	2			
	正确进行空白试验	2			
数据处理	及时记录原始数据	2			
	记录规范、整洁、正确划改数据（未按要求划改每一处扣 1 分）	3			
	记录齐全（缺一项或错一项扣 1 分）	2			
	计算公式正确，数据代入正确	2			
	有效数字正确（错一处扣 1 分）	3			

（续表）

评价表（参照 1+X 证书评价标准）					
项目	评价内容	分值	自评	互评	师评
检测结果	两次平行测定结果的相对相差≤2%，25 分；2%＜相对相差≤4%，20 分；4%＜相对相差≤6%，15 分；6%＜相对相差≤8%，10 分；8%＜相对相差≤10%，5 分；相对相差＞10% 或计算错误，0 分。	25			
其他	清洁操作台面，器材清洁干净并摆放整齐	1			
	废液、废弃物处理合理	1			
	遵守实验室规定，操作文明、安全	2			
	操作熟练，按时完成	2			
	操作失败，重新操作，每次倒扣 2 分				
	测定过程中出现倒洒，每次倒扣 2 分				
	重大失误，如损坏仪器设备或玻璃器皿等，倒扣 2 分				
	超时 5 分钟以上由考评员终止操作				
合计					

任务六　测定食品中的过氧化值

任务导入

食用油有没有保质期呢？消费者常常会购买大桶食用油，认为食用油能长期存放。其实，这是错误的。食用油在保质期内吃不完，就会受氧气、热、微生物等影响，逐渐氧化变质。食用油中过氧化值可衡量油脂酸败的程度。你是某检测技术公司的食品检测员，要完成一批食用油中过氧化值的检测，请你依据检测流程，完成本次检测项目任务。

任务工单

班级：________　姓名：________　学号：________

任务名称	测定食用油中的过氧化值
任务描述	任务内容：通过任务实施，完成食用油中过氧化值的测定，并依据检测结果对食用油的品质进行判定。 任务目的：合理进行样品预处理，并配制测定所需的试剂；能够在规定时间内规范正确地完成测定操作，规范记录、正确计算、合理判定。 任务流程：知识储备、仪器设备及试剂准备、过氧化值测定、结果分析。 任务方法：实践操作法、小组协作。
获取信息	要完成任务，需要掌握相关的知识。请收集资料，回答以下问题。 1. 食品中过氧化值的概念是什么？ 2. 过氧化值测定的意义及原理是什么？ 3. 测定法测定过氧化值需要哪些操作技能？ 4. 电位滴定法测定过氧化值的操作流程是什么？

任务准备

一、知识准备

（一）过氧化值的概念

油脂被氧化生成过氧化物的多少常以过氧化值来表示。所谓“油脂的过氧化值”，是指 100 g 油脂中所含的过氧化物，在酸性环境下与碘化钾作用时析出碘的克数。

（二）测定意义

过氧化值反映了油脂氧化酸败的程度。

油脂在败坏的过程中，不饱和脂肪酸被氧化，形成活性很强的过氧化物，进而聚合或分解，产生醛、酮和低分子量的有机酸类。过氧化物是油脂酸败的中间产物。常以过氧化物在油脂中的产生，作为油脂开始败坏的标志。

（三）测定方法

1. 滴定法

适用于食用动植物油脂、食用油脂制品，以小麦粉、谷物、坚果等植物性食品为原料经炸、膨化、烘烤、调制、炒制等加工工艺而制成的食品，以及以动物性食品为原料经速冻、干制、腌制等加工工艺而制成的食品。

制备的油脂试样在三氯甲烷和冰乙酸中溶解，其中的过氧化物与碘化钾反应生成碘，用硫代硫酸钠标准溶液滴定析出的碘。用过氧化物相当于碘的质量分数或 1 kg 样品中活性氧的毫摩尔数表示过氧化值的量。

2. 电位滴定法

适用于动植物油脂和人造奶油，测量范围是 0.38 g/100 g。

制备的油脂试样溶解在异辛烷和冰乙酸中，试样中过氧化物与碘化钾反应生成碘，反应后用硫代硫酸钠标准溶液滴定析出的碘，用电位滴定仪确定滴定终点。用过氧化物相当于碘的质量分数或 1 kg 样品中活性氧的毫摩尔数表示过氧化值的量。

二、材料准备

本次食品中过氧化值检测项目任务主要参考 GB 5009.227—2023《食品安全国家标准　食品中过氧化值的测定》和教育部 1+X 职业技能——食品检验管理操作技能。在检验项目开始前需准备好以下试剂：三氯甲烷 - 冰乙酸混合液（体积比 40+60）、碘化钾饱和溶液、1% 淀粉指示剂、石油醚、0.1 mo1/L 硫代硫酸钠标准溶液、0.01 mo1/L 硫代硫酸钠标准溶液、0.002 mo1/L 硫代硫酸钠标准溶液。除非另有说明，本方法所用试剂均为分析纯，水为 GB/T 6682 规定的三级水。测定过氧化值所需试剂配制方法详见二维码。

小学士

测定过氧化值所需试剂配制方法

三、工具准备

请你按照表 4-6-1 中的清单，准备好实验所需仪器及工具，并填写检查确认情况。

表 4-6-1　测定过氧化值所需仪器及工具清单

序号	名称	型号与规格	单位	数量 / 人	检查确认
1	天平	感量 0.001 g	台	1	
2	滴定管	25 mL、酸碱通用	支	1	
3	碘量瓶	250 mL	个	3	
4	胶头滴管	/	支	3	
5	刻度吸管	1 mL	支	2	
6	烧杯	100 mL	个	3	
7	量筒	50 mL	个	1	
8	量筒	100 mL	个	1	

（续表）

序号	名称	型号与规格	单位	数量 / 人	检查确认
9	洗瓶	500 mL、装满蒸馏水	个	1	
10	废液杯	500 mL	个	1	
11	电位滴定仪	精度为 ±2 mV，能实时显示滴定过程的电位值－滴定体积变化曲线	台	1	
12	磁力搅拌器		台	1	

任务筹划

食用油中过氧化值检测项目流程见图 4-6-1。

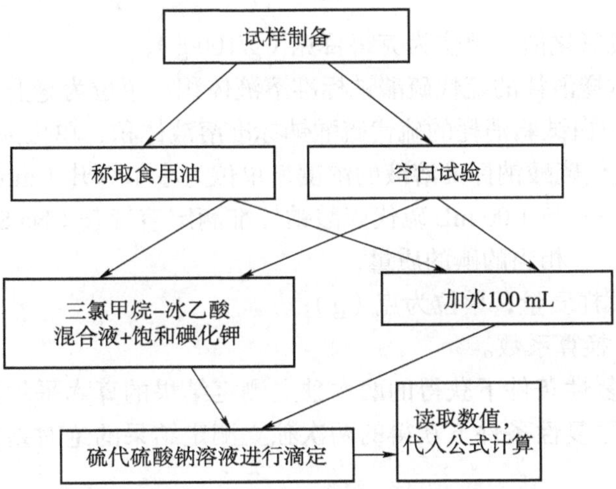

图 4-6-1　食用油中过氧化值测定流程

任务实施

一、试样制备

对动植物油脂液态样品，振摇装有试样的密闭容器，充分均匀后直接取样，制备过程应避免强光，并尽可能避免带入空气。

二、试样的测定

称取制备的动植物油脂 2～3 g（精确至 0.001 g），置于 250 mL 碘量瓶中，加入 30 mL 三氯甲烷－冰乙酸混合液，轻轻振摇使试样完全溶解。

准确加入 1.00 mL 饱和碘化钾溶液，塞紧瓶盖，并轻轻振摇 0.5 min，在暗处放置 3 min。

取出加 100 mL 水，摇匀后立即用硫代硫酸钠标准溶液（过氧化值估计值在 0.15 g/100 g 及以下时，用 0.002 mol/L 标准溶液；过氧化值估计值大于 0.15 g/100 g 时，用 0.01 mol/L 标准溶液）滴定析出的碘，滴定至淡黄色时，加 1 mL 淀粉指示剂，继续滴定并强烈振摇至溶液蓝色消失为终点。取下滴定管，读取试样滴定所消耗的标准滴定溶液的体积数 V。

三、空白试验

按同样步骤完成空白试验，记录空白试验所消耗 0.01 mo1/L 硫代硫酸钠溶液体积 V_0，其体积数不得超过 0.1 mL。应避免在阳光直射下进行试样测定。

四、分析结果的表述

用过氧化物相当于碘的质量分数表示过氧化值时，按下式计算：

$$X=\frac{(V-V_0)\times c\times 0.1269}{m}\times 100$$

式中：X——过氧化值，单位为克每百克（g/100 g）；

V——试样消耗的硫代硫酸钠标准溶液体积，单位为毫升（mL）；

V_0——空白试验消耗的硫代硫酸钠标准溶液体积，单位为毫升（mL）；

c——硫代硫酸钠标准溶液的浓度，单位为摩尔每升（mol/L）；

0.126 9——与 1.00 mL 硫代硫酸钠标准滴定溶液 [c（$Na_2S_2O_3$）=1.000 mol/L] 相当的碘的质量；

m——试样质量，单位为克（g）；

100——换算系数。

计算结果以重复性条件下获得的两次独立测定结果的算术平均值表示，结果保留两位有效数字。在重复性条件下获得的两次独立测定结果的绝对差值不得超过算术平均值的 10%。

- **实训报告**

<table>
<tr><td colspan="2" align="center">操作记录</td></tr>
<tr><td>实训名称：
姓名：</td><td>班级：
学号：</td></tr>
<tr><td colspan="2">试剂配制：</td></tr>
<tr><td colspan="2" align="center">检验记录</td></tr>
<tr><td>检测项目：
样品名称：
收样日期：</td><td>检测依据：
样品数量：
检测日期：</td></tr>
</table>

（续表）

操作步骤及反思：		
结果判定		
测定次数	1	2
取样量 m/g		
试样消耗硫代硫酸钠标准溶液体积 V/mL		
空白消耗硫代硫酸钠标准溶液体积 V_0/mL		
过氧化值 /（g/100 g）		
过氧化值平均值 /（g/100 g）		
相对极差 /%		
标准滴定溶液的浓度 c（$Na_2S_2O_3$）/（mol/L）		
结果判定		

任务评价

评价表（参照 1+X 证书评价标准）					
项目	评价内容	分值	自评	互评	师评
实验准备	按规定着装	1			
	实验物品的检查	1			
	实验物品的标识清晰	2			
试样的称量	正确清洁天平	1			
	正确检查天平水平并能进行调节	1			
	正确开机预热	2			
	称量操作熟练、规范，正确打开并及时关闭各玻璃门	2			
	称样量在规定范围之内	3			
	读数稳定后进行正确读数	2			
	结束称量后及时将天平归零	2			
	正确关机	1			
	正确填写仪器使用登记	1			

（续表）

评价表（参照 1+X 证书评价标准）					
项目	评价内容	分值	自评	互评	师评
试样的溶解	正确使用量筒加入混合溶剂	3			
	试样溶解充分	2			
饱和碘化钾的加入	正确润洗移液管	1			
	吸液操作正确	1			
	放液操作正确	1			
	用吸水纸及时擦拭移液管外壁	1			
	移取量准确	1			
	重复吸液 3 次及以上倒扣 1 分				
	空吸一次倒扣 1 分，可重复扣分				
	吸液进洗耳球一次倒扣 1 分，可重复扣分				
	正确洗涤滴定管并试漏	2			
	正确润洗、装液	2			
试样的测定	正确排除滴定管内的气泡	2			
	正确调节零点	2			
	于暗处放置 3 分钟后正确使用量筒加入 100 mL 水于碘量瓶中	2			
	正确加入淀粉指示剂，加入时间恰当	3			
	终点控制准确（错一次扣 2 分）	6			
	滴定操作规范，读数准确	2			
	正确进行平行测定	2			
	正确进行空白试验	2			
数据处理	及时记录原始数据	2			
	记录规范、整洁、正确划改数据（未按要求划改每一处扣 1 分）	3			
	记录齐全（缺一项或错一项扣 1 分）	2			
	计算公式正确，数据代入正确	2			
	有效数字正确（错一处扣 1 分）	3			
	结果计算正确	3			
检测结果	两次平行测定结果的相对相差≤2%，25 分；2%＜相对相差≤4%，20 分；4%＜相对相差≤6%，15 分 6%＜相对相差≤8%，10 分；8%＜相对相差≤10%，5 分；相对相差＞10% 或结果计算错误，0 分。	25			

（续表）

评价表（参照 1+X 证书评价标准）					
项目	评价内容	分值	自评	互评	师评
其他	清洁操作台面，器材清洁干净并摆放整齐	1			
	废液、废弃物处理合理	1			
	遵守实验室规定，操作文明、安全	2			
	操作熟练，按时完成	2			
	操作失败，重新操作，每次倒扣 2 分				
	测定过程中出现倒洒，每次倒扣 2 分				
	重大失误，如损坏仪器设备或玻璃器皿等，倒扣 2 分				
	超时 5 min 以上由考评员终止操作				
合计					

项目五 检测食品中的常规营养成分

项目导读

食品营养成分检测指的是通过各项专业检测仪器对食品的各项成分进行检测，并根据检测结果判断食品中营养成分的种类和数量。通过食品营养成分检测，可以使消费者了解食品的营养成分构成，了解食品所含营养成分的含量和种类，对食品进行搭配，从而获得比较全面的营养，保障人体的健康。

知识目标

（1）熟知食品检验常规营养成分的方法、标准及操作规范。

（2）熟悉相关检测指标的概念及检验设备仪器。

技能目标

（1）能够熟练完成检验指标的测定、仪器操作及维护。

（2）能够正确处理测定结果并填写检验报告单。

素质目标

具备良好的数据分析能力和实事求是的专业素质。

思政目标

培养学生健康的生活理念与生活习惯，树立正确的价值观。

任务一　测定食品中蛋白质的含量

任务导入

作为食品加工厂实验室化验员，今天需要检测一批牛乳中蛋白质含量是否符合出厂要求，请依据牛乳中蛋白质检测流程，完成本次检测并根据检测结果反馈是否达到出厂标准。

任务工单

班级：＿＿＿＿＿＿＿＿　姓名：＿＿＿＿＿＿＿＿　学号：＿＿＿＿＿＿＿＿

任务名称	测定牛乳中蛋白质的含量
任务描述	任务内容：通过任务实施，完成牛乳中蛋白质含量的测定，并能够依据检测结果对牛乳的品质进行判定，是否符合出厂要求。 任务目的：合理进行样品预处理，并配制测定所需的试剂；能够在规定时间内规范正确地完成测定操作，规范记录、正确计算、合理判定。 任务流程：储备知识、准备仪器设备及试剂、测定蛋白质含量、分析结果。 任务方法：实践操作法、小组协作。
获取信息	要完成任务，需要掌握相关的知识。请收集资料，回答以下问题。 1. 蛋白质检测的原理是什么？ 2. 食品中蛋白质检测方法有哪些？描述每种方法异同点。 3. 每种方法最后测定结果如何进行表述？

任务准备

一、知识准备

（一）测定食品中蛋白质的意义

蛋白质是构成机体重要的成分，对于调节正常生命活动具有十分重要的作用。人和动物通过食物获取蛋白质及相关分解产物以满足自身蛋白质需要，因此，食物中蛋白质是十分重要的营养物质，食品中蛋白质含量也是一项重要的营养指标。通过对食品中蛋白质的测定，主要的意义有：①食品中蛋白质含量是一项重要的营养指标，不同产品质量标准对蛋白质含量的要求也不一致，通过检测判定产品中蛋白质含量能够有效判断产品是否满足质量标准的要求；②能够合理开发及利用相关食品资源；③通过测定，可以核算生产成本，用来指导生产过程；④能够优化生产配方，改进生产工艺，提高产品质量。

（二）测定方法

目前，食品中蛋白质含量的测定主要参照 GB 5009.5—2016《食品安全国家标准　食品中蛋白质的测定》，主要方法包括：凯氏定氮法（第一法）、分光光度法（第二法）、燃烧法（第三法），其中第一法和第二法适用于各种食品中蛋白质的测定，第三法适用于蛋白质含量在 10 g/100 g 以上的粮食、豆类奶粉、米粉、蛋白质粉等固体试样的测定。三种方法均不适用于添加无机含氮物质、有机非蛋白含氮物质的食品的测定。

本次任务以第一法测定食品中蛋白质含量。

（三）测定原理

食品中的蛋白质在催化加热条件下被分解，产生的氨与硫酸结合生成硫酸铵。碱化蒸馏使氨游离，用硼酸吸收后以硫酸或盐酸标准滴定溶液滴定，根据酸的消耗量计算氮含量，再乘以换算系数，即为蛋白质的含量。

二、材料准备

根据 GB 5009.5—2016《食品安全国家标准　食品中蛋白质的测定》中凯氏定氮法（第一法）测定食品中蛋白质含量，所需试剂有：硫酸铜（$CuSO_4 \cdot 5H_2O$）、硫酸钾（K_2SO_4）、硼酸溶液（20 g/L）、氢氧化钠溶液（400 g/L）、硫酸标准滴定溶液[c（$1/2H_2SO_4$）] 0.050 0 mol/L、甲基红乙醇溶液（1 g/L）、亚甲基蓝乙醇溶液（1 g/L）、溴甲酚绿乙醇溶液（1 g/L）、A 混合指示液、B 混合指示液。除非另有说明，本方法所用试剂均为分析纯，水为 GB/T 6682 规定的三级水。配制方法详见二维码。

小学士

测定蛋白质含量所需试剂配制方法

三、工具准备

根据 GB 5009.5—2016《食品安全国家标准　食品中蛋白质的测定》中凯氏定氮法（第一法）测定食品中蛋白质含量所需仪器及设备见表 5-1-1。

表 5-1-1　测定蛋白质含量所需仪器及设备清单

序号	名称	型号与规格	单位	每人数量	检查确认
1	天平	感量 0.001 g	台	1	
2	酸碱两用滴定管	25 mL、酸碱通用	支	1	
3	锥形瓶	250 mL	个	3	
4	胶头滴管	/	支	3	

（续表）

序号	名称	型号与规格	单位	每人数量	检查确认
5	烧杯	100 mL	个	3	
6	量筒	50 mL	个	1	
7	洗瓶	500 mL、装满蒸馏水	个	1	
8	定氮装置		套	1	
9	自动凯氏定氮仪		套	1	

任务筹划

食品中蛋白质检测项目流程如图 5-1-1 所示。

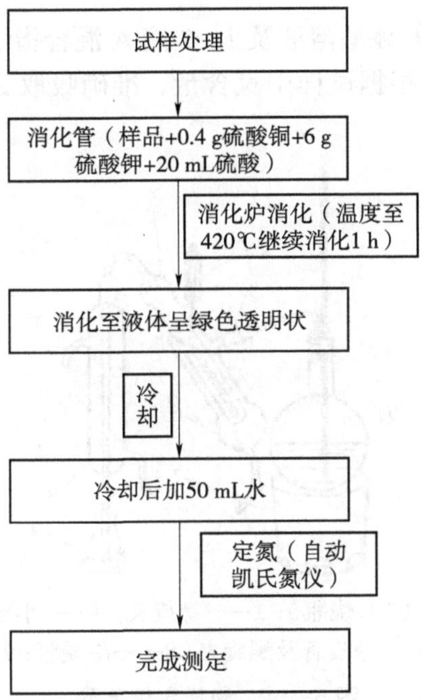

图 5-1-1　食品中蛋白质检测流程（凯氏定氮法）

任务实施

一、凯氏定氮法

（一）试样称量

称取充分混匀的固体试样 0.2～2.0 g、半固体试样 2～5 g 或液体试样 10～25 g（相当于 30～40 mg 氮），精确至 0.001 g，准确称取两份。

（二）试样的消解

移入干燥的 100 mL、250 mL 或 500 mL 定氮瓶中，加入 0.4 g 硫酸铜、6 g 硫酸钾及 20 mL 硫酸，轻摇后于瓶口放一小漏斗，将瓶以 45 ℃角斜支于有小孔的石棉网上。小心加热，待内容物全部碳化，泡沫完全停止后，加强火力，并保持瓶内液体微沸，至液体呈蓝绿色并澄清透明后，再继续加热 0.5～1 h。取下放冷，小心加入 20 mL 水，放冷后，移入 100 mL 容量瓶中，并用少量水洗定氮瓶，洗液并入容量瓶中，再加水至刻度，混匀备用。同时做试剂空白试验。

（三）试样蒸馏

按图 5-1-2 装好定氮蒸馏装置，向水蒸气发生器内装水至 2/3 处，加入数粒玻璃珠，加甲基红乙醇溶液数滴及数毫升硫酸，以保持水呈酸性，加热煮沸水蒸气发生器内的水并保持沸腾。

向接受瓶内加入 10.0 mL 硼酸溶液及 1～2 滴 A 混合指示液或 B 混合指示液，并使冷凝管的下端插入液面下，根据试样中氮含量，准确吸取 2.0～10.0 mL 试样处理液由小玻杯注入反应室。

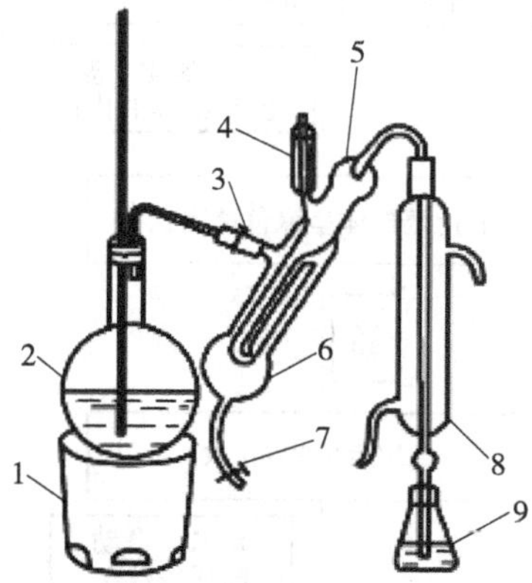

1——电炉；2——水蒸气发生器（2 L 烧瓶）；3——螺旋夹；4——小玻杯及棒状玻塞；5——反应室；6——反应室外层；7——橡皮管及螺旋夹；8——冷凝管；9——蒸馏液接收瓶。

图 5-1-2 凯氏定氮装置

以 10 mL 水洗涤小玻杯并使之流入反应室内，随后塞紧棒状玻塞。将 10.0 mL 氢氧化钠溶液倒入小玻杯，提起玻塞使其缓缓流入反应室，立即将玻塞盖紧，并水封。夹紧螺旋夹，开始蒸馏。蒸馏 10 min 后移动蒸馏液接收瓶，液面离开冷凝管下端，再蒸馏 1 min。然后用少量水冲洗冷凝管下端外部，取下蒸馏液接收瓶。

（四）试样滴定

取酸碱滴定管一只，尽快以硫酸标准滴定溶液滴定至终点。如用 A 混合指示液，终点颜色为灰蓝色；如用 B 混合指示液，终点颜色为浅灰红色。15 s 内无明显褪色即为滴定终点，停止滴定，记录标准滴定溶液消耗的体积数 V_1。同时做试剂空白，记录标准滴定溶液消耗体积数 V_2。

二、自动凯氏定氮仪法

称取充分混匀的固体试样 0.2～2.0 g、半固体试样 2～5 g 或液体试样 10～25 g（相当于 30 mg～40 mg 氮），精确至 0.001 g，至消化管中，再加入 0.4 g 硫酸铜、6 g 硫酸钾及 20 mL 硫酸于消化炉进行消化。当消化炉温度达到 420 ℃之后，继续消化 1 h，此时消化管中的液体呈绿色透明状，取出冷却后加入 50 mL 水，于自动凯氏定氮仪（使用前加入氢氧化钠溶液，盐酸或硫酸标准溶液以及含有混合指示液 A 或 B 的硼酸溶液）上实现自动加液、蒸馏、滴定和记录滴定数据的过程。

三、分析结果的表述

试样中蛋白质的含量按下式计算：

$$X=\frac{(V_1-V_2)\times c\times 0.0140}{m\times V_3/100}\times F\times 100$$

式中：X——试样中蛋白质的含量，单位为克每百克（g/100 g）；

V_1——试液消耗硫酸或盐酸标准滴定液的体积，单位为毫升（mL）；

V_2——试剂空白消耗硫酸或盐酸标准滴定液的体积，单位为毫升（mL）；

c——硫酸或盐酸标准滴定溶液浓度，单位为摩尔每升（mol/L）；

0.014 0——1.0 mL 硫酸 [$c(\frac{1}{2}H_2SO_4)$=1.000 mol/L] 或盐酸 [c(HCl) = 1.000 mol/L] 标准滴定溶液相当的氮的质量，单位为克（g）；

m——试样的质量，单位为克（g）；

V_3——吸取消化液的体积，单位为毫升（mL）；

F——氮换算为蛋白质的系数，各种食品中氮转换系数见详见二维码；

100——换算系数。

小学士

蛋白质折算系数表

蛋白质含量≥1 g/100 g 时，结果保留三位有效数字；蛋白质含量＜1 g/100 g 时，结果保留两位有效数字。

注：当只检测氮含量时，不需要乘蛋白质换算系数 F。

在重复条件下获得的两次独立测定结果的绝对差值不得超过算术平均值的 10%。

本方法当称样量为 5.0 g 时，检出限为 8 mg/100 g。

- **实训报告**

操作记录	
实训名称： 姓名：	班级： 学号：
试剂配制：	

（续表）

检验记录	
检测项目：	检测依据：
样品名称：	样品数量：
收样日期：	检测日期：
操作步骤及原始数据： 计算过程及结果反思：	
结果	
测定结果：	
标准要求：	
结果判定：	

任务评价

评价表					
项目	评价内容	分值	自评	互评	师评
试验准备	试剂准备：实验所需试剂准备完善	5			
	仪器准备：实验所需仪器准备全面，安装正确	5			
试验开展	试剂配制：根据实验方法能够准确称取试剂，并按照要求进行溶液配制，操作规范、严谨	5			
	试样处理：试样测定前预处理正确，操作规范严谨，同时正确准备对照组	5			
	检测：正确运用仪器，严格按照操作程序进行定氮蒸馏操作	10			
	滴定：正确进行滴定操作，滴定终点判断准确，数据读取正确无误	10			

（续表）

评价表					
项目	评价内容	分值	自评	互评	师评
结果	结果计算：数据处理正确，结果计算准确	5			
	物品的整理归位：台面整理干净、物品归位、无破损	5			
任务进度	阶段任务一：能够按照操作要求完成试剂配制	5			
	阶段任务二：能够根据操作要求准确进行试样预处理	5			
	阶段任务三：能够根据操作要求进行定氮蒸馏操作	5			
	阶段任务四：能够正确进行滴定操作	5			
任务质量	能够合理规范完成检测任务，并出具完整检测报告	5			
素养表现	试剂、仪器使用严谨，规范	5			
	废液、废弃物处理合理	5			
	遵守实验室规定，操作文明、安全	5			
思政表现	严谨科学的工作态度	5			
	实事求是的工作作风	5			
合计		100			

拓展知识

小学士

分光光度法测蛋白质含量

小学士

燃烧法测蛋白质含量

任务二　测定食品中脂肪的含量

任务导入

假如你是一名蛋糕店老板，目前市场上肉松蛋糕比较畅销，为紧跟市场需求，你计划研制一款肉松蛋糕，而肉松中脂肪含量的高低会影响肉松的品质，为提高肉松蛋糕整体品质，你特意从市场上购置三款不同品牌的肉松，计划通过你自己对肉松中脂肪含量的检测，请筛选出一款符合要求的肉松。

任务工单

班级：______ 姓名：______ 学号：______

任务名称	测定三款不同品牌的肉松中脂肪的含量
任务描述	任务内容：通过任务实施，完成肉松中脂肪含量的测定，并能够依据检测结果对肉松品质进行判定，是否符合出厂要求。 任务目的：合理进行样品预处理，并配制测定所需的试剂；能够在规定时间内规范正确地完成测定操作，规范记录、正确计算、合理判定。 任务流程：储备知识、准备仪器设备及试剂、测定脂肪含量、分析结果。 任务方法：实践操作法、小组协作。
获取信息	要完成任务，需要掌握相关的知识。请收集资料，回答以下问题。 1. 肉松产品的质量标准有哪些具体要求？ 2. 食品中脂肪检测方法有哪些？ 3. 肉松中脂肪测定应选用哪种方法最合适？ 4. 肉松中脂肪测定方法所使用的试剂及仪器有哪些？

任务准备

一、知识准备

（一）测定食品中脂肪的意义

脂肪是机体十分重要的营养物质，在机体中发挥着至关重要的作用。

（1）脂肪是体内能量储存的一种主要形式，也是机体主要能量来源，脂肪供能水平远远高于碳水化合物及蛋白质的供能水平。

（2）脂肪是构成机体的重要组成成分，如通过与机体蛋白质结合形成脂蛋白，调节机体正常生理活动，维持机体正常状况。

（3）为机体提供必需脂肪酸及多不饱和脂肪酸，满足机体正常生理需求。

（4）能够促进脂溶性维生素的吸收，脂溶性维生素通过溶于食物脂肪中，随同脂肪一起进入肠道，进一步促进脂溶性维生素的吸收。

脂肪含量能够显著改善食品外观、结构、口感及风味。如在面包加工过程中，通过加入脂肪来改善面包的柔软度，提高面包的口感，促进食欲，同时有利于增加饱腹感；在制作蔬菜罐头时，通过加入脂肪可以改善产品的风味。

对食品中脂肪的测定，主要的意义有以下两方面。

（1）衡量食品营养价值，脂肪含量的高低能够直观反映产品的营养水平及营养价值。

（2）通过食品中脂肪含量的测定，能够不断探索脂肪含量对产品口感及风味的影响，对于提高产品品质具有十分重要的意义。

（二）测定方法

目前，食品中脂肪含量的测定主要参照 GB 5009.6—2016《食品安全国家标准　食品中脂肪的测定》，主要方法包括：索氏抽提法（第一法）、酸水解法（第二法）、碱水解法（第三法）、盖勃法（第四法），第一法适用于水果、蔬菜及其制品、粮食及粮食制品、肉及肉制品、蛋及蛋制品、水产及其制品、焙烤食品、糖果等食品中游离态脂肪含量的测定；第二法适用于水果、蔬菜及其制品、粮食及粮食制品、肉及肉制品、蛋及蛋制品、水产及其制品、焙烤食品、糖果等食品中游离态脂肪及结合态脂肪总量的测定；第三法和第四法适用于乳及乳制品、婴幼儿配方食品中脂肪的测定。

本次任务以第一法测定肉松中脂肪的含量。

拓展知识

小学士

脂肪的测定方法

（三）测定原理

脂肪易溶于有机溶剂。试样直接用无水乙醚或石油醚等溶剂抽提后，蒸发除去溶剂，干燥，得到游离态脂肪的含量。

二、材料准备

无水乙醚（$C_4H_{10}O$）、石油醚（CnH_{2n+2}）、水。除非另有说明，本方法所用试剂均为分析纯，水为 GB/T 6682 规定的三级水。

三、工具准备

根据 GB 5009.6—2016《食品安全国家标准 食品中脂肪的测定》中索氏抽提法（第一法）测定食品中脂肪的含量，所需仪器及设备见表 5-2-1。

表 5-2-1 测定脂肪含量所需仪器及设备清单

序号	名称	型号与规格	单位	每人数量	检查确认
1	索氏提取器	含脂肪瓶 2 只	套	1	
2	恒温水浴锅	可调温	台	1	
3	分析天平	感量 0.0001 g	台	1	
4	电热鼓风干燥机	可调温	台	1	
5	干燥器	内装有效干燥剂，如硅胶	个	1	
6	蒸发皿		个	2	
7	脱脂棉花		包	1	
8	脱脂滤纸		包	1	
9	石英砂		适量		

任务筹划

食品中脂肪检测项目流程如图 5-2-1 所示。

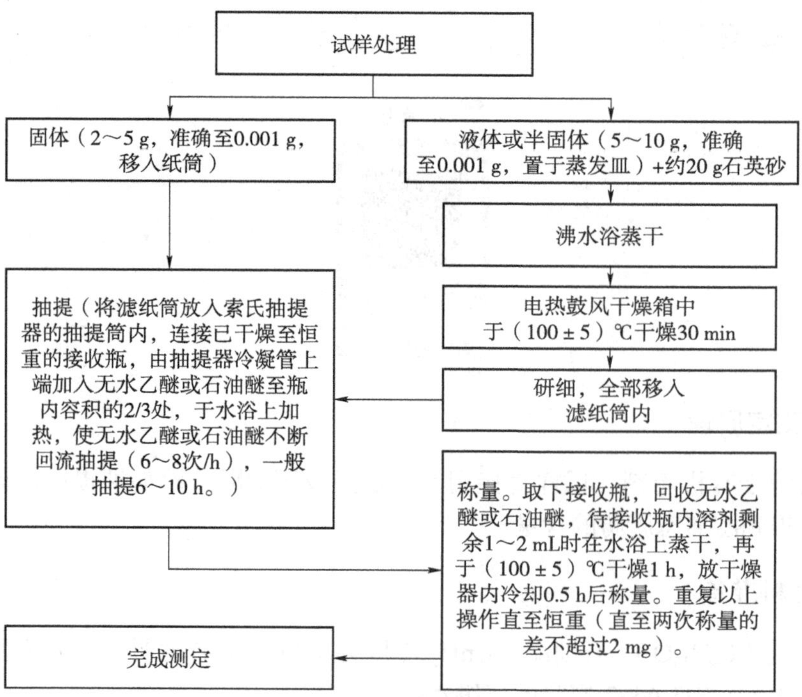

图 5-2-1 食品中脂肪检测程序（索氏抽提法）

任务实施

一、试样处理

（一）固体试样

称取充分混匀后的试样 2～5 g，准确至 0.001 g，全部移入滤纸筒内。

（二）液体或半固体试样

称取混匀后的试样 5～10 g，准确至 0.001 g，置于蒸发皿中，加入约 20 g 石英砂，于沸水浴上蒸干后，在电热鼓风干燥箱中于（100 ± 5）℃干燥 30 min 后，取出，研细，全部移入滤纸筒内。蒸发皿及粘有试样的玻璃棒，均用沾有乙醚的脱脂棉擦净，并将棉花放入滤纸筒内。

二、抽提

将滤纸筒放入索氏抽提器的抽提筒内（图 5-2-2），连接已干燥至恒重的接收瓶，由抽提器冷凝管上端加入无水乙醚或石油醚至瓶内容积的 2/3 处，于水浴上加热，使无水乙醚或石油醚不断回流抽提（6～8 次 /h），一般抽提 6～10 h。提取结束时，用磨砂玻璃棒接取 1 滴提取液，磨砂玻璃棒上无油斑表明提取完毕。

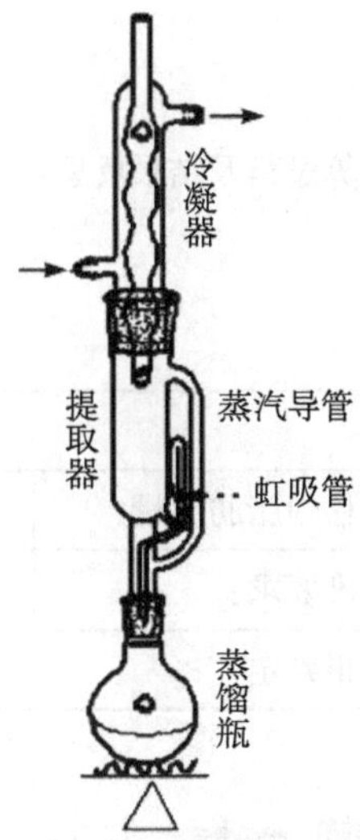

图 5-2-2　索氏提取装置

三、称量

取下接收瓶，回收无水乙醚或石油醚，待接收瓶内溶剂剩余 1～2 mL 时在水浴上蒸干，再于（100 ± 5）℃干燥 1 h，放干燥器内冷却 0.5 h 后称量。重复以上操作直至恒重（直至两次称量的差不超过 2 mg）。

四、分析结果的表述

试样中脂肪的含量按下式计算：

$$X=\frac{m_1-m_0}{m_2}\times 100$$

式中：X——试样中脂肪的含量，单位为克每百克（g/100 g）；

m_1——恒重后接收瓶和脂肪的含量，单位为克（g）；

m_0——接收瓶的质量，单位为克（g）；

m_2——试样的质量，单位为克（g）；

100——换算系数。

计算结果表示到小数点后一位。

五、精密度

在重复性条件下获得的两次独立测定结果的绝对差值不得超过算术平均值的 10%。

- **实训报告**

操作记录	
实训名称： 姓名：	班级： 学号：
试剂配制：	
检验记录	
检测项目： 样品名称： 收样日期：	检测依据： 样品数量： 检测日期：
操作步骤及原始数据： 计算过程及结果反思：	
结果	
肉松中脂肪含量：	
标准要求：	
结果判定：	

任务评价

评价表					
项目	评价内容	分值	自评	互评	师评
实验前准备	查阅产品标准正确，并能正确选择检测方法、制订检测方案	5			
实验开展	样品称重及接收瓶恒重： （1）能根据称重要求对样品准确称重 （2）能正确利用恒温干燥箱。对接收瓶进行恒重	5			
	检测装置搭建： （1）能正确搭建索氏抽提装置 （2）能正确制作滤纸包或滤纸筒	5			

（续表）

评价表					
项目	评价内容	分值	自评	互评	师评
实验开展	抽提： （1）能正确使用水浴锅加热 （2）能正确使用石油醚或乙醚 （3）虹吸操作正确，回流速度正常	10			
	重点判断及回收： （1）能正确判断抽提终点 （2）能正确回收石油醚或乙醚	10			
	恒重：能正确对样品及收集瓶进行恒重称量	5			
结果	结果记录：原始数据记录准确无误、有效数字保留正确	5			
	结果计算：计算过程完善、结果准确、平行性好	5			
任务进度	阶段任务一：提前进行资料查阅，掌握产品标准及测定方法	10			
	阶段任务二：正确准备实验试剂及实验装置	10			
	阶段任务三：正确进行抽提	5			
	阶段任务四：正确进行结果计算	10			
任务质量	能够合理规范完成检测任务，并出具完整检测报告	5			
素养表现	试剂、仪器使用严谨，规范	2			
	清洁操作台面，仪器清洁干净并摆放整齐废液、废弃物处理合理	2			
	遵守实验室规定，操作文明、安全	2			
思政表现	发扬吃苦耐劳的精神	2			
	具备团队协作的意识	2			
合计		100			

任务三　测定食品中碳水化合物的含量

任务导入

碳水化合物是由碳、氢和氧三种元素组成，自然界存在最多、具有广谱化学结构和生物功能的有机化合物。由于它所含的氢氧的比例为二比一，和水一样，故称为碳水化合物。食物中的碳水化合物分成两类：人可以吸收利用的有效碳水化合物如单糖、双糖、多糖和人不能消化的无效碳水化合物如纤维素。其中，乳糖是人类和哺乳动物乳汁中特有的碳水化合物，是由葡萄糖和半乳糖组成的双糖。乳糖能够有效促进婴儿对钙的吸收。此外，乳糖还可以成为肠道益生菌的食物来源，还可以促进乳酸菌的产生，有利于肠道有益细菌的繁殖，有利于加速胃肠蠕动。目前，市场上乳粉品类繁多，为了探究哪种乳粉中乳糖含量更适合婴儿生长发育，请你选择三种不同品牌的乳粉检测其乳糖的含量，并根据食品规定标准判定是否符合要求，给出检测结论。

任务工单

班级：＿＿＿＿＿＿＿＿ 姓名：＿＿＿＿＿＿＿＿ 学号：＿＿＿＿＿＿＿＿

任务名称	三种不同品牌乳粉中乳糖含量的测定
任务描述	任务内容：通过任务实施，完成乳粉中乳糖含量的测定，并能够依据检测结果判定是否符合标准要求。 任务目的：合理进行样品预处理，并配制测定所需的试剂；能够在规定时间内规范正确地完成测定操作，规范记录、正确计算、合理判定。 任务流程：储备知识、准备仪器设备及试剂、测定乳糖含量、分析结果。 任务方法：实践操作法、小组协作。
获取信息	要完成任务，需要掌握相关的知识。请收集资料，回答以下问题。 1. 乳粉产品质量标准是什么？ 2. 食品中碳水化合物检测方法有哪些？ 3. 根据食品中碳水化合物不同检测方法，乳粉中乳糖含量测定应选用哪种方法最合适？ 4. 乳粉中乳糖测定方法所使用的试剂及仪器有哪些？

任务准备

一、知识准备

（一）测定食品中碳水化合物的意义

碳水化合物是人体重要的热能来源，同样也是机体不可或缺的营养物质，主要包括单糖、双糖、多糖及低聚糖，其在机体内的作用主要有以下 5 条。

（1）为机体供能。机体获取碳水化合物后，在体内经过消化转变为葡萄糖或其他单糖，参与机体能量代谢。

（2）参与构成体组织及细胞。在机体内糖类可与蛋白质及脂肪相结合，形成糖脂、糖蛋白、蛋白多糖等多种形式，参与细胞活动。

（3）节约蛋白质。当食品中碳水化合物摄入不足时，机体通过将蛋白质转变为糖类物质保证机体活动所需能量，这会影响机体利用蛋白质完成组织更新及合成新蛋白的功效。

（4）维持脑细胞正常功能。葡萄糖是维持大脑正常功能的必需营养素，当血糖浓度过低时，会导致脑细胞功能受损，出现头晕、昏迷等情况。

（5）其他作用。如能够保持肝脏解毒功能、增加肠道功能、抗生酮等作用。

糖是绝大多数食品中主要的成分之一。在食品加工工艺中，经常通过往食品中添加糖类物质来改善食品的形态，组织结构，物化性质及色香味等感官指标，具有十分重要的作用。同时，食品中含糖量的高低也会影响食品营养价值的高低，对于不同产品，我国也制定了相应的标准，规范了不同产品含糖量的范围。乳粉中的主要碳水化合物为乳糖，乳糖属还原糖，因此，对乳制品中乳糖的测定，即是对还原糖的测定。

（二）测定方法

目前，食品中碳水化合物含量的测定主要参照 GB 5009.7—2016《食品安全国家标准　食品中还原糖的测定》，主要方法包括：直接滴定法（第一法）、高锰酸钾滴定法（第二法）、铁氰化钾法（第三法）、奥氏试剂滴定法（第四法），其中第一法、第二法适用于食品中还原糖含量的测定；第三法适用于小麦粉中还原糖含量的测定；第四法适用于甜菜块根中还原糖含量的测定。

本次任务以第一法测定食品中还原糖的含量。

（三）测定原理

试样经除去蛋白质后，以亚甲蓝作指示剂，在加热条件下滴定标定过的碱性酒石酸铜溶液（已用还原糖标准溶液标定），根据样品液消耗体积计算还原糖含量。

二、材料准备

盐酸溶液（1+1，体积比）、碱性酒石酸铜甲液、碱性酒石酸铜乙液、乙酸锌溶液、亚铁氰化钾溶液（106 g/L）、氢氧化钠溶液（40 g/L）、葡萄糖标准溶液（1.0 mg/mL）、果糖标准溶液（1.0 mg/mL）、乳糖标准溶液（1.0 mg/mL）、转化糖标准溶液（1.0 mg/mL）。除非另有说明，本方法所用试剂均为分析纯，水为 GB/T 6682 规定的三级水。配制方法详见二维码。

小学士

测定还原糖所需试剂配制方法

三、工具准备

所需仪器及设备见表 5-3-1。

表 5-3-1 测定还原糖所需仪器及设备清单

序号	名称	型号与规格	单位	每人数量	检查确认
1	分析天平	感量 0.1 mg	台	1	
2	滴定管	50 mL	支	1	
3	锥形瓶	250 mL	个	4	
4	水浴锅	可调温	台	1	
5	电炉	可调温	个	1	
6	吸量管	5 mL	支	2	
7	量筒	10 mL	支	1	
8	废液缸	500 mL	个	1	
9	洗瓶	500 mL（装满蒸馏水）	个	1	

任务筹划

食品中碳水化合物检测项目流程如图 5-3-1 所示。

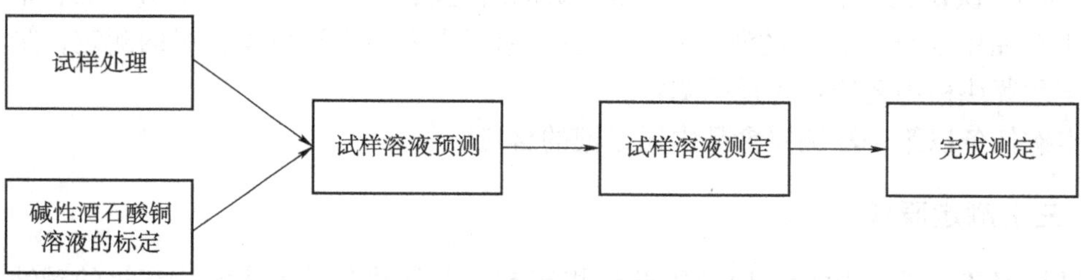

图 5-3-1 食品中碳水化合物检测流程（直接滴定法）

任务实施

一、试样制备

（一）含淀粉的食品

称取粉碎或混匀后的试样 10～20 g（精确至 0.001 g），置 250 mL 容量瓶中，加水 200 mL，在 45 ℃水浴中加热 1 h，并时时振摇，冷却后加水至刻度，混匀，静置，沉淀。吸取 200.0 mL 上清液置于另一 250 mL 容量瓶中，缓慢加入乙酸锌溶液 5 mL 和亚铁氰化钾溶液 5 mL，加水至刻度，混匀，静置 30 min，用干燥滤纸过滤，弃去初滤液，取后续滤液备用。

（二）酒精饮料

称取混匀后的试样 100 g（精确至 0.01 g），置于蒸发皿中，用氢氧化钠溶液中和至中性，在水浴上蒸发至原体积的 1/4 后，移入 250 mL 容量瓶中，缓慢加入乙酸锌溶液 5 mL 和亚铁氰化钾溶液 5 mL，加水至刻度，混匀，静置 30 min，用干燥滤纸过滤，弃去初滤液，取后续滤液备用。

（三）碳酸饮料

称取混匀后的试样 100 g（精确至 0.01 g）于蒸发皿中，在水浴上微热搅拌除去二氧化碳后，移入 250 mL 容量瓶中，用水洗涤蒸发皿，洗液并入容量瓶，加水至刻度，混匀后备用。

（四）其他食品

称取粉碎后的固体试样 2.5～5 g（精确至 0.001 g）或混匀后的液体试样 5～25 g（精确至 0.001 g），置 250 mL 容量瓶中，加 50 mL 水，缓慢加入乙酸锌溶液 5 mL 和亚铁氰化钾溶液 5 mL，加水至刻度，混匀，静置 30 min，用干燥滤纸过滤，弃去初滤液，取后续滤液备用。

二、碱性酒石酸铜溶液的标定

吸取碱性酒石酸铜甲液 5.0 mL 和碱性酒石酸铜乙液 5.0 mL，于 150 mL 锥形瓶中，加水 10 mL，加入玻璃珠 2～4 粒，从滴定管中加葡萄糖或其他还原糖标准溶液约 9 mL，控制在 2 min 中内加热至沸，趁热以每 2 秒 1 滴的速度继续滴加葡萄糖或其他还原糖标准溶液，直至溶液蓝色刚好褪去为终点，记录消耗葡萄糖（或其他还原糖标准溶液）的总体积，同时平行操作 3 份，取其平均值，计算每 10 mL（碱性酒石酸甲、乙液各 5 mL）碱性酒石酸铜溶液相当于葡萄糖（或其他还原糖）的质量（mg）。

注：也可以按上述方法标定 4～20 mL 碱性酒石酸铜溶液（甲、乙液各半）来适应试样中还原糖的浓度变化。

三、试样溶液预测

吸取碱性酒石酸铜甲液 5.0 mL 和碱性酒石酸铜乙液 5.0 mL 于 150 mL 锥形瓶中，加水 10 mL，加入玻璃珠 2～4 粒，控制在 2 min 内加热至沸，保持沸腾以先快后慢的速度，从滴定管中滴加试样溶液，并保持沸腾状态，待溶液颜色变浅时，以 1 滴 /2 s 的速度滴定，直至溶液蓝色刚好褪去为终点，记录样品溶液消耗体积 V 预测。

注：当样液中还原糖浓度过高时，应适当稀释后再进行正式测定，使每次滴定消耗样液的体积控制在与标定碱性酒石酸铜溶液时所消耗的还原糖标准溶液的体积相近，约 10 mL，结果按（1）式计算；当浓度过低时则采取直接加入 10 mL 样品液，免去加水 10 mL，再用还原糖标准溶液滴定至终点，记录消耗的体积与标定时消耗的还原糖标准溶液体积之差相当于 10 mL 样液中所含还原糖的量，结果按（2）式计算。

四、试样溶液测定

吸取碱性酒石酸铜甲液 5.0 mL 和碱性酒石酸铜乙液 5.0 mL，置于 150 mL 锥形瓶中，加水 10 mL，加入玻璃珠 2～4 粒，从滴定管滴加比预测体积少 1 mL 的试样溶液至锥形瓶中，控制在 2 min 内加热至沸，保持沸腾继续以 1 滴 /2 s 的速度滴定，直至蓝色刚好褪去为终点，记录样液消耗体积，同法平行操作 3 份，得出平均消耗体积（V）。

五、分析结果的表述

试样中还原糖的含量（以某种还原糖计）按公式 5-3-1 计算：

$$X=\frac{m_1}{m\times F\times V/250\times 1\,000}\times 100 \quad (5\text{-}3\text{-}1)$$

式中：X——试样中还原糖的含量（以某种还原糖计），单位为克每百克（g/100 g）；

m_1——碱性酒石酸铜溶液（甲、乙液各半）相当于某种还原糖的质量，单位为毫克（mg）；

m——试样质量，单位为克（g）；

F——系数，对含淀粉食品为 0.8，其余为 1；

V——测定时平均消耗试样溶液体积，单位为毫升（mL）；

250——定容体积，单位毫升（mL）；

1 000——换算系数。

当浓度过低时，试样中还原糖的含量（以某种还原糖计）按公式 5-3-2 计算：

$$X=\frac{m_2}{m\times F\times 10/250\times 1\,000}\times 100 \quad (5\text{-}3\text{-}2)$$

式中：X——试样中还原糖的含量（以某种还原糖计），单位为克每百克（g/100 g）；

m_2——标定时体积与加入样品后消耗的还原糖标准溶液体积之差相当于某种还原糖的质量，单位为毫克（mg）；

m——试样质量，单位为克（g）；

F——系数，对含淀粉食品为 0.8，其余为 1；

10——样液体积，单位毫升（mL）；

250——定容体积，单位毫升（mL）；

1 000——换算系数。

还原糖含量≥10 g/100 g 时，计算结果保留三位有效数字；还原糖含量＜10 g/100 g 时，计算结果保留两位有效数字。

六、精密度

在重复性条件下获得的三次独立测定结果的绝对差值不得超过算术平均值的 5%。

注意事项

当称样量为 5 g 时，定量限为 0.25 g/100 g。

- **实训报告**

<table>
<tr><td colspan="4">操作记录</td></tr>
<tr><td colspan="4">实训名称：　　　　　　　　　　班级：
姓名：　　　　　　　　　　　　学号：</td></tr>
<tr><td colspan="4">试剂配制：</td></tr>
<tr><td colspan="4">检验记录</td></tr>
<tr><td colspan="4">检测项目：　　　　　　　　检测依据：
样品名称：　　　　　　　　样品数量：
收样日期：　　　　　　　　检测日期：</td></tr>
<tr><td colspan="4">操作步骤及原始数据：

计算过程及结果反思：</td></tr>
<tr><td colspan="4">结果记录</td></tr>
<tr><td rowspan="2">项目</td><td colspan="3">测定次数</td></tr>
<tr><td>1</td><td>2</td><td>3</td></tr>
<tr><td>10 mL 碱性酒石酸铜溶液相当于还原糖的质量 m_1/mg</td><td></td><td></td><td></td></tr>
<tr><td>公式中样品的质量 m/g</td><td></td><td></td><td></td></tr>
<tr><td>预测消耗的样液体积 V 预测 /mL</td><td></td><td></td><td></td></tr>
<tr><td>滴定消耗样液的体积 V/mL</td><td></td><td></td><td></td></tr>
<tr><td>样品中还原糖的含量 /（g/100 g）</td><td></td><td></td><td></td></tr>
<tr><td>平均含量 /（g/100 g）</td><td colspan="3"></td></tr>
<tr><td>极差</td><td colspan="3"></td></tr>
<tr><td>相对极差</td><td colspan="3"></td></tr>
</table>

任务评价

评价表					
项目	评价内容	分值	自评	互评	师评
实验前准备	查阅产品标准正确，并能正确选择检测方法、制订检测方案	5			
实验开展	样品称重：能根据称重要求对样品准确称重	5			
	样品前处理： （1）能正确进行样品溶解、沉淀及定容 （2）过滤操作规范性	5			
	碱式酒石酸铜溶液标定： （1）能正确进行滴定准备及滴定操作 （2）滴定过程操作规范、滴定终点判断准确 （3）能正确读取滴定数据	10			
	试样溶液预测： （1）能正确进行滴定准备及滴定操作 （2）滴定过程操作规范、滴定终点判断准确 （3）能正确读取滴定数据	5			
	试样溶液测定： （1）能正确进行滴定准备及滴定操作 （2）滴定过程操作规范、滴定终点判断准确 （3）能正确读取滴定数据	10			
结果	结果记录：原始数据记录准确无误、有效数字保留正确	5			
	结果计算：计算过程完善、结果准确、平行性好	5			
任务进度	阶段任务一：提前进行资料查阅，掌握产品标准及测定方法	5			
	阶段任务二：正确准备实验试剂及实验装置	5			
	阶段任务三：正确进行滴定操作	5			
	阶段任务四：正确进行结果计算	5			
任务质量	能够合理规范完成检测任务，并出具完整检测报告	5			

（续表）

评价表					
项目	评价内容	分值	自评	互评	师评
素养表现	试剂、仪器使用严谨，规范	5			
	清洁操作台面，仪器清洁干净并摆放整齐，废液、废弃物处理合理	5			
	遵守实验室规定，操作文明、安全	5			
思政表现	崇尚劳动光荣的观念	5			
	具备团队协作的意识	5			
合计		100			

拓展知识

小学士

高锰酸钾滴定法测还原糖含量

小学士

铁氰化钾法测还原糖含量

小学士

奥氏试剂滴定法测还原糖含量

任务四　测定食品中维生素 C 的含量

任务导入

维生素 C（vitamin C）是一种重要的水溶性维生素，它与人体的多种代谢有关。人体不能合成及贮存维生素 C，必须从外界摄取。它在新鲜绿叶蔬菜、橘子、柚及柠檬等中含量丰富。在正常剂量情况下，维生素 C 体内库存是 1 500 mg。维生素 C 摄入不足、吸收障碍或需要量增多可以致病。婴儿常因母乳维生素 C 缺乏，使乳汁中维生素 C 含量不足而得病。因此，测定食品中的维生素 C 具有非常重要的意义。

如果你是某检测技术公司的食品检测员，今天接到任务，要完成公司的某批食品中维生素 C 的测定，依据检测工作一般流程，完成本次检测项目任务。

任务工单

班级：__________ 姓名：__________ 学号：__________

任务名称	测定食品中维生素 C 的含量
任务描述	任务内容：通过任务实施，完成食品中维生素 C 含量的测定，并能够依据检测结果判定是否符合标准要求。 任务目的：合理进行样品预处理，并配制测定所需的试剂；能够在规定时间内规范正确地完成测定操作，规范记录、正确计算、合理判定。 任务流程：储备知识、准备仪器设备及试剂、测定维生素 C 含量、分析结果。 任务方法：实践操作法、小组协作。
获取信息	要完成任务，需要掌握相关的知识。请收集资料，回答以下问题。 1. 维生素 C 含量测定的基本原理是什么？ 2. 测定维生素 C 含量的准备工作有哪些？ 3. 如何进行试样制备？

任务准备

一、知识准备

（一）测定食品中维生素 C 的意义

维生素 C 是水溶性维生素的一种，也是具有不饱和结构的己糖酸内酯。作为一种较强的抗氧化剂及自由基清除剂，它主要具有预防衰老、增强机体的免疫和抗应激能力，以及调节机体代谢反应的功能。维生素 C 在新鲜的水果、蔬菜中含量都较丰富，但人体不能合成及贮存维生素 C，必须从食物或药品中获得以维持机体的正常生理代谢过程。维生素 C 含量的测定对于饮食、保健、医疗等各个领域均有着非常重要的意义。

（二）测定方法

本任务中测定食品中维生素 C 的方法参考 GB/T 9695.29—2008《肉制品　维生素 C 含量测定》，属于国家标准检测方法。

（三）测定原理

试样中的维生素 C 用偏磷酸提取后，经 2,6- 二氯靛酚氧化成脱氢维生素 C，与邻苯二胺反应，生成具有紫蓝色荧光的喹噁啉衍生物。在激发波长 350 nm、发射波长 430 nm 处测定其荧光强度，用标准曲线法定量。脱氢维生素 C 与硼酸可形成复合物而不与邻苯二胺反应，以此排除试样中荧光杂质产生的干扰。

二、材料准备

偏磷酸溶液（c=50 g/L）、乙酸钠溶液（c=500 g/L）、硼酸 - 乙酸钠溶液、乙醇溶液 [1+1（体积比）]、硫脲溶液（c=30 g/L）、盐酸邻苯二胺溶液（c=200 mg/L）、2,6- 二氯靛酚溶液（c=2 g/L）、抗坏血酸标准储备液（c=1 mg/mL）、抗坏血酸标准中间液（c=10 mg/L）、抗坏血酸标准工作液 0.2 μg/mL、1 μg/mL、5 μg/mL、10 μg/mL、20 μg/mL。如无特别说明，所用试剂均为分析纯，水为 GB/T 6682 规定的三级水。试剂配制方法详见二维码。

小学士

测定维生素 C 所需试剂配制方法

三、工具准备

请你按照表 5-4-1 中的清单，准备好实验所需仪器及设备，并填写检查确认情况。

表 5-4-1　测定维生素 C 含量所需仪器及设备清单

序号	名称	规格与要求	单位	数量	检查确认
1	切割机、粉碎机	试样均质	台	1	
2	荧光分光光度计	感量为 1 mg 和 0.1 mg	台	合用	
3	分析天平	可准确称重至 0.1 mg	台	1	

任务筹划

食品中维生素 C 测定项目流程如图 5-4-1 所示。

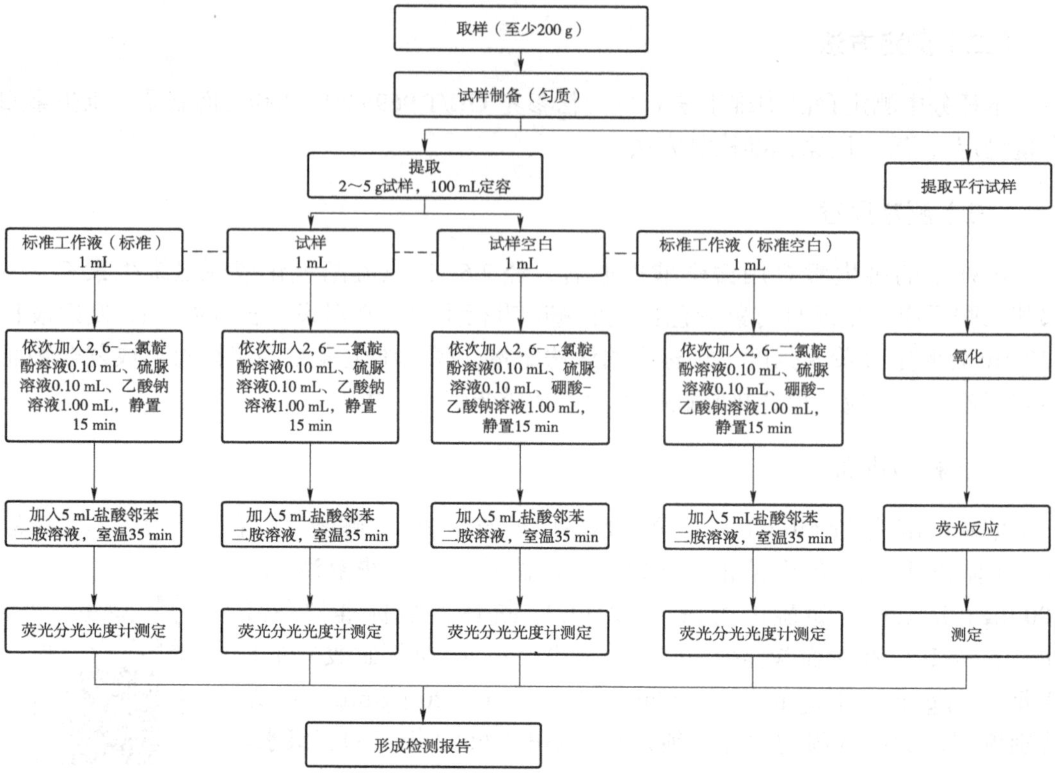

图 5-4-1　食品中维生素 C 测定流程

任务实施

一、试样制备

使用适当的机械设备将试样均质。注意避免试样的温度超过 25 ℃。若使用绞肉机，试样至少通过该仪器两次。

将试样装入密封的容器里，防止变质和成分变化。试样应尽快进行分析，均质化后最迟不超过 24 h。

二、提取

称取试样 2～5 g（准确至 0.001 g）置于烧杯中，加入 20 mL 偏磷酸溶液，充分搅拌后，全部移入 100 mL 棕色容量瓶中，用偏磷酸溶液定容。混匀后过滤，滤液备用。

三、氧化

1. 分别吸取滤液 1.00 mL 加入两支试管中，分别标为“试样空白”和“试样”。

2. 吸取抗坏血酸标准工作液 1.00 mL 于试管中，不同浓度的标准工作液各取两份，同浓度的标准工作液分别标为“标准”和“标准空白”。

3. 向 1 和 2 管中各加入 2,6- 二氯靛酚溶液 0.10 mL，充分混匀，此时溶液呈微红色。再加入硫脲溶液 0.10 mL 摇匀，使过量的 2,6- 二氯靛酚还原（粉红色刚刚褪去）。向“试样空白”管和“标准空白”管中加入硼酸－乙酸钠溶液 1.00 mL；向“试样”管和“标准”管中加入乙酸钠溶液 1.00 mL。将各试管的混合液摇匀，在室温下放置 15 min。

四、荧光反应

在暗室迅速向“试样空白”“试样”“标准空白”和“标准”各管加入 5 mL 盐酸邻苯二胺溶液，振荡混合，在室温下反应 35 min。

五、测定

用荧光分光光度计于激发波长 350 nm、发射波长 430 nm 处测定各管内溶液的荧光强度。

六、平行试验

按以上处理步骤，对同一试样进行平行试验测定。

七、标准曲线的制作

以扣除了空白的标准工作液的荧光强度为纵坐标、相应的维生素 C 的浓度为横坐标，绘制标准曲线。

八、计算

试样中维生素 C 的含量按下式计算：

$$w=\frac{c\times V\times 100}{m\times 1\,000}$$

式中：w——试样中维生素 C 的含量，单位为毫克每百克（mg/100 g）；

c——从标准曲线上查得的试样溶液中维生素 C 的浓度，单位为微克每毫升（μg/mL）；

V——试样溶液第一次定容的体积，单位为毫升（mL）；

m——试样质量，单位为克（g）。

结果保留至小数点后第一位。

- **实训报告**

操作记录	
实训名称： 姓名：	班级： 学号：
试剂配制：	

（续表）

检验记录	
检测项目：	检测依据：
样品名称：	样品数量：
收样日期：	检测日期：
操作步骤及反思： 结果计算：	
结果判定	
维生素 C 含量：	
同一分析者在同一实验室、采用相同的方法和相同的仪器、在短时间间隔内对同一样品独立测定两次。两次测定结果的绝对差值不得超过算术平均值的 20%。	

任务评价

评价表					
项目	评价内容	分值	自评	互评	师评
取样	能准确取样并称重	10			
试样制备	可以正确进行试样制备	10			
测定过程	提取：能正确进行提取	10			
	氧化：能正确进行氧化	10			
	荧光反应：能正确进行荧光反应	5			
结果	结果报告：报告结果规范、正确	5			
	物品的整理归位：台面整理干净、物品归位、无破损	5			
任务进度	阶段任务一：能够按照操作要求完成试样制备	5			
	阶段任务二：能够根据操作要求准确完成测定	5			
	阶段任务三：正确进行结果计算	5			

（续表）

评价表					
项目	评价内容	分值	自评	互评	师评
任务质量	能够合理规范完成检测任务，并出具完整检测报告	5			
素养表现	清洁操作台面，器械清洁干净并摆放整齐	5			
	遵守实验室规定，操作文明、安全	5			
	严格执行操作程序，遵守无菌操作要求	5			
思政表现	实事求是的工作态度	5			
	科学严谨的研究态度	5			
合计		100			

任务五　测定食品中钠的含量

任务导入

原中华人民共和国卫生部于2011年发布的GB 28050—2011《食品安全国家标准　预包装食品营养标签通则》中规定预包装食品应当在标签上强制标示能量和4种核心营养素（蛋白质、脂肪、碳水化合物、钠）。因此，测定食品中的钠具有非常重要的意义。

如果你是某检测技术公司的食品检测员，今天接到任务，要完成公司的某批食品钠的测定，依据检测工作一般流程，完成本次检测项目任务。

任务工单

班级：＿＿＿＿＿＿　姓名：＿＿＿＿＿＿　学号：＿＿＿＿＿＿

任务名称	测定食品中钠的含量
任务描述	任务内容：通过任务实施，完成食品中钠含量的测定，并能够依据检测结果判定是否符合标准要求。 任务目的：合理进行样品预处理，并配制测定所需的试剂；能够在规定时间内规范正确地完成测定操作，规范记录、正确计算、合理判定。 任务流程：储备知识、准备仪器设备及试剂、测定钠含量、分析结果。 任务方法：实践操作法、小组协作。

（续表）

获取信息	要完成任务，需要掌握相关的知识。请收集资料，回答以下问题。 1. 测定食品中钠的方法有哪些？ 2. 如何配制标准溶液？ 3. 如何进行试样制备？

任务准备

一、知识准备

（一）测定食品中钠的意义

钠是人体必需的营养元素，来源于人每日摄入的食物，但如果钠摄入过多，则成为高血压等慢性病的危险因素。因此食品中钠离子的含量受到人们的广泛关注，食品中钠离子含量的测定对于保证人体健康有重要意义。

钠离子（Na^+）是体内细胞外流质中主要的阳离子，氯离子（Cl^-）是整个机体流质中主要的阴离子。Na^+、Cl^- 和其他溶质一起共同维持着细胞外流质的体积、渗透压、酸碱平衡以及肌肉和神经的电生理活性。此外，Na^+ 对于通过细胞膜的能量传输也是必不可少的。

关于钠盐最主要的问题是过量摄入所带来的危险，研究发现盐的摄入与肾脏、心血管系统疾病、中风以及周期性水肿等病症有关，特别是钠盐与高血压的关系一直都是人们关注的焦点，高盐摄入已被认为是导致髋骨骨密度下降的因素之一。

（二）测定方法

测定食品中钠的方法包括火焰原子吸收光谱法等，出自 GB 5009.91—2017《食品安全国家标准　食品中钾、钠的测定》，属于国家标准检测方法。

（三）火焰原子吸收光谱法原理

试样经消解处理后，注入原子吸收光谱仪中，火焰原子化后钾、钠分别吸收 766.5 nm、589.0 nm 共振线，在一定浓度范围内，其吸收值与钾、钠含量成正比，与标准系列比较定量。

二、材料准备

混合酸 [高氯酸 + 硝酸（1+9）]、硝酸溶液（1+99）、氯化铯溶液（50 g/L）、钠标准储备液（1 000 mg/L）、钠标准工作液（100 mg/L）、钠标准系列工作液（0 mg/L、0.500 mg/L、1.00 mg/L、2.00 mg/L、3.00 mg/L、4.00 mg/L）。除非另有说明，本方法所用试剂均为优级纯，水为GB/T 6682 规定的二级水。试剂配制方法详见二维码。

小学士

测定钠含量所需试剂配制方法

三、工具准备

请你按照表 5-5-1 中的清单，准备好实验所需仪器及设备，并填写检查确认情况。

表 5-5-1　钠含量测定所需仪器及设备清单

序号	名称	规格与要求	单位	数量	检查确认
1	原子吸收光谱仪	配火焰原子化器，钙空心阴极灯	台	合用	
2	分析天平	感量为 1 mg 和 0.1 mg	台	1	
3	微波消解仪	配聚四氟乙烯消解内罐	套	合用	
4	可调式电热炉		台	1	
5	可调式电热板		个	1	
6	压力消解罐	配聚四氟乙烯消解内罐	台	合用	
7	恒温干燥箱	（130 ± 3）℃	台	合用	
8	马弗炉		台	合用	
9	分析用钢瓶乙炔气和空气压缩机		套	合用	
10	样品粉碎设备		套	1	

任务筹划

食品中钠测定项目流程如图 5-5-1 所示。

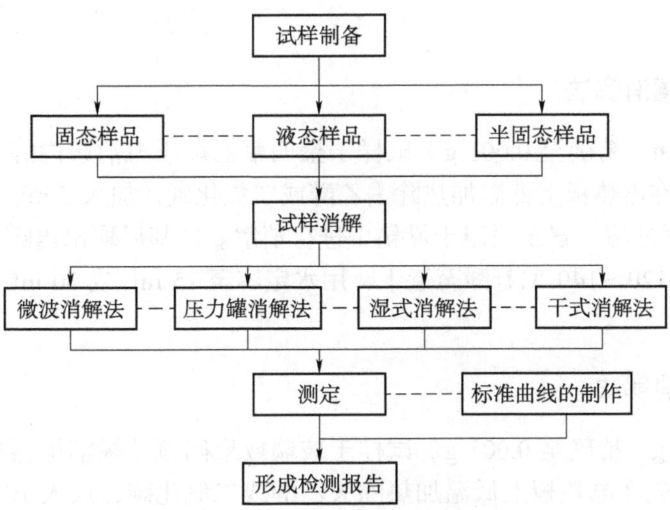

图 5-5-1　食品中钠测定流程

任务实施

一、试样制备

（一）固态样品

干样：豆类、谷物、菌类、茶叶、干制水果、焙烤食品等低含水量样品，取可食部分，必要时经高速粉碎机粉碎均匀；对于固体乳制品、蛋白粉、面粉等呈均匀状的粉状样品，摇匀。

鲜样：蔬菜、水果、水产品等高含水量样品必要时洗净，晾干，取可食部分匀浆均匀；对于肉类、蛋类等样品取可食部分匀浆均匀。

速冻及罐头食品：经解冻的速冻食品及罐头样品，取可食部分匀浆均匀。

（二）液态样品

软饮料、调味品等样品摇匀。

（三）半固态样品

搅拌均匀。

二、试样消解

（一）微波消解法

称取 0.2～0.5 g（精确至 0.001 g）试样于微波消解内罐中，含乙醇或二氧化碳的样品先在电热板上低温加热除去乙醇或二氧化碳，加入 5～10 mL 硝酸，加盖放置 1 h 或过夜，旋紧外罐，置于微波消解仪中进行消解。冷却后取出内罐，置于可调式控温电热炉上，于 120～140 ℃赶酸至近干，用水定容至 25 mL 或 50 mL，混匀备用。同时做空白试验。

（二）压力罐消解法

称取 0.3～1 g（精确至 0.001 g）试样于聚四氟乙烯压力消解内罐中，含乙醇或二氧化碳的样品先在电热板上低温加热除去乙醇或二氧化碳，加入 5 mL 硝酸，加盖放置 1 h 或过夜，旋紧外罐，置于恒温干燥箱中进行消解。冷却后取出内罐，置于可调式控温电热板上，于 120～140 ℃赶酸至近干，用水定容至 25 mL 或 50 mL，混匀备用。同时做空白试验。

（三）湿式消解法

称取 0.5～5 g（精确至 0.001 g）试样于玻璃或聚四氟乙烯消解器皿中，含乙醇或二氧化碳的样品先在电热板上低温加热除去乙醇或二氧化碳，加入 10 mL 混合酸，加盖放置 1 h 或过夜，置于可调式控温电热板或电热炉上消解，若变棕黑色，冷却后再加混合酸，直至冒白烟，消化液呈无色透明或略带黄色，冷却，用水定容至 25 mL 或 50 mL，混匀备用。同时做空白试验。

（四）干式消解法

称取 0.5～5 g（精确至 0.001 g）试样于坩埚中，在电炉上微火炭化至无烟，置于（525 ± 25）℃马弗炉中灰化 5～8 h，冷却。若灰化不彻底有黑色炭粒，则冷却后滴加少许硝酸湿润，在电热板上干燥后，移入马弗炉中继续灰化成白色灰烬，冷却至室温取出，用硝酸溶液溶解，并用水定容至 25 mL 或 50 mL，混匀备用。同时做空白试验。

三、标准曲线的制作

将钠标准系列工作液注入原子吸收光谱仪中，测定吸光度值，以标准工作液的浓度为横坐标，吸光度值为纵坐标，绘制标准曲线。

四、试样溶液的测定

根据试样溶液中被测元素的含量，需要时将试样溶液用水稀释至适当浓度，并在空白溶液和试样最终测定液中加入一定量的氯化铯溶液，使氯化铯浓度达到 0.2%。与测定标准曲线工作液相同的实验条件下，将空白溶液和测定液注入原子吸收光谱仪中，分别测定钾或钠的吸光值，根据标准曲线得到待测液中钾或钠的浓度。

五、结果计算

试样中钠含量按下式计算：

$$X=\frac{(\rho-\rho_0)\times V\times f\times 100}{m\times 1\,000}$$

式中：X——试样中被测元素含量，单位为毫克每百克或毫克每百毫升（mg/100 g 或 mg/100 mL）；

ρ——测定液中元素的质量浓度，单位为毫克每升（mg/L）；

ρ_0——测定空白试液中元素的质量浓度，单位为毫克每升（mg/L）；

V——样液体积，单位为毫升（mL）；

f——样液稀释倍数；

100、1 000——换算系数；

m——试样的质量或体积，单位为克或毫升（g 或 mL）。

计算结果保留三位有效数字。

- **实训报告**

<table>
<tr><td colspan="2" align="center">操作记录</td></tr>
<tr><td>实训名称：
姓名：</td><td>班级：
学号：</td></tr>
<tr><td colspan="2">试剂配制：</td></tr>
</table>

（续表）

检验记录			
检测项目： 样品名称： 收样日期：	检测依据： 样品数量： 检测日期：		
操作步骤及反思：			
标准曲线的制作：			
结果判定			
测定次数	1	2	3
试样的质量或体积 /（g 或 mL）			
试样消化液的总体积数 V/mL			
测试溶液中钠的质量溶度 ρ/（mg/L）			
空白溶液中钠的质量溶度 ρ_0/（mg/L）			
试样中钠元素含量 X/（mg/100 g 或 mg/100 mL）			
平均值 /（mg/100 g 或 mg/100 mL）			
算数平均偏差			
在重复性条件下获得的两次独立测定结果的绝对差值不得超过算术平均值的 10%。			

任务评价

评价表					
项目	评价内容	分值	自评	互评	师评
配制标准溶液	能准确称量溶剂，并定容摇匀	10			
试样制备	固态、半固态样品：可以正确取样	10			
	液态样品：可以正确取样	5			
试样消解	能利用湿式、微波等方法，按照流程完成试样的消解	10			

（续表）

评价表					
项目	评价内容	分值	自评	互评	师评
测定	可以按照流程完成最终测定	10			
结果	结果报告：报告结果规范、正确	5			
	物品的整理归位：台面整理干净、物品归位、无破损	5			
任务进度	阶段任务一：能够按照操作要求完成试样制备	5			
	阶段任务二：能够根据操作要求准确完成试样消解	5			
	阶段任务三：能够根据操作要求准确完成样品测定	5			
任务质量	能够合理规范完成检测任务，并出具完整检测报告	5			
素养表现	清洁操作台面，器械清洁干净并摆放整齐	5			
	遵守实验室规定，操作文明、安全	5			
	严格执行操作程序，遵守无菌操作要求	5			
思政表现	实事求是的工作态度	5			
	科学严谨的研究态度	5			
合计		100			

拓展知识

小学士

火焰原子发射光谱法测钠含量

任务六　测定食品中钙的含量

任务导入

钙（Ca）是人体中的重要元素之一，Ca 参与整个生长、发育过程并与各种有机物结合在一起，体内 Ca 总量 99% 存在于骨骼组织及牙齿内。婴儿、儿童、妊娠期的妇女及哺乳期的母亲都需要大量的钙。因此，测定食品中的钙具有非常重要的营养学意义。

如果你是某检测技术公司的食品检测员，今天接到任务，要完成公司的某批蔬菜中 Ca 的测定，依据检测工作一般流程，完成本次检测项目任务。

任务工单

班级：________ 姓名：________ 学号：________

任务名称	测定食品中钙的含量
任务描述	任务内容：通过任务实施，完成食品中钙含量的测定，并能够依据检测结果判定是否符合标准要求。 任务目的：合理进行样品预处理，并配制测定所需的试剂；能够在规定时间内规范正确地完成测定操作，规范记录、正确计算、合理判定。 任务流程：储备知识、准备仪器设备及试剂、测定钙含量、分析结果。 任务方法：实践操作法、小组协作。
获取信息	要完成任务，需要掌握相关的知识。请收集资料，回答以下问题。 1. 测定食品中钙的方法有哪些？ 2. 如何配制标准溶液？ 3. 如测定蔬菜中的 Ca？需如何制备试样？

任务准备

一、知识准备

（一）测定食品中钙的意义

钙是构成人体的重要组分，正常人体内含有 1 000～1 200 g 钙，是人体和动物体内重要的营养元素之一。机体内的钙参与骨骼和牙齿的构成，同时还参与各种生理功能和代谢过程，具有调节神经组织、心脏、肌肉活性和体液等功能。我国制定钙的每日推荐摄入量，青春期儿童为 1 000 mg，成年人为 800 mg，孕中期妇女为 1 000 mg，孕晚期妇女与乳母为 1 200 mg。我国制定的成人对于钙的可耐受最高摄入量为 2 g/d。含钙较多的食物有牛乳及乳制品、大豆及豆制品、坚果、虾皮等。

（二）测定方法

测定食品中钙的方法包括火焰原子吸收光谱法、EDTA 滴定法等，出自 GB 5009.92—2016《食品安全国家标准　食品中钙测定》，属于国家标准检测方法。本任务用 EDTA 滴定法测定食品中的钙含量。

（三）EDTA 滴定法原理

在适当的 pH 值范围内，钙与 EDTA（乙二胺四乙酸二钠）形成金属络合物。以 EDTA 滴定，在达到当量点时，溶液呈现游离指示剂的颜色。根据 EDTA 用量，计算钙的含量。

二、材料准备

氢氧化钾溶液（1.25 mol/L）、硫化钠溶液（10 g/L）、镧溶液（20 g/L）、柠檬酸钠溶液（0.05 mol/L）、EDTA 溶液、钙红指示剂、盐酸溶液（1+1）、硝酸溶液（5+95）、硝酸溶液（1+1）、钙标准储备液（100.0 mg/L）、高氯酸（$HClO_4$）。除非另有说明，本方法所用试剂均为分析纯，水为 GB/T 6682 规定的三级水。试剂配制方法详见二维码。

小学士

测定钙含量所需试剂配制方法

三、工具准备

请你按照表 5-6-1 中的清单，准备好实验所需仪器及设备，并填写检查确认情况。

表 5-6-1　钙含量测定所需仪器及设备清单

序号	名称	规格与要求	单位	数量	检查确认
1	分析天平	感量为 1 mg 和 0.1 mg	台	合用	
2	可调式电热炉		台	合用	
3	可调式电热板		个	合用	
4	马弗炉		台	合用	

任务筹划

食品中钙测定项目流程如图 5-6-1 所示。

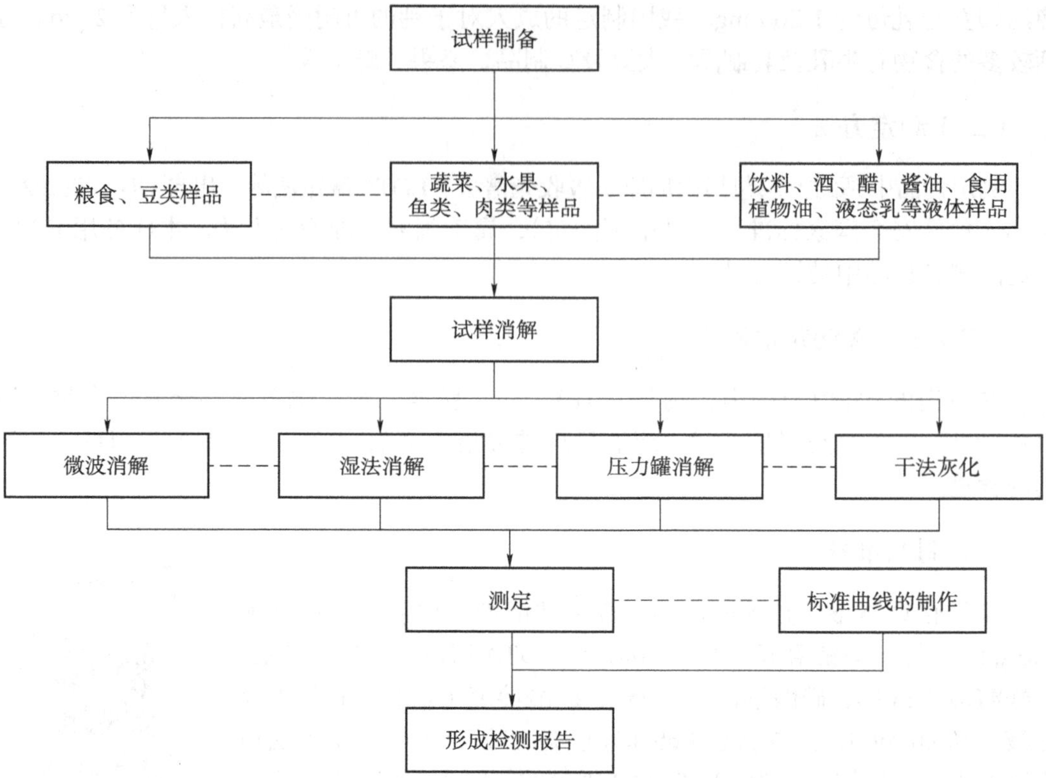

图 5-6-1 食品中钙测定流程

任务实施

一、试样制备

蔬菜等样品用水洗净，晾干，取可食部分，制成匀浆，储于塑料瓶中。

二、试样消解

1. 湿法消解

准确称取固体试样 0.2～3 g（精确至 0.001 g）或准确移取液体试样 0.500～5.00 mL 于带刻度消化管中，加入 10 mL 硝酸、0.5 mL 高氯酸，在可调式电热炉上消解（参考条件：120 ℃ /0.5 h～120 ℃ /1 h、升至 180 ℃ /2 h～180 ℃ /4 h、升至 200～220 ℃）。若消化液呈棕褐色，再加硝酸，消解至冒白烟，消化液呈无色透明或略带黄色。取出消化管，冷却后用水定容至 25 mL，再根据实际测定需要稀释，并在稀释液中加入一定体积的镧溶液（20 g/L），使其在最终稀释液中的浓度为 1 g/L，混匀备用，此为试样待测液。同时做试剂空白试验。亦可采用锥形瓶，于可调式电热板上，按上述操作方法进行湿法消解。

2. 干法灰化

准确称取固体试样 0.5～5 g（精确至 0.001 g）或准确移取液体试样 0.500～10.0 mL

于坩埚中，小火加热，炭化至无烟，转移至马弗炉中，于 550 ℃灰化 3～4 h，冷却，取出。对于灰化不彻底的试样，加数滴硝酸，小火加热，小心蒸干，再转入 550 ℃马弗炉中，继续灰化 1～2 h，至试样呈白灰状，冷却，取出，用适量硝酸溶液（1+1）溶解转移至刻度管中，用水定容至 25 mL。根据实际测定需要稀释，并在稀释液中加入一定体积的镧溶液，使其在最终稀释液中的浓度为 1 g/L，混匀备用，此为试样待测液。同时做试剂空白试验。

三、滴定度（T）的测定

吸取 0.500 mL 钙标准储备液（100.0 mg/L）于试管中，加 1 滴硫化钠溶液（10 g/L）和 0.1 mL 柠檬酸钠溶液（0.05 mol/L），加 1.5 mL 氢氧化钾溶液（1.25 mol/L），加 3 滴钙红指示剂，立即以稀释 10 倍的 EDTA 溶液滴定，至指示剂由紫红色变蓝色为止，记录所消耗的稀释 10 倍的 EDTA 溶液的体积。根据滴定结果计算出每毫升稀释 10 倍的 EDTA 溶液相当于钙的毫克数，即滴定度（T）。

四、试样及空白滴定

分别吸取 0.100～1.00 mL（根据钙的含量而定）试样消化液及空白液于试管中，加 1 滴硫化钠溶液（10 g/L）和 0.1 mL 柠檬酸钠溶液（0.05 mol/L），加 1.5 mL 氢氧化钾溶液（1.25 mol/L），加 3 滴钙红指示剂，立即以稀释 10 倍的 EDTA 溶液滴定，至指示剂由紫红色变蓝色为止，记录所消耗的稀释 10 倍的 EDTA 溶液的体积 V_1。同时进行空白溶液的测定，记录所消耗的稀释 10 倍的 EDTA 溶液的体积 V_0。

五、结果计算

试样中钙含量按下式计算：

$$X=\frac{T\times(V_1-V_0)\times V_2\times 1\,000}{m\times V_3}$$

式中：X——试样中钙的含量，单位为毫克每千克或毫克每升（mg/kg 或 mg/L）；

T——EDTA 滴定度，单位为毫克每毫升（mg/mL）；

V_1——滴定试样溶液时所消耗的稀释 10 倍的 EDTA 溶液的体积，单位为毫升（mL）；

V_0——滴定空白溶液时所消耗的稀释 10 倍的 EDTA 溶液的体积，单位为毫升（mL）；

V_2——试样消化液的定容体积，单位为毫升（mL）；

1 000——换算系数；

m——试样质量或移取体积，单位为克或毫升（g 或 mL）；

V_3——滴定用试样待测液的体积，单位为毫升（mL）。

计算结果保留三位有效数字。

- **实训报告**

<table>
<tr><th colspan="4">操作记录</th></tr>
<tr><td colspan="4">实训名称：　　　　　　　　班级：
姓名：　　　　　　　　　　学号：</td></tr>
<tr><td colspan="4">试剂配制：</td></tr>
<tr><td colspan="4">检验记录</td></tr>
<tr><td colspan="4">检测项目：　　　　　　　　检测依据：
样品名称：　　　　　　　　样品数量：
收样日期：　　　　　　　　检测日期：</td></tr>
<tr><td colspan="4">操作步骤及反思：</td></tr>
<tr><th colspan="4">结果判定</th></tr>
<tr><td>测定次数</td><td>1</td><td>2</td><td>3</td></tr>
<tr><td>试样的质量或体积 /（g 或 mL）</td><td></td><td></td><td></td></tr>
<tr><td>试样所消耗的 10 倍的 EDTA 溶液的体积 V_1/mL</td><td></td><td></td><td></td></tr>
<tr><td>空白样所消耗的 10 倍的 EDTA 溶液的体积 V_0/mL</td><td></td><td></td><td></td></tr>
<tr><td>试样消化液的总体积数 V_2/mL</td><td></td><td></td><td></td></tr>
<tr><td>滴定用试样待测液的体积 V_3/mL</td><td></td><td></td><td></td></tr>
<tr><td>试样中钙元素含量 X/（mg/kg 或 mg/L）</td><td></td><td></td><td></td></tr>
<tr><td>平均值 /（mg/kg 或 mg/L）</td><td></td><td></td><td></td></tr>
<tr><td>算数平均偏差</td><td></td><td></td><td></td></tr>
<tr><td colspan="4">在重复性条件下获得的两次独立测定结果的绝对差值不得超过算术平均值的 10%。</td></tr>
</table>

任务评价

<table>
<tr><th colspan="6">评价表</th></tr>
<tr><td>项目</td><td>评价内容</td><td>分值</td><td>自评</td><td>互评</td><td>师评</td></tr>
<tr><td>配制标准溶液</td><td>能准确称量溶剂，并定容摇匀</td><td>10</td><td></td><td></td><td></td></tr>
<tr><td>试样制备</td><td>样品准备过程是否按照标准流程进行</td><td>10</td><td></td><td></td><td></td></tr>
</table>

（续表）

试样消解	能利用湿法、微波等方法，按照流程完成试样的消解	10			
测定	可以按照流程完成最终测定	10			
结果	结果报告：报告结果规范、正确	10			
	物品的整理归位：台面整理干净、物品归位、无破损	5			
任务进度	阶段任务一：能够按照操作要求完成试样制备	5			
	阶段任务二：能够根据操作要求准确完成试样消解	5			
	阶段任务三：能够根据操作要求准确完成样品测定	5			
任务质量	能够合理规范完成检测任务，并出具完整检测报告	5			
素养表现	清洁操作台面，器械清洁干净并摆放整齐	5			
	遵守实验室规定，操作文明、安全	5			
	严格执行操作程序，遵守无菌操作要求	5			
思政表现	实事求是的工作态度	5			
	科学严谨的研究态度	5			
合计		100			

任务七　测定食品中膳食纤维的含量

任务导入

膳食纤维是一种营养成分，许多临床研究表明，膳食纤维有助于降低心脏病、各种癌症、2 型糖尿病以及其他疾病的发病率，从而改善人口健康状况、延长寿命。因此，量化食品中的膳食纤维含量是向消费者提供为自身及其家人选择更健康的食品所需信息的重要一步。

世界各地的监管机构也认识到膳食纤维对促进人体健康的重要性，根据科学文献，对膳食纤维含量高以及含有特定类型膳食纤维的食物进行健康声明，可以鼓励更多消费。让食品制造商可以在标签上进行健康声明，无疑让产品更有市场竞争优势，也为检测膳食纤维、用膳食纤维来增强食品的健康功能提供了进一步的理由，从而有利于消费者健康的提升。

你是某检测技术公司的食品检测员，今天接到任务，要完成公司的一批食品检测订单中膳食纤维的测定，依据检测工作一般流程，完成本次检测项目任务。

任务 工单

班级：________　姓名：________　学号：________

任务名称	食品中膳食纤维的测定
任务描述	任务内容：通过任务实施，完成食品中膳食纤维含量的测定，并能够确保检测过程正确规范，结果分析无误。 任务目的：合理进行样品预处理，并配制测定所需的试剂；能够在规定时间内规范正确地完成测定操作，规范记录、正确计算、合理判定。 任务流程：储备知识、准备仪器设备及试剂、测定膳食纤维的含量、分析结果。 任务方法：实践操作法、小组协作。
获取信息	要完成任务，需要掌握相关的知识。请收集资料，回答以下问题。 1. 什么是膳食纤维？有哪些分类？ 2. 食品中膳食纤维的测定有哪些方法？如何确定采用哪种方法？ 3. 如何进行试样制备？ 4. 食品中膳食纤维的测定流程是什么？

任务 准备

一、知识准备

（一）膳食纤维定义

1. 膳食纤维（DF）

不能被人体小肠消化吸收但具有健康意义的、植物中天然存在或通过提取（合成）的、聚合度 DP≥3 的碳水化合物聚合物。包括纤维素、半纤维素、果胶及其他单体成分等。

2. 可溶性膳食纤维（SDF）

能溶于水的膳食纤维部分，包括低聚糖和部分不能消化的多聚糖等。

检测过程中根据可否被 78% 乙醇沉淀，分为可沉淀的可溶性膳食纤维（SDFP）和不可沉淀的可溶性膳食纤维（SDFS）。

3. 不溶性膳食纤维（IDF）

不能溶于水的膳食纤维部分，包括木质素、纤维素、部分半纤维素等。

4. 总膳食纤维（TDF）

可溶性膳食纤维与不溶性膳食纤维之和。

（二）测定意义

膳食纤维具有控制肥胖、降低血脂、控制血糖以及吸收毒素的功能。膳食纤维分子上具有很多的官能团如羟基、羧基等亲水性基团，这些基团使得膳食纤维素具有水溶性和膨胀性，人体摄入这些纤维素以后，纤维素会在肠胃里面膨胀使得人具有饱腹感，从而减少热量的摄入，有效控制体重的增加，并且膳食纤维素在肠道内能够减缓肠道对葡萄糖的吸收速度，使得血糖的含量不会过快升高，因此，膳食纤维素也作为一种糖尿病患者的辅助治疗药物；膳食纤维素能够与人体摄入的脂肪酸结合，减少脂肪酸进入血液从而控制血脂的含量；人体的大肠中还有很多的微生物，有些微生物会分泌毒素，这些毒素进入人体会对人的身体健康产生危害，膳食纤维素能够吸附这些毒素且随着纤维束经过大肠排出体外，从而达到排毒的效果。检测中食品膳食纤维含量的意义在于以下五方面。

（1）评估食品营养价值。膳食纤维作为人体必需的营养素之一，对维持肠道健康、控制血糖和血脂等方面具有重要作用。通过检测食品中的膳食纤维含量，可以评估食品的营养价值，为消费者提供科学的饮食指导。

（2）促进健康饮食选择。了解食品中膳食纤维的含量，有助于消费者在选择食品时做出更加健康、合理的决策。高膳食纤维的食品有助于预防便秘、肥胖等健康问题，因此，检测膳食纤维含量对于推广健康饮食具有重要意义。

（3）预防健康问题。膳食纤维在预防消化系统疾病、心血管疾病等方面具有重要作用。通过检测食品中的膳食纤维含量，可以提醒消费者增加膳食纤维的摄入量，从而降低患病风险。

（4）指导食品加工。对于食品加工企业来说，了解原料中膳食纤维的含量有助于改进产品配方，提高产品的营养价值和市场竞争力。同时，通过检测成品中的膳食纤维含量，可以确保产品符合相关标准和法规要求。

（5）保障食品安全。膳食纤维含量的检测还可以帮助监管部门监督食品市场，防止不法商家通过虚假宣传等手段欺骗消费者。通过严格的检测手段，可以确保食品中膳食纤维的含量真实可靠，保障消费者的合法权益。

综上所述，食品检测膳食纤维含量具有重要的意义和必要性，它不仅是评估食品营养价值的重要手段，也是促进健康饮食、预防健康问题、指导食品加工和保障食品安全的重要措施。

（三）测定原理

本次食品中膳食纤维测定项目任务主要参考 GB 5009.88—2023《食品安全国家标

准 食品中膳食纤维的测定》。

试样经匀质化处理，采用酶解去除淀粉和蛋白质后，得到不可消化的酶解液，将酶解液用 78% 乙醇沉淀，收集沉淀部分经洗涤、干燥、称重后，测定残渣中部分 DF（包括 IDF 和 SDFP）质量；收集滤液部分，经脱盐、浓缩后，采用液相色谱法（内标法）测定 SDFS，二者之和为 TDF。

将酶解液直接抽滤并用热水洗涤，收集滤渣部分经洗涤、干燥、称重后测定 IDF 残渣质量。收集滤液部分再用 78% 乙醇沉淀，沉淀经干燥、称重后测定 SDFP 残渣质量，滤液部分测定 SDFS，DFS 和 SDFP 之和为 SDF。

TDF、IDF 和 SDFP 残渣质量需扣除残留的蛋白质、灰分和试剂空白质量，即可得到相应部分的膳食纤维含量。

二、材料准备

乙醇溶液（78%）、乙醇溶液（85%）、盐酸溶液（1 mol/L）、盐酸溶液（3 mol/L）、氢氧化钠溶液（4 mol/L）、氢氧化钠溶液（1 mol/L）、氢氧化钠溶液（0.1 mol/L）、顺丁烯二酸缓冲液（50 mol/L）、三羟甲基氨基甲烷（0.75 mol/L）、混合酶溶液、乙酸溶液（2 mol/L）、酸洗硅藻土、蛋白酶溶液、重铬酸钾洗液、丙酮（CH_3COCH_3）、2-（N-吗啉代）乙烷磺酸（$C_6H_{13}NO_4S \cdot H_2O$，MES）、热稳定α-淀粉酶液、石油醚、蛋白酶液、淀粉葡萄糖苷酶液、二甘醇（$C_4H_{10}O_3$）、D-葡萄糖（$C_6H_{12}O_6$）、蔗果三糖（$C_{18}H_{32}O_{16}$）、D-麦芽糖一水合物（$C_{12}H_{22}O_{11} \cdot H_2O$）。除非另有说明，本方法所用试剂均为分析纯，水为 GB/T 6682 规定的二级水。试剂配制方法详见二维码。

小学士

测定食品中膳食纤维含量所需试剂配制方法

三、工具准备

请你按照表 5-7-1 中的清单，准备好实验所需仪器及设备，并填写检查确认情况。

表 5-7-1 测定膳食纤维含量所需仪器及设备清单

序号	名称	规格与要求	单位	数量	检查确认
1	高型无导流口烧杯	400 mL 或 600 mL	个	8	
2	坩埚	具粗面烧结玻璃板，孔径 40～60 μm	个	8	
3	真空抽滤装置	真空泵或有调节装置的抽吸器	套	1	
4	恒温振荡水浴箱	带自动计时器，控温范围室温 5～100 ℃，温度波动 ±1 ℃	台	1	
5	分析天平	感量 0.1 mg 和 1 mg	台	1	
6	马弗炉	（525±5）℃	台	1	
7	烘箱	（130±3）℃	台	合用	

（续表）

序号	名称	规格与要求	单位	数量	检查确认
8	干燥器	二氧化硅或同等的干燥剂	台	1	
9	pH 计	具有温度补偿功能，精度 ±0.1	台	1	
10	真空干燥箱	（70±1）℃	包	合用	
11	筛	筛板孔径 0.3～0.5 mm	支	1	

任务筹划

食品中膳食纤维测定项目流程如图 5-7-1 所示。

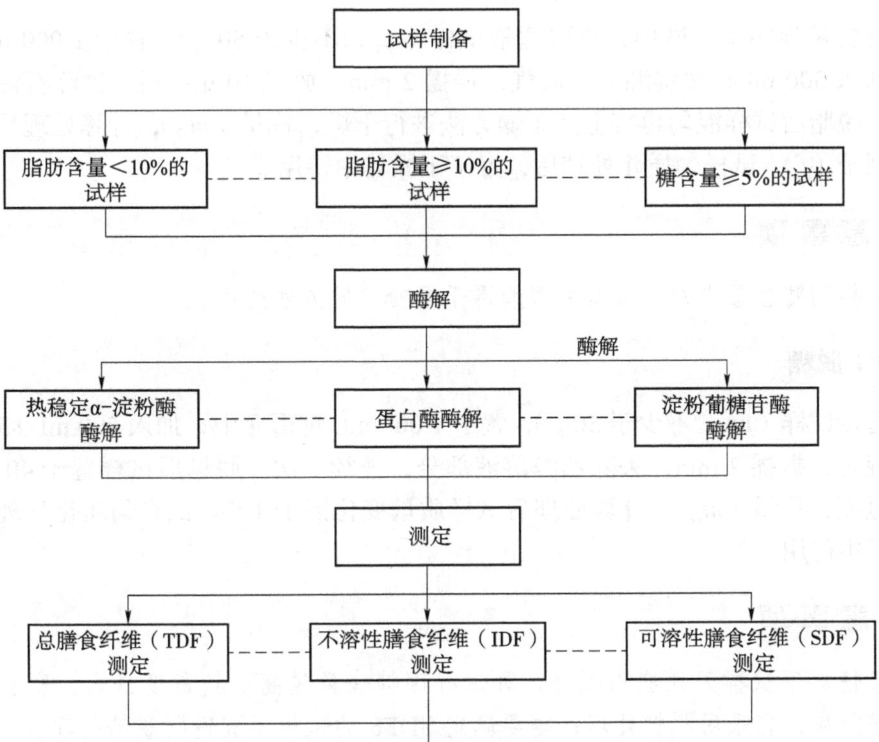

图 5-7-1　食品中膳食纤维测定流程

任务实施

一、试样制备

所有试样均需匀质处理。必要时可根据水分、脂肪和糖的含量进行脱水、脱脂或脱糖处理。

（一）匀质处理

固体试样经碾磨、粉碎、混匀后备用，半固体、液体试样经匀浆混匀后备用。

（二）脱水

水分含量≥70% 且不易混匀的固体、半固体及含有沉浮物的液体试样，称取适量试样（m_C，不少于 50 g），置于（105 ± 2）℃烘箱干燥 4 h。将试样转至干燥器中，待试样温度下降到室温后称量（m_D）。根据干燥前后试样质量，计算试样质量变化因子（f）。干燥后试样匀质化处理后，置于干燥器中待用。

注：也可参考 GB 5009.3 采用减压干燥的方法。

（三）脱脂

脂肪含量≥10% 的试样，称取适量试样（m_C，不少于 50 g），置于 1 000 mL 锥形瓶中，加入 500 ml 石油醚混匀、放气，振摇 2 min，放置 10 min 后，去除石油醚，连续 3 次。脱脂后试样混匀再按上述干燥方法进行干燥，称量（m_D），计算处理后试样质量变化因子（f）。试样匀质化处理后，置于干燥器中待用。

注意事项

若试样脂肪含量未知，可按先脱脂再干燥粉碎的方法处理。

（四）脱糖

称适量试样（m_C，不少于 50 g），置于 1 000 mL 锥形瓶中，加入 500 mL 85% 乙醇溶液，混匀，振摇 2 min，去除乙醇溶液部分，连续 3 次。脱糖后试样置于 40 ℃烘箱内干燥过夜，称量（m_D），计算处理后试样质量变化因子（f）。试样匀质化处理后，置于干燥器中待用。

注意事项

一般情况下试样无须脱糖处理，如试样因糖含量较高导致黏度过大，影响后续酶解、抽滤效果，宜采用脱糖处理；需要测定 SDFS 的试样不宜进行脱糖处理。

二、样品称量

准确称取 2 份待测试样（m），精确至 0.1 mg；2 份试样质量差 0.005 g。一般固体试样称取 0.25～3.0 g，液体试样称取 1.0～5.0 g。

三、酶解

将试样转置于 400～600 mL 高脚烧杯中，加入 50 mmol/L 顺丁烯二酸缓冲液 35 mL，用磁力搅拌直至试样完全分散在缓冲液中。同时制备 2 个空白样品同步操作。

注意事项

搅拌均匀，避免试样结成团，以防止酶解过程中试样不能与酶充分接触。

（一）淀粉酶酶解

向高脚烧杯中加入 5 mL 胰 α-淀粉酶和淀粉葡萄糖苷酶混合酶溶液，缓慢搅拌，加盖铝箔，置于 37 ℃的恒温振荡水浴箱中持续振摇，当温度升至 37 ℃开始计时，酶解 16 h。

注意事项

如采用高浓度混合酶溶液，酶解时间可适当缩减，但是不少于 4 h。

打开铝箔盖，向试样溶液中加入 3.0 mL 0.75 mol/L Tris 溶液，使试样溶液 pH 值至（8.2±0.2）。盖上铝箔，置于 95～100 ℃水浴箱中水浴加热约 20 min，不时轻摇烧杯。取出烧杯冷却至（60±1）℃。

（二）蛋白酶酶解

向每个烧杯中加入 100 μL 蛋白酶溶液（如为动物性食品加入 500 μL 蛋白酶溶液），盖上铝箔，置于（60±1）℃水浴中持续振摇 30 min。打开铝箔盖，边搅拌边加入 4 mL 2 mol/L 乙酸液，用 1 mol/L 氢氧化钠溶液或 1 mol/L 盐酸溶液调 pH 值至（4.3±0.2）。

注意事项

一定要在（60±1）℃调 pH 值，因为温度降低会使 pH 值升高。注意空白样的 pH 值测定，保证 pH 值在适宜范围内。

（三）加入内标溶液

如测定 SDFS，向酶解液中加入 2 mL 100 mg/mL 二甘醇内标溶液，混匀。

四、总膳食纤维（TDF）的测定

（一）沉淀

向试样酶解液中，加入 4 倍体积已预热至（60±1）℃的 95% 乙醇。取出烧杯，盖上铝箔，室温条件下沉淀 1～2 h。

（二）抽滤

取已处理的坩埚，用 15 mL 78% 乙醇润湿硅藻土并展平，接上真空抽滤装置，抽去乙醇，使用坩埚中硅藻土平铺于滤板上。将试样乙醇沉淀液转移入坩埚中抽滤，用刮勺和 78% 乙醇将高脚烧杯中所有残渣转至坩埚中，用 15 mL 78% 乙醇洗涤残渣 2 次。收集滤液转移至 500 mL 容量瓶中，使用 78% 乙醇定容至刻度，用于 SDFS 的测定，残渣用于 IDF 和 SDFP 的测定。

（三）残渣测定

（1）残渣质量：残渣分别用 15 mL 95% 乙醇洗涤 2 次，15 mL 丙酮洗涤 2 次，抽滤去除洗涤液。将坩埚连同残渣置于烘箱内于（105±2）℃烘干过夜。将坩埚转移至干燥器内冷却 1 h，称量包括包含坩埚质量，减去坩埚质量及残渣质量（m_{GR}），精确至 0.1 mg，减去用质量，计算试样残渣质量（m_R）。

（2）蛋白质和灰分的测定。取 1 份试样残渣参照 GB 5009.5 测定蛋白质含量（m_P），折算系数为 6.25。取另一份试样参照 GB 5009.4 测定灰分含量，即在（550±25）℃灰化 4 h 后转至干燥器中，冷却后精确称量坩埚及残渣总质量（m_{GA}），精确至 0.1 mg，减去坩埚质量，计算灰分质量（m_A）。

（四）SDFS 的测定

注意事项

无添加膳食纤维组分的试样，由于大部分植物性食品及其制品 SDFS 含量较低，因此测定 TDF 时也可不包含 SDFS 部分。

（1）浓缩：取 200 mL 滤液至旋转蒸发瓶中，于 50 ℃水浴减压蒸发至近干。

（2）复溶：量取 20 mL 水加入旋转蒸发瓶中，溶解残留物形成复溶液。

（3）脱盐：取 15 mL 带盖聚丙烯管，预先装填阴离子交换树脂（OH^-）和氢离子交换树脂（H^+）各 2 g；取 5 mL 复溶液加至聚丙烯管中，旋紧盖子反复颠倒混合 5 min 以上进行脱盐，静置沉淀 10 min，将上清液转移至 15 mL 带盖聚丙烯管中；向沉淀物中加入 5 mL 水，旋紧盖子反复颠倒混匀，静置 5 min 以上，合并上清液，混合后经 0.45 μm 滤膜过滤，上机待测。

（五）色谱参考条件

1. 色谱参考条件

色谱柱：高效水相体积排阻（SEC）凝胶色谱柱，以亲水性球形多孔聚甲基丙烯酸酯型高聚物作为填料，孔径小于 20 nm，柱长 300 mm，内径 7.8 mm，粒径 7 μm，或等效柱，两根凝胶色谱柱串联；保护柱：高效水相体积排阻（SEC）凝胶保护柱，填料与色谱柱相同，柱长 40 mm，内径 6.0 mm，粒径 12 μm；流动相：水（一级水）；柱温：80 ℃；检测器温度：50 ℃；进样量：20 μL；流速：0.5 mL/min；洗脱时间：60 min。

2. SDFS 保留时间的确定

取定性标准溶液上机测定，至少平行测定 2 次。根据蔗果三糖和 D- 麦芽糖保留时间和基线分离效果，确定碳水化合物聚合度≥3 与聚合度＜3 的分界值、待测组分保留时间区间。色谱图可参考图 5-7-2 和图 5-7-3。

3. D- 葡萄糖响应因子（Rf）的确定

取 D- 葡萄糖 / 二甘醇标准系列工作液上机测定。以标准系列工作液中 D- 葡萄糖质量与二甘醇质量比值为横坐标，以 D- 葡萄糖峰面积与内标二甘醇峰面积比值为纵坐标，绘制过（0，0）点标准曲线，曲线斜率即为响应因子（Rf）。

4. SDFS 测定

取脱盐后试样液上机测定，根据聚合度≥3 聚合物峰面积（PASDFS）和二甘醇峰面积（PAs）计算 SDFS 含量。

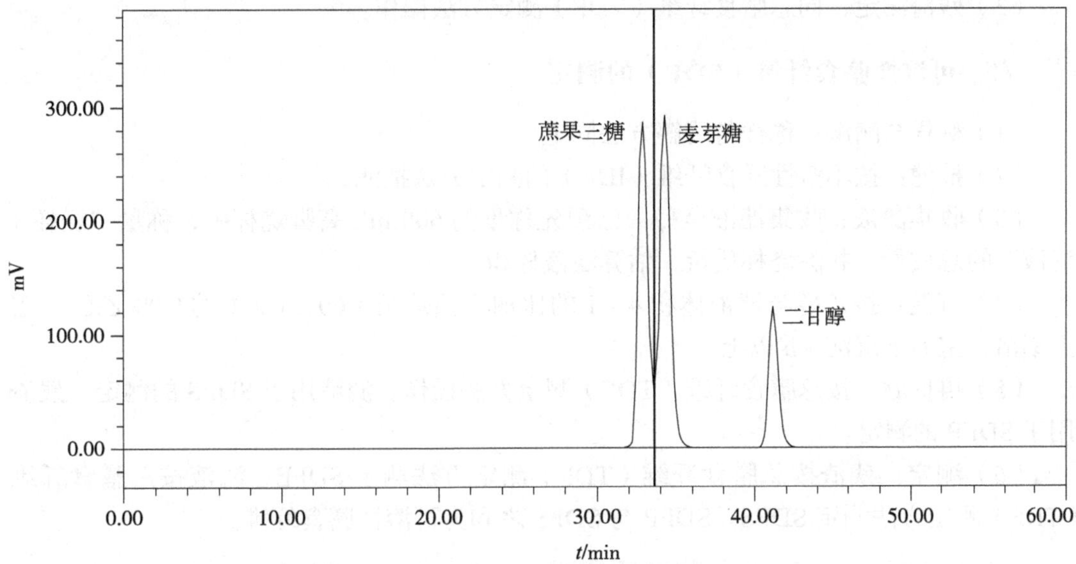

图 5-7-2　确定 SDFS 与双糖分离界限的色谱示意图

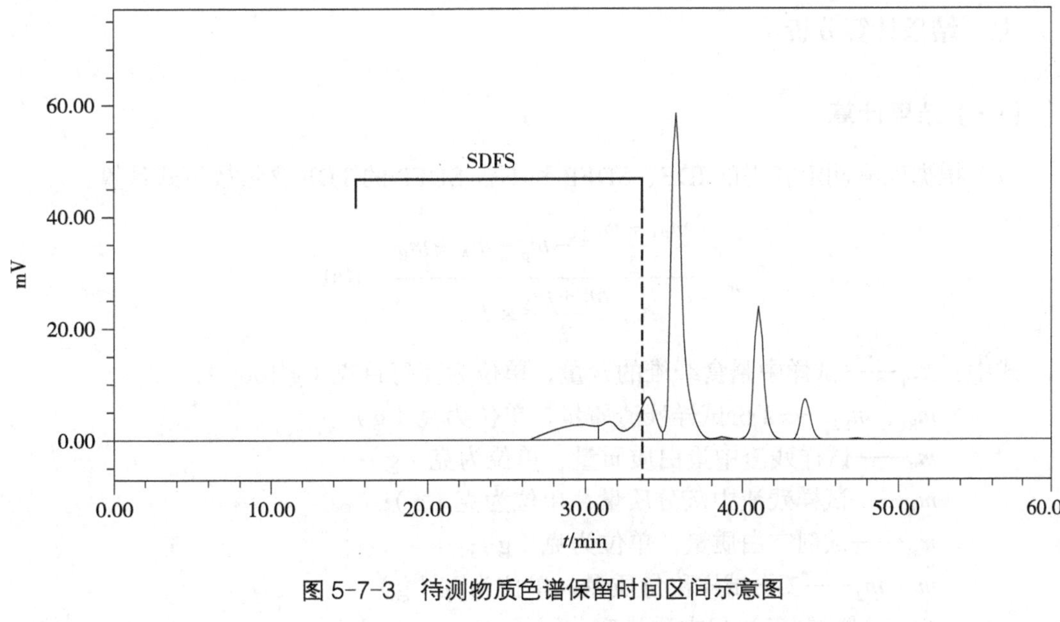

图 5-7-3　待测物质色谱保留时间区间示意图

五、不溶性膳食纤维（IDF）的测定

（1）称样与酶解方法同上。

（2）抽滤：取已处理的坩埚，用 3 mL 水润湿硅藻土并展平，抽去水分使中的硅藻土平铺于滤板上。将试样酶解液全部转移至坩埚中抽滤，残渣用 10 mL 70 ℃热水洗涤 2 次，用于 IDF 的测定。

（3）残渣测定：同总膳食纤维（TDF）测定方法操作。

六、可溶性膳食纤维（SDF）的测定

（1）称样与酶解：称样与酶解方法同上。

（2）抽滤：按不溶性膳食纤维（IDF）的测定方法抽滤。

（3）收集滤液：收集滤液至另一已预先称量的 600 mL 高脚烧杯中，称量“烧杯 + 滤液”的总质量，扣除烧杯质量，估算滤液体积。

（4）沉淀：按乙醇与滤液体积 4∶1 的比加入预热至（60 ± 1）℃的 95% 乙醇，盖上铝箔，室温下沉淀 1 h 以上。

（5）再抽滤：按总膳食纤维（TDF）测定方法操作。滤液用于 SDFS 的测定，残渣用于 SDFP 的测定。

（6）测定：残渣按总膳食纤维（TDF）测定方法测定 SDFE；滤液按总膳食纤维（TDF）测定方法测定 SDFS。SDFP 与 SDFS 之和为可溶性膳食纤维。

注意事项

未添加膳食纤维组分的试样，可溶性膳食纤维中可不包含 SDFS 部分。

七、结果计算分析

（一）结果计算

（1）根据残渣测定获得的 IDF、SDFP 和不含 SDFP 的 TDF 含量按下式计算：

$$X_{DF}=\frac{\frac{m_{R1}+m_{R2}}{2}-m_p-m_A-m_B}{\frac{m_1+m_2}{2}\times f}\times 100$$

式中：X_{DF}——试样中膳食纤维的含量，单位为克每百克（g/100g）；

m_{R1}、m_{R2}——2 份试样残渣质量，单位为克（g）；

m_p——试样残渣中蛋白质质量，单位为克（g）；

m_A——试样残渣中灰分质量，单位为克（g）；

m_B——试剂空白质量，单位为克（g）；

m_1、m_2——2 份试样称量质量，单位为克（g）；

f——试样制备过程中质量变化因子；

100——换算为克每百克的系数。

其中，试剂空白质量 m_B 按下式计算：

$$m_B = \frac{m_{BR1} + m_{BR2}}{2} - m_{BP} - m_{BA}$$

式中：m_B——试剂空白质量，单位为克（g）；

m_{BR1}、m_{BR2}——2 份试剂空白残渣质量，单位为克（g）

m_{BP}——试剂空白残渣中蛋白质质量，单位为克（g）

m_{BA}——试剂空白残渣中灰分质量，单位为克（g）。

试样残渣（m_{R1}、m_{R2}）及试剂空白残渣（m_{BR1}、m_{BR2}）质量按下式计算：

$$m_R = m_{GR} - m_G$$

式中：m_R——坩埚中残渣质量，单位为克（g）；

m_{GR}——坩埚及残渣质量，单位为克（g）；

m_G——坩埚质量，单位为克（g）。

试样制备中质量变化因子按下式计算：

$$f = \frac{m_C}{m_D}$$

式中：f——试样制备过程中质量变化因子；

m_C——试样制备前试样质量，单位为克（g）；

m_D——试样制备后试样质量，单位为克（g）。

注：如果试样没有经过脱水、脱脂、脱糖等处理，f=1。

（2）SDFS 的含量按下式计算：

$$X_{SDFS} = \frac{PA_{SDFS} \times m_{IS}}{PA_{IS} \times \frac{m_1 + m_2}{2} \times R_f \times f} \times \frac{100}{1000}$$

式中：X_{SDFS}——试样中 SDFS 含量，单位为克每百克（g/100 g）；

PA_{SDFS}——试样上机液中待测物质峰面积；

PA_{IS}——试样上机液中内标物峰面积；

m_{IS}——试样酶解液中加入内标物质量，单位为毫克（mg）；

m_1、m_2——2 份试样称量质量，单位为克（g）；

R_f——标准物质与内标物质响应因子；

f——试样制备过程中质量变化因子；

100——换算系数；

1 000——换算系数。

以重复性条件下获得的 2 次独立测定结果的算术平均值表示，结果保留至小数点后 2 位。

（二）检验结果的表述及换算关系

未添加膳食纤维组分的食品，如植物性食品及其制品，TDF 和 SDF 的检测结果中可不包括 SDFS 部分，TDF 表示为 TDF（酶重量法），结果相当于 TDF=IDF+SDFP；

SDF 表示为 SDF（酶重量法），结果相当于 SDFP。

TDF（酶重量法）、IDF 和 SDF（酶重量法）可分别独立检测，也可根据换算公式进行相加或相减。

TDF（酶重量法）=IDF+SDF（酶重量法）

添加了可溶性膳食纤维组分的食品应测定 SDFS，TDF 和 SDF 测定结果分别表示为 TDF（酶重量 - 液相色谱法）和 SDF（酶重量—液相色谱法）。

TDF（酶重量 - 液相色谱法）=TDF（酶重量法）- SDFS

八、精密度

在重复性条件下获得的 2 次独立测定结果的绝对差值不得超过算术平均值的 20%。

- **实训报告**

<table>
<tr><td colspan="2" align="center">操作记录</td></tr>
<tr><td>实训名称：
姓名：</td><td>班级：
学号：</td></tr>
<tr><td colspan="2">试剂配制：</td></tr>
<tr><td colspan="2" align="center">检验记录</td></tr>
<tr><td>检测项目：
样品名称：
收样日期：</td><td>检测依据：
样品数量：
检测日期：</td></tr>
<tr><td colspan="2">操作步骤及反思：</td></tr>
<tr><td colspan="2" align="center">结果判定</td></tr>
<tr><td rowspan="3">膳食纤维含量</td><td>TDF：</td></tr>
<tr><td>IDF：</td></tr>
<tr><td>SDF：</td></tr>
<tr><td colspan="2">以重复性条件下获得的两次独立测定结果的算术平均值表示，结果保留三位有效数字。</td></tr>
</table>

任务评价

<table>
<tr><th colspan="6">评价表</th></tr>
<tr><th>项目</th><th>评价内容</th><th>分值</th><th>自评</th><th>互评</th><th>师评</th></tr>
<tr><td rowspan="3">制备试样</td><td>能正确处理脂肪含量< 10% 的试样</td><td>5</td><td></td><td></td><td></td></tr>
<tr><td>能正确处理脂肪含量 ≥10% 的试样</td><td>5</td><td></td><td></td><td></td></tr>
<tr><td>能正确处理含糖量 ≥5% 的试样</td><td>5</td><td></td><td></td><td></td></tr>
<tr><td rowspan="2">酶解</td><td>称取双份试样：能准确称量并搅拌均匀，避免试样结成团块</td><td>5</td><td></td><td></td><td></td></tr>
<tr><td>α- 淀粉酶、蛋白酶、淀粉葡糖苷酶酶解：能定量准确加入各种酶，控制温度完成酶解反应</td><td>5</td><td></td><td></td><td></td></tr>
<tr><td rowspan="3">测定</td><td>总膳食纤维（TDF）测定：能准备完成测定流程，计算出蛋白质和灰分重量</td><td>10</td><td></td><td></td><td></td></tr>
<tr><td>不溶性膳食纤维（IDF）测定：能正确抽滤洗涤，计算出蛋白质和灰分重量</td><td>10</td><td></td><td></td><td></td></tr>
<tr><td>可溶性膳食纤维（SDF）测定：能正确完成测定流程，计算出蛋白质和灰分重量</td><td>10</td><td></td><td></td><td></td></tr>
<tr><td>结果</td><td>结果报告：报告结果规范、正确</td><td>5</td><td></td><td></td><td></td></tr>
<tr><td rowspan="3">任务进度</td><td>阶段任务一：能够按照操作要求完成试样制备</td><td>5</td><td></td><td></td><td></td></tr>
<tr><td>阶段任务二：能够根据操作要求准确完成样品酶解</td><td>5</td><td></td><td></td><td></td></tr>
<tr><td>阶段任务三：能够根据操作要求准确完成样品测定</td><td>5</td><td></td><td></td><td></td></tr>
<tr><td>任务质量</td><td>能够合理规范完成检测任务，并出具完整检测报告</td><td>5</td><td></td><td></td><td></td></tr>
<tr><td rowspan="3">素养表现</td><td>清洁操作台面，器械清洁干净并摆放整齐</td><td>4</td><td></td><td></td><td></td></tr>
<tr><td>遵守实验室规定，操作文明、安全</td><td>4</td><td></td><td></td><td></td></tr>
<tr><td>严格执行操作程序，遵守无菌操作要求</td><td>4</td><td></td><td></td><td></td></tr>
<tr><td rowspan="2">思政表现</td><td>实事求是的工作态度</td><td>4</td><td></td><td></td><td></td></tr>
<tr><td>科学严谨的研究态度</td><td>4</td><td></td><td></td><td></td></tr>
<tr><td colspan="2">合计</td><td>100</td><td></td><td></td><td></td></tr>
</table>

项目六 检测食品中的添加剂

项目导读

食品添加剂是为改善食品组织形态及色香味等以适应消费者的需要而使用，为使食品具有更有效的、更经济的加工条件和更长的保质期而使用的化学合成或天然物质。由于食品工业的快速发展，食品添加剂已经成为现代食品工业的重要组成部分，并且已经成为食品工业技术进步和科技创新的重要推动力。但在食品添加剂的使用中，除保证其发挥应有的功能和作用外，最重要的是应保证食品的安全卫生。为了规范食品添加剂的使用、保障食品添加剂使用的安全性，中华人民共和国国家卫生健康委员会和国家市场监督管理总局制定颁布了GB 2760—2024《食品安全国家标准　食品添加剂使用标准》。该标准规定了食品中允许使用的添加剂品种，并详细规定了使用范围、最大使用量或残留量。有些企业因使用上游供应商超范围、超限量使用食品添加剂的原料而使自己的产品中食品添加剂违规；少数食品生产企业不清楚到底哪些食品添加剂是允许使用的，使用限量是多少从而随意使用不符合要求的食品添加剂，影响食品安全。

知识目标

（1）熟知食品添加剂的检测方法、标准及操作规范。

（2）熟悉相关检测指标的概念及检验设备仪器。

技能目标

（1）能够熟练完成检验指标的测定、仪器操作及维护。

（2）能够正确处理测定结果并填写检验报告单。

素质目标

具备严谨操作的工作态度和实事求是的专业素质。

思政目标

（1）养成节约试剂、保护环境的操作习惯。

（2）增强学生的法律意识及学生的辩证思想，能够正视食品添加剂对食品工业、人类健康的作用。

任务一　测定发酵乳中三氯蔗糖的含量

任务导入

你是某检测技术公司的食品检测员，今天接到任务，要完成公司的一批发酵乳中三氯蔗糖含量的测定，依据检测工作一般流程，完成本次检测项目任务。

任务工单

班级：________　姓名：________　学号：________

任务名称	测定发酵乳中的三氯蔗糖含量
任务描述	任务内容：通过任务实施，完成发酵乳中三氯蔗糖含量的测定，并能够确保检测过程正确规范，结果分析无误。 任务目的：合理进行样品预处理，并配制测定所需的试剂；能够在规定时间内规范正确地完成测定操作，能够表述高效液相色谱仪的原理，规范使用液相色谱仪，规范记录、正确计算、合理判定。 任务流程：储备知识、准备仪器设备及试剂、测定三氯蔗糖的含量、分析结果。 任务方法：实践操作法、小组协作。
获取信息	要完成任务，需要掌握相关的知识。请收集资料，回答以下问题。 1. 三氯蔗糖在食品加工中有什么应用？检测食品中三氯蔗糖的含量有什么方法？ 2. 高效液相色谱仪的工作原理是什么？应该如何使用？ 3. 根据 GB 2760—2024《食品安全国家标准　食品添加剂使用标准》的规定，三氯蔗糖在发酵乳中最大允许使用量是多少？

任务准备

一、知识准备

（一）三氯蔗糖的特性

三氯蔗糖又称蔗糖素，是在蔗糖甜味添加剂的基础上衍生出来的新型氯化衍生物，也是迄今为止唯一一个可以被用于烘烤的甜味添加剂。三氯蔗糖不会产生味道，而且没有吸湿性，热量的产值比较低，在高温下三氯蔗糖的甜味也比较稳定，是一种新型的甜味食品添加剂。

三氯蔗糖的溶解性比较好，能够溶于水和甲醇，在 100 g 水中的溶解度可以达到 30 g，在高温下三氯蔗糖的稳定性很好，高温不会导致其内部物质的结构发生改变。三氯蔗糖的甜度很高，比一般蔗糖的甜度高百倍，在食品中添加三氯蔗糖不会使消费者的牙齿产生龋齿现象。三氯蔗糖的水溶液是透明的，在 pH 值 =5 时其性能是最佳的，化学性质比较稳定，可以储藏 1 年以上，不会发生任何的化学变化。将该种甜味添加剂放在食物中烘烤不会因为高温导致食品的甜味发生改变，同时该种甜味添加剂在烘烤中的甜度比较稳定，是所有甜味添加剂中性质最为稳定的一种。

（二）检验意义

三氯蔗糖对人体存在一定危害，一旦超标会造成食品安全事故发生。三氯蔗糖的主要危害有以下几方面。

（1）消灭肠道中的有益细菌。三氯蔗糖会消灭体内肠道的有益细菌，会使肠道有益微生物的数量减少 50%，并降低其质量。而且，这些有益微生物与自身的体重有关，因为这些有益微生物具有消灭脂肪的功能。因此，这些有益细菌被消灭后，体重很有可能会增加。

（2）降低药的功效。糖类食品会降低治疗药物的功效，如会影响到癌症或心脏疾病的药物吸收。

（3）释放毒素。烘烤含有三氯蔗糖的食品，就会释放一种叫氯丙醇的有毒物质，在烘烤当中，它会在含有三氯蔗糖的食品中分解出来。

（4）诱发疾病。研究人员注意到，三氯蔗糖可能会导致胰岛素和血糖水平产生变化，而且还有可能诱发其他类似的肠道疾病，甚至会改变基因。

二、材料准备

本次发酵乳中三氯蔗糖的测定任务主要参考 GB 5009.298—2023《食品安全国家标准　食品中三氯蔗糖（蔗糖素）的测定》中的高效液相色谱法（第一法）。在检验项目开始前需准备好以下试剂：甲醇（CH_3OH，分析纯和色谱纯）、正己烷（C_6H_{14}）、磷酸氢二钾溶液（106 g/L）、甲醇 -0.1% 磷酸氢二钾溶液（20+80）、乙酸锌

小学士

测定三氯蔗糖含量所需试剂配制方法

溶液（219 g/L）、亚铁氰化钾溶液（106 g/L）、甲醇－水溶液（75+25）、水－乙腈溶液（89+11）、乙酸（CH_3COOH）、乙腈（CH_3CN）、中性氧化铝、三氯蔗糖标准品、三氯蔗糖标准溶液。除非另有说明，本方法所用试剂均为分析纯，水为 GB/T 6682 规定的一级水。配制方法详见二维码。

三、工具准备

请你按照表 6-1-1 中的清单，准备好实验所需仪器及工具，并填写检查确认情况。

表 6-1-1　测定三氯蔗糖含量所需仪器及工具清单

序号	名称	型号与规格	单位	数量	检查确认
1	固相萃取柱	200 mg/6 mL，N- 乙烯基吡咯烷酮和二乙烯基苯亲水亲脂平衡型填料或等效柱	个	4	
2	疏水微孔滤膜	0.45 μm		4	
3	亲水微孔滤膜	0.45 μm		4	
4	高效液相色谱仪	配示差检测器或蒸发光散射检测器	台	1	
5	天平	感量 1 mg	台	1	
6	天平	感量 0.1 mg	台	1	
7	涡旋混合器		台	1	
8	水浴锅		台	1	
9	超声波发生器	50 kHz	台	合用	
10	离心机	转速≥3 000 r/min	台	1	
11	高速离心机	转速≥10 000 r/min	台	1	
12	固相萃取装置		个	1	
13	匀浆机		台	1	
14	粉碎机		台	1	

任务筹划

食品中三氯蔗糖检测项目工作流程如图 6-1-1 所示。

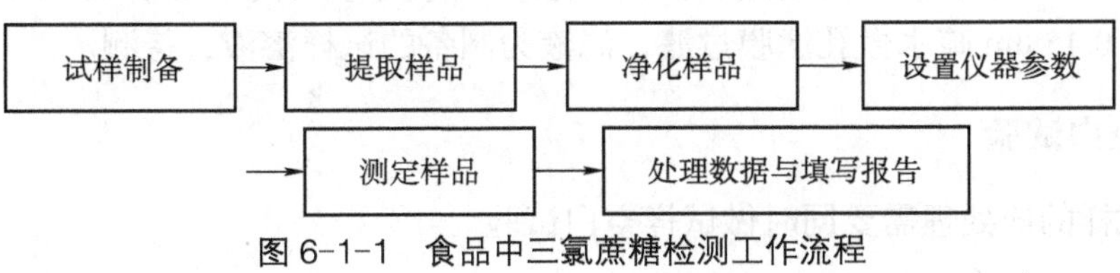

图 6-1-1　食品中三氯蔗糖检测工作流程

任务实施

一、试样制备

液态样品摇匀；基质均匀的半固态样品和粉状样品直接测定；其他样品需匀浆或

粉碎均匀。

二、试样提取

称取混匀后试样 2～5 g（精确至 0.001 g）于 50 mL 离心管，加入 5 mL 水，涡旋混合器上振荡 3 min 后，加入 15 mL 甲醇，0.50 mL 乙酸锌溶液和 0.50 mL 亚铁氰化钾溶液，继续振荡 30 s，超声波提取 20 min，以 3 000 r/min 离心 10 min，将上清液移入 50 mL 离心管中。沉淀物加入 5.0 mL 甲醇水溶液（75+25），玻璃棒搅拌均匀后，涡旋混合器上振荡 30 s，以 3 000 r/min 离心 10 min，重复提取 2 次，合并上清液。

将全部上清液转移至分液漏斗中，加入 30 mL 正己烷，振摇 2 min，静置分层 20 min 后，下层水相移至蒸发皿，于沸水浴上蒸发，当蒸发皿中液体在 1 mL 左右时用 9 mL 水分 3 次冲洗蒸发皿，冲洗液合并移至 15 mL 离心管中，超声波处理 5 min，以 3 000 r/min 离心 10 min 待净化。

三、试样净化

（一）示差检测器

固相萃取柱使用前依次用 4 mL 甲醇、4 mL 水活化，保持柱体湿润。

将全部试样提取上清液移入已活化的固相萃取柱，控制液体流速不超过 1 滴 /s，柱上液面为 2 mm 左右时加入 1 mL 水，继续保持液体流速为 1 滴 /s，到柱中液体完全排出后，用 3 mL 甲醇洗脱，收集全部洗脱液，于沸水浴上蒸干，残渣用 1.00 mL 水溶解（如溶液有浑浊现象可将其移入离心管，10 000 r/min 离心 5 min），经 0.45 μm 亲水微孔滤膜过滤，滤液为制备的试样溶液，待测。

（二）蒸发光散射检测器

固相萃取柱使用前依次用 4 mL 甲醇、4 mL 水活化，保持柱体湿润。

将全部试样提取上清液移入已活化的固相萃取柱，控制液体流速不超过 1 滴 /s，柱上液面为 2 mm 左右时加入 1 mL 水，继续保持液体流速为 1 滴 /s，到柱中液体完全排出后，用 3 mL 甲醇洗脱，收集全部洗脱液，于沸水浴上蒸干，残渣用 1.00 mL 水 - 乙腈溶液（89+11）溶解（如溶液有浑浊现象可将其移入离心管，10 000 r/min 离心 5 min），经 0.45 μm 疏水微孔滤膜过滤，滤液为制备的试样溶液，待测。

四、空白试验

不同试样的前处理需要同时做试样空白试验。

五、仪器参考条件

（一）示差检测器

色谱柱：C_{18}（250 mm × 4.6 mm，5 μm）或性能相当者。

流动相：甲醇 -0.1% 磷酸氢二钾溶液（20+80）。

流速：1.0 mL/min。
柱温：35 ℃。
检测池温度：35 ℃。
灵敏度：16。
进样量：20 μL。

（二）蒸发光散射检测器

色谱柱：C_{18}（250 mm×4.6 mm，5 μm）或性能相当者。
流动相：A 为水，B 为乙腈，水 + 乙腈 =89+11。
流速：1.0 mL/min。
柱温：35 ℃。

注意事项

当检测样品基质复杂，强保留物质影响后续检测时，可采取梯度洗脱程序（表 6-1-2）。

蒸发光散射检测器条件：按不同品牌蒸发光散射检测器在高水相流动相条件下的要求设置。如雾化压力 0.137 MPa；增益 10；蒸发温度 60 节。或性能相当者。
进样量：20 μL。

表 6-1-2　液相色谱梯度洗脱程序

时间 /min	A 水（体积分数）/%	B 乙腈（体积分数）/%
0	89	11
14	89	11
15	10	90
22	10	90
23	89	11
26	89	11

六、标准曲线的制作

（一）示差检测器

将三氯蔗糖标准系列工作溶液按仪器参考条件进行测定，得到相应的标准系列工作溶液的色谱峰面积。以标准系列工作溶液质量浓度为横坐标，以峰面积响应值为纵坐标，绘制工作曲线。三氯蔗糖标准溶液的液相色谱图（示差检测器）见图 6-1-2。

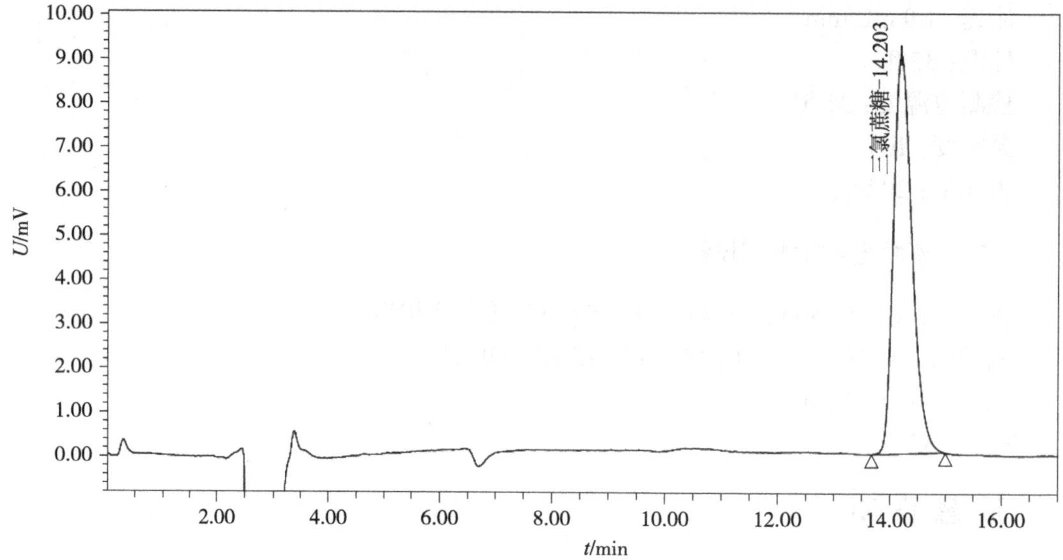

图 6-1-2　0. 400 mg/mL 三氯蔗糖标准溶液的液相色谱图（示差检测器）

（二）蒸发光散射检测器

将三氯蔗糖标准系列工作溶液按仪器参考条件进行测定，得到相应的标准系列工作溶液的色谱峰面积。以标准系列工作溶液质量浓度为横坐标，以峰面积响应值为纵坐标，绘制对数工作曲线。三氯蔗糖标准溶液的液相色谱图（蒸发光散射检测器）见图 6-1-3。

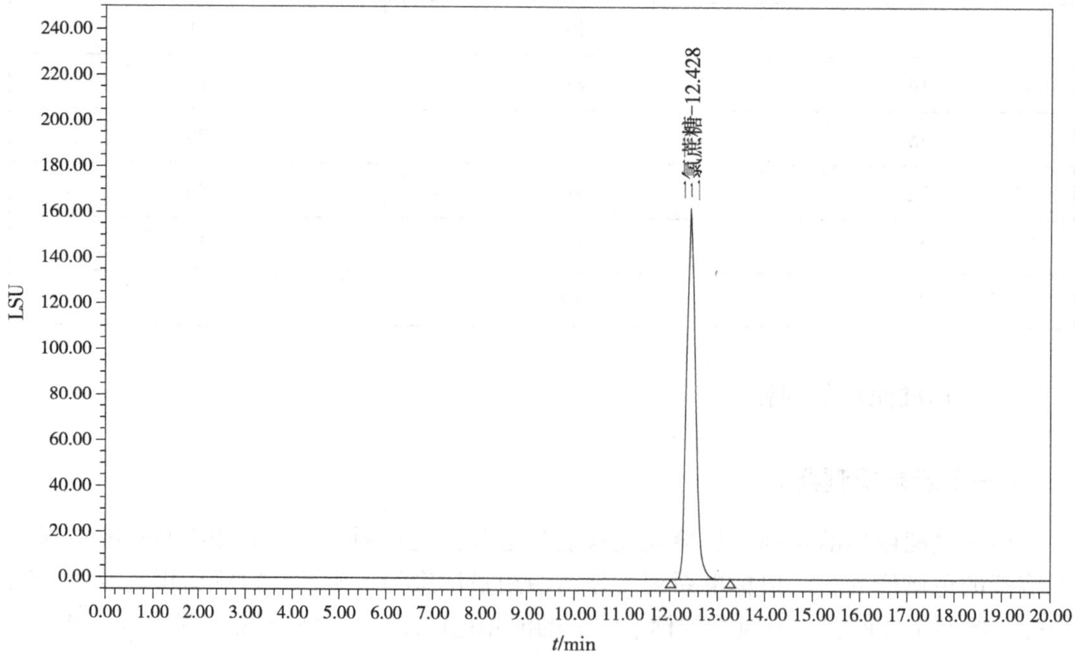

图 6-1-3　0. 400 mg/mL 三氯蔗糖标准溶液的液相色谱图（蒸发光散射检测器）

七、试样溶液的测定

将试样溶液和空白试样溶液 20 μL 注入液相色谱仪中，得到峰面积，根据标准曲线得到待测液中三氯蔗糖的质量浓度。

注意：试样溶液中三氯蔗糖浓度超过标准曲线线性范围时，稀释后测定。

八、分析结果的表述

试样中三氯蔗糖的含量按下式计算：

$$X = \frac{(\rho - \rho_0) \times V \times 1\,000}{m \times 1\,000} \times f$$

式中：X——试样中三氯蔗糖的含量，单位为克每千克（g/kg）；

ρ——由标准曲线得到的试样溶液中三氯蔗糖的质量浓度，单位为毫克每毫升（mg/mL）；

ρ_0——由标准曲线得到的试样空白中三氯蔗糖的质量浓度，单位为毫克每毫升（mg/mL）；

V——试样定容的体积，单位为毫升（mL）；

1 000——换算系数；

m——试样质量，单位为克（g）；

f——稀释因子。

结果保留 3 位有效数字。

九、精密度

在重复性条件下获得的两次独立测定结果的绝对差值不得超过算术平均值的 10%。

- **实训报告**

<table>
<tr><td colspan="2" align="center">操作记录</td></tr>
<tr><td>实训名称：
姓名：</td><td>班级：
学号：</td></tr>
<tr><td colspan="2">试剂配制：</td></tr>
<tr><td colspan="2" align="center">检验记录</td></tr>
<tr><td>检测项目：
样品名称：
收样日期：</td><td>检测依据：
样品数量：
检测日期：</td></tr>
</table>

（续表）

操作步骤及反思：   结果处理：

任务评价

评价表					
项目	评价内容	分值	自评	互评	师评
仪器准备	流动相制备：按品种要求配制流动相，比例准确，配制过程无误	4			
	开机：开机步骤正确；设定分析方法，平衡色谱柱	4			
供试品溶液的制备	取样：正确选用天平；称样过程无误	4			
	按要求制备供试品溶液，定量方法正确；各种提取分离方法选用适当	5			
对照品溶液配制	取用对照品：天平选用和使用正确；对照品取用过程准确无误；取用量符合适量、准确原则	5			
	定量：定量过程和稀释过程操作正确；定量准确	5			
	对照品使用流程熟练掌握	2			
进样	正确使用手动进样器	4			
	进样量和进样步骤正确	4			
	色谱图分析时间和分析效果良好	4			
计算	对解析和报告打印步骤熟悉，知道图谱各元素所表示的含义	2			
	能够熟练应用计算公式，并针对图谱内容结算出正确结果	4			

（续表）

评价表					
项目	评价内容	分值	自评	互评	师评
清洗和保养	试验完毕，清洗进样器，色谱柱，关机的步骤能熟练掌握。熟悉日常保养	3			
结果	结果报告：报告结果规范、正确	10			
任务质量	能够合理规范完成检测任务，并出具完整检测报告	10			
素养表现	清洁操作台面，器械清洁干净并摆放整齐	5			
	废液、废弃物处理合理	5			
	遵守实验室规定，操作文明、安全	5			
	严格执行操作程序，遵守规范操作要求	5			
思政表现	实事求是的工作态度	5			
	科学严谨的研究态度	5			
合计		100			

任务二　测定饮料中苯甲酸的含量

任务导入

你是某检测技术公司的食品检测员，今天接到任务，要完成公司的一批饮料中苯甲酸含量的测定，依据检测工作一般流程，完成本次检测项目任务。

任务工单

班级：＿＿＿＿＿＿＿＿　姓名：＿＿＿＿＿＿＿＿　学号：＿＿＿＿＿＿＿

任务名称	饮料中苯甲酸含量的测定
任务描述	任务内容：通过任务实施，完成饮料中苯甲酸含量的测定，并能够确保检测过程正确规范，结果分析无误。 任务目的：合理进行样品预处理，并配制测定所需的试剂；能够在规定时间内规范正确地完成测定操作，能够表述液相色谱仪检测苯甲酸的原理，规范使用液相色谱仪，规范记录、正确计算、合理判定。 任务流程：储备知识、准备仪器设备及试剂、测定苯甲酸的含量、分析结果。 任务方法：实践操作法、小组协作。

（续表）

任务名称	饮料中苯甲酸含量的测定
获取信息	要完成任务，需要掌握相关的知识。请收集资料，回答以下问题。 1. 苯甲酸在食品中有哪些应用？测定苯甲酸含量的方法有哪些？ 2. 采用液相色谱法检测苯甲酸的原理是什么？ 3. 根据 GB 2760—2024《食品安全国家标准　食品添加剂使用标准》的规定，苯甲酸在饮料中最大允许使用量是多少？

任务准备

一、知识准备

（一）苯甲酸的特性

苯甲酸是常用的防腐剂之一，别名安息香酸。分子式为：$C_7H_6O_2$；相对分子量：122.12；呈白色有荧光的鳞片状结晶或针状结晶，或单斜棱晶，质轻无味或微微有安息香或苯甲醛的气味；蒸汽压：0.13 kPa/96 ℃；闪点：121 ℃；熔点：121～123 ℃；沸点：249.2 ℃；溶解性：微溶于水和乙烷，溶于热水、乙醇、乙醚、氯仿、苯、四氯化碳、丙酮、二硫化碳和挥发性、非挥发性油中；苯甲酸的相对密度（水=1）1.265 9；相对密度（空气=1）4.21；稳定性：稳定，但可吸潮。

苯甲酸为一元芳香羧酸，酸性较弱，其 25%（质量分数）饱和水溶液的 pH 值为 2.8，所以其杀菌、抑菌作用随介质的酸度增高而增强。在碱性介质中则失去杀菌、抑菌作用。pH 值为 3.5 时，0.125%（质量分数）的溶液在 1 h 内可杀死葡萄球菌和其他菌；pH 值为 4.5 时，对一般菌类的抑制最小溶液含量约为 0.1%（质量分数）；pH 值为 5 时，即使 5%（质量分数）的溶液，杀菌效果也不可靠；其防腐的最适 pH 值为 2.5～4.0。

（二）苯甲酸的防腐机理

苯甲酸类防腐剂是以其未离解的分子发生作用的，未离解的苯甲酸亲油性强，易通过细胞膜，进入细胞内，干扰霉菌和细菌等微生物细胞膜的通透性，阻碍细胞膜对氨基酸的吸收，进入细胞内的苯甲酸分子，酸化细胞内的储碱，抑制微生物细胞内的呼吸酶系的活性，从而起到防腐作用。

苯甲酸是一种广谱抗微生物试剂，对酵母菌、霉菌、部分细菌作用效果很好，在允许最大使用范围内，在 pH 值 4.5 以下，对各种菌都有抑制作用。

（三）检验意义

现代食品工业离不开食品添加剂，而苯甲酸及苯甲酸钠是我国目前使用最广泛的防腐剂，其防腐机理是苯甲酸进入细胞体内电离酸化细胞内的储备碱，并抑制细胞的呼吸酶系的活性，阻止乙酰辅酶A缩合反应，从而达到食品防腐的目的。但超量的苯甲酸具有一定的毒性应限量使用。因此，在对食品进行添加剂检测时，常检测其是否存在超标问题，以确保食品安全。

二、材料准备

本次饮料中苯甲酸的测定任务主要参考GB 5009.28—2016《食品安全国家标准　食品中苯甲酸、山梨酸和糖精钠的测定》中的液相色谱法（第一法）。在检验项目开始前需准备好以下试剂：氨水溶液（1+99）、亚铁氰化钾溶液（92 g/L）、乙酸锌（183 g/L）、乙酸铵溶液（20 mmol/L）、甲酸－乙酸铵溶液、苯甲酸钠标准品、甲醇（色谱纯）、苯甲酸标准溶液。除非另有说明，本方法所用试剂均为分析纯，水为GB/T 6682规定的一级水。试剂配制方法详见二维码。

小学士

测定苯甲酸含量所需试剂配制方法

三、工具准备

请你按照表6-2-1中的清单，准备好实验所需仪器及工具，并填写检查确认情况。

表6-2-1　测定苯甲酸含量所需仪器及工具清单

序号	名称	型号与规格	单位	数量	检查确认
1	水相微孔滤膜	0.22 μm		2	
2	塑料离心管	50 mL	个	4	
3	高效液相色谱仪	配紫外检测器	台	合用	
4	分析天平	感量为0.001 g和0.000 1 g	台	1	
5	涡旋振荡器		台	1	
6	离心机	转速 >8 000 r/min	台	1	
7	匀浆机		台	1	
8	恒温水浴锅		台	1	
9	超声波发生器		台	合用	

任务筹划

食品中苯甲酸检测项目工作流程如图6-2-1所示。

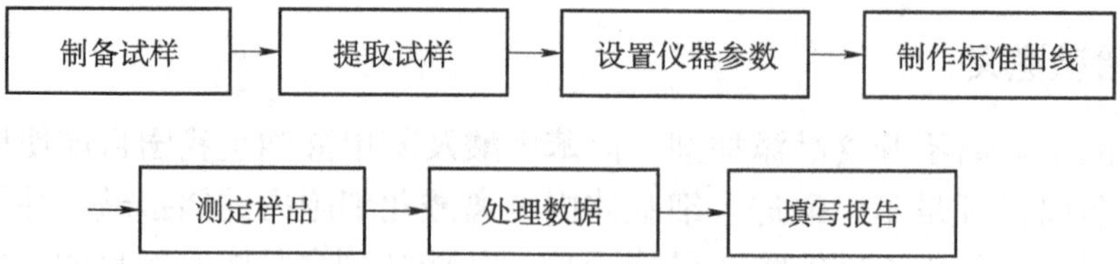

图 6-2-1 食品中苯甲酸检测工作流程

任务实施

一、试样制备

取多个预包装的饮料、液态奶等均匀样品直接混合；非均匀的液态、半固态样品用组织匀浆机匀浆；固体样品用研磨机充分粉碎并搅拌均匀；奶酪、黄油、巧克力等采用 50～60 ℃加热熔融，并趁热充分搅拌均匀。取其中的 200 g 装入玻璃容器中，密封，液体试样于 4 ℃保存，其他试样于 -18 ℃保存。

二、试样提取

准确称取约 2 g（精确到 0.001 g）试样于 50 mL 具塞离心管中，加水约 25 mL，涡旋混匀，于 50 ℃水浴超声 20 min，冷却至室温后加亚铁氰化钾溶液 2 mL 和乙酸锌溶液 2 mL，混匀，于 8 000 r/min 离心 5 min，将水相转移至 50 mL 容量瓶中，于残渣中加水 20 mL，涡旋混匀后超声 5 min，于 8 000 r/min 离心 5 min，将水相转移到同一 50 mL 容量瓶中，并用水定容至刻度，混匀。取适量上清液过 0.22 μm 滤膜，待液相色谱测定。

注意事项

碳酸饮料、果酒、果汁、蒸馏酒等测定时可以不加蛋白沉淀剂。

三、仪器参考条件

色谱柱：C_{18} 柱，柱长 250 mm，内径 4.6 mm，粒径 5 μm，或等效色谱柱。

流动相：甲醇 + 乙酸铵溶液 =5+95。

检测波长：230 nm。

进样量：10 μL。

注意事项

当存在干扰峰或需要辅助定性时，可以采用加入甲酸的流动相来测定，如流动相：甲醇 + 甲酸 - 乙酸铵溶液 =8+92。

四、标准曲线的制作

将混合标准系列工作溶液分别注入液相色谱仪中，测定相应的峰面积，以混合标准系列工作溶液的质量浓度为横坐标，以峰面积为纵坐标，绘制标准曲线。1 mg/L 苯甲酸、山梨酸和糖精钠标准溶液液相色谱图见图 6-2-2 及图 6-2-3。

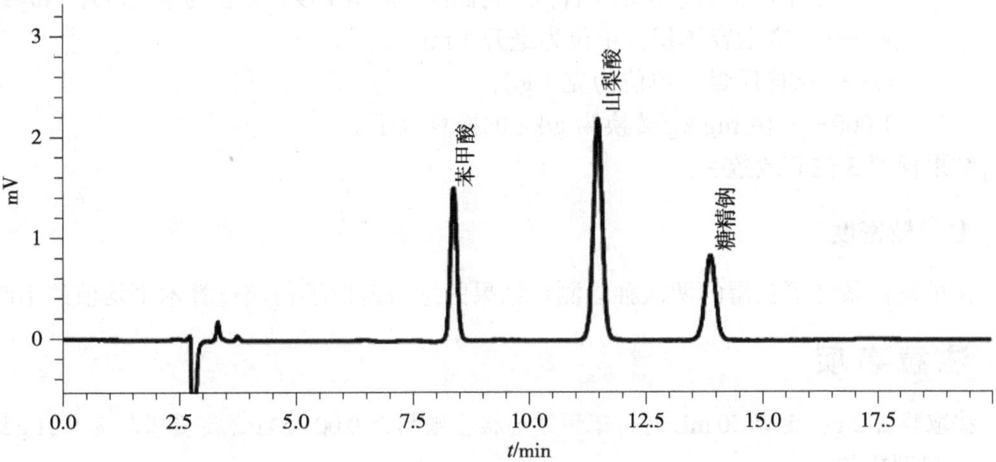

图 6-2-2　1 mg/L 苯甲酸、山梨酸和糖精钠标准溶液液相色谱图
（流动相：甲醇 + 乙酸铵溶液 =5+95）

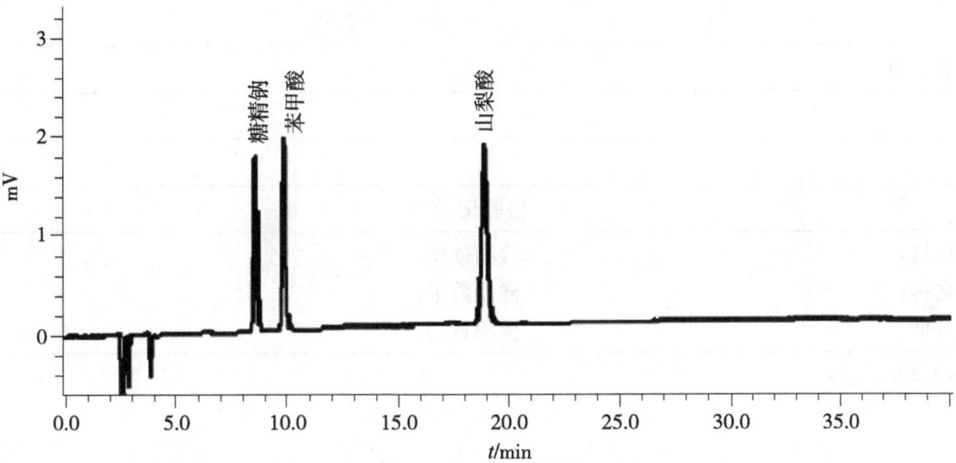

图 6-2-3　1 mg/L 苯甲酸、山梨酸和糖精钠标准溶液液相色谱图
（流动相：甲醇 + 甲酸 - 乙酸铵溶液 =8+92）

五、试样溶液的测定

将试样溶液注入液相色谱仪中，得到峰面积，根据标准曲线得到待测液中苯甲酸的质量浓度。

六、分析结果的表述

试样中苯甲酸的含量按下式计算：

$$X=\frac{\rho\times V}{m\times 1\,000}$$

式中：X——试样中待测组分含量，单位为克每千克（g/kg）；

ρ——由标准曲线得出的试样液中待测物的质量浓度，单位为毫克每升（mg/L）；

V——试样定容体积，单位为毫升（mL）；

m——试样质量，单位为克（g）；

1 000——由 mg/kg 转换为 g/kg 的换算因子。

结果保留 3 位有效数字。

七、精密度

在重复性条件下获得的两次独立测定结果的绝对差值不得超过算术平均值的 10%。

注意事项

按取样量 2 g，定容 50 mL 时，苯甲酸的检出限均为 0.005 g/kg，定量限均为 0.01 g/kg。

- **实训报告**

操作记录	
实训名称： 姓名：	班级： 学号：
苯甲酸含量	
检验记录	
检测项目： 样品名称： 收样日期：	检测依据： 样品数量： 检测日期：
操作步骤及反思： 结果处理：	

任务评价

评价表					
项目	评价内容	分值	自评	互评	师评
仪器准备	流动相制备：按品种要求配制流动相，比例准确，配制过程无误	4			
	开机：开机步骤正确；设定分析方法，平衡色谱柱	4			
供试品溶液的制备	取样：正确选用天平；称样过程无误	4			
	按要求制备供试品溶液，定量方法正确；各种提取分离方法选用适当	5			
对照品溶液配制	取用对照品：天平选用和使用正确；对照品取用过程准确无误；取用量符合适量、准确原则	5			
	定量：定量过程和稀释过程操作正确；定量准确	5			
	对照品使用流程熟练掌握	2			
进样	正确使用手动进样器	4			
	进样量和进样步骤正确	4			
	色谱图分析时间和分析效果良好	4			
计算	能够熟练进行解析和报告打印，知道图谱各元素所表示的含义	2			
	能够熟练应用计算公式，并针对图谱内容结算出正确结果	4			
清洗和保养	试验完毕，清洗进样器，色谱柱，关机的步骤熟练掌握。熟悉日常保养	3			
结果	结果报告：报告结果规范、正确	10			
任务质量	能够合理规范完成检测任务，并出具完整检测报告	10			
素养表现	清洁操作台面，器械清洁干净并摆放整齐	5			
	废液、废弃物处理合理	5			
	遵守实验室规定，操作文明、安全	5			
	严格执行操作程序，遵守规范操作要求	5			
思政表现	实事求是的工作态度	5			
	科学严谨的研究态度	5			
合计		100			

任务三　测定油脂中没食子酸丙酯（PG）的含量

任务导入

你是某检测技术公司的食品检测员，今天接到任务，要完成公司的一批食用植物油中没食子酸丙酯（PG）含量的测定，依据检测工作一般流程，完成本次检测项目任务。

任务工单

班级:________________　姓名:________________　学号:____________

任务名称	测定食用植物油中没食子酸丙酯（PG）的含量
任务描述	任务内容：通过任务实施，完成食用植物油中没食子酸丙酯（PG）含量的测定，并能够确保检测过程正确规范，结果分析无误。 任务目的：合理进行样品预处理，并配制测定所需的试剂；能够在规定时间内规范正确地完成测定操作，能够表述比色法的原理，规范使用比色管，规范记录、正确计算、合理判定。 任务流程：储备知识、准备仪器设备及试剂、测定没食子酸丙酯（PG）的含量、分析结果。 任务方法：实践操作法、小组协作。
获取信息	要完成任务，需要掌握相关的知识。请收集资料，回答以下问题。 1. 没食子酸（PG）在食品中有哪些应用？测定没食子酸（PG）含量的方法有哪些？ 2. 采用比色法检测抗氧化剂的原理是什么？ 3. 根据 GB 2760—2024《食品安全国家标准　食品添加剂使用标准》的规定，没食子酸丙酯（PG）在食用植物油中最大允许使用量是多少？

任务准备

一、知识准备

（一）抗氧化剂的特性

抗氧化剂是防止或延缓食品氧化，提高食品稳定性和延长食品贮藏期的一类食品添加剂。食品的氧化腐败不仅会造成经济损失，还可能造成社会问题。抗氧化剂的使用不仅可以延长食品的贮存期、货架期，给生产者、经营者带来良好的经济效益，也给消费者提供更安全可靠的商品。抗氧化剂的用量很小，必须与食品充分混匀才能很好地发挥其抗氧化作用。随着抗氧化剂的广泛应用，出现的问题也越来越多，因此很有必要了解食品氧化腐败原理及抗氧化剂的应用机理。

1. 食品的氧化及其危害

食品在加工和贮存过程中，将会发生一系列化学、生物反应，其中氧化反应尤为突出，它将造成油脂及富脂食品色、香、味与营养价值等方面的劣化。因此，防止油脂及富脂食品的氧化一直是食品工业中一个关键性的问题。

（1）食品的氧化过程。食品的氧化是一个复杂的化学变化过程。食品中所含的油脂的主要成分都是各种脂肪酸甘油酯的混合物，脂肪酸分饱和与不饱和两类。含有不饱和脂肪酸甘油酯的油脂，由于其结构上不饱和键的存在，很容易和空气中的氧发生自动氧化反应，生成过氧化物，进而又不断裂解，产生具有臭味的醛或碳链较短的羧酸。

（2）食品氧化的危害。氧化反应不仅将造成油脂及富脂食品品质的劣化，氧化反应的某些生成物还会有碍人体的健康。食用含有过氧化物脂肪的食品，会进一步促使人体的脂肪氧化。过氧化的脂肪可破坏生物膜，引起细胞功能衰退乃至组织死亡，诱发各种生理异常而引起疾病。研究表明，癌症的发生或人体的老化也与过氧化脂肪有关。所以油脂及食品中油脂过氧化是关系到人体健康的十分重要的问题。

但从自由基链式反应机理可知，油脂的结构特征使得氧化反应无法通过外界条件的改变来避免，但可以通过外部条件的控制来延缓或抑制这一过程。避光、低温、真空保存等措施都可以在一定程度上达到此目的。但在油脂的制造和富脂食品的加工和销售过程中，却无法完全避免各种因素的影响，因此，使用化学抗氧化剂就成为行之有效、简单方便、成本低廉的方法。

（二）没食子酸丙酯（PG）概述

没食子酸丙酯（PG）又称棓酸丙酯，无臭，稍有苦味，水溶液无味。对热稳定，易与铜、铁离子反应显紫色或暗紫色，光线可促进其分解。易溶于乙醇、丙酮、乙醚，难溶于氯仿、脂肪与水。对含油食品的抗氧化效果不如 BHA（叔丁基 -4- 羟基茴香醚）、BHT（2,6- 二叔丁基对甲酚），但在猪油中抗氧化效果比二者好，并且与柠檬酸共用时效果更好。在植物油中有良好的抗氧化性。

（三）检验意义

没食子酸丙酯是一种常见的食品添加剂，具有防腐、抗氧化等作用。但同时，没食子酸丙酯也被认为具有一定的致癌风险。它在体内代谢时会产生过氧化物，这些过氧化物会引起 DNA 的损伤，增加致癌风险。

二、材料准备

本次食用植物油中没食子酸丙酯（PG）的测定任务主要参考 GB 5009.32—

2016《食品安全国家标准 食品中9种抗氧化剂的测定》中的比色法（第五法）。在检验项目开始前需准备好以下试剂：石油醚、乙酸铵溶液（100 g/L）、乙酸铵溶液（16.7 g/L）、显色剂、PG标准品。除非另有说明，本方法所用试剂均为分析纯，水为GB/T 6682规定的二级水。试剂配制方法详见二维码。

三、工具准备

请你按照表6-3-1中的清单，准备好实验所需仪器及工具，并填写检查确认情况。

表6-3-1 测定没食子酸丙酯含量所需仪器及工具清单

序号	名称	型号与规格	单位	数量	检查确认
1	分析天平	感量为0.01 g和0.1 mg	台	1	
2	分光光度计		台	合用	

任务筹划

食品中没食子酸丙酯检测项目工作流程如图6-3-1所示。

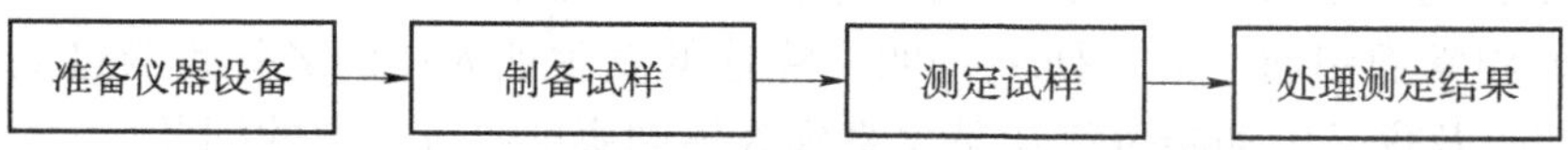

图6-3-1 没食子酸丙酯测定检验工作流程

任务实施

一、试样制备

称取10.00 g试样，用100 mL石油醚溶解，移入250 mL分液漏斗中，加20 mL乙酸铵溶液（16.7 g/L），振摇2 min，静置分层，将水层放入125 mL分液漏斗中（如乳化，连同乳化层一起放下），石油醚层再用20 mL乙酸铵溶液（16.7 g/L）重复提取两次，合并水层。石油醚层用水振摇洗涤两次，每次15 mL，洗涤水并入同一125 mL分液漏斗中，振摇静置。将水层通过干燥滤纸滤入100 mL容量瓶中，用少量水洗涤滤纸，加水至刻度，摇匀。将此溶液用滤纸过滤，弃去初滤液的20 mL。收集滤液供比色测定用。同时做空白试验。

二、测定

移取20.0 mL上述处理后的试样提取液于25 mL具塞比色管中，加入1 mL显色剂，加4 mL水，摇匀。

另准确吸取0 mL、1.0 mL、2.0 mL、4.0 mL、6.0 mL、8.0 mL、10.0 mL PG标准溶液（相当于0 μg、50 μg、100 μg、200 μg、300 μg、400 μg、500 μg PG），分别置于25 mL带塞比色管中，加入2.5 mL乙酸铵溶液（100 g/L），加入水至约23 mL，加入

1 mL 显色剂，再准确加水定容至 25 mL，摇匀。

用 1 cm 比色杯，以零管调节零点，在波长 540 nm 处测定吸光度，绘制标准曲线比较。

小学士

测定没食子酸丙酯含量所需试剂配制方法

三、分析结果的表述

试样中抗氧化剂的含量按下式计算：

$$X=\frac{A}{\mathrm{m}\times(V_2/V_1)}$$

式中：X——试样中 PG 含量，单位为毫克每千克（mg/kg）；

A——样液中 PG 的质量，单位为微克（μg）；

m——称取的试样质量，单位为克（g）；

V_2——测定用吸取样液的体积，单位为毫升（mL）；

V_1——提取后样液总体积，单位为毫升（mL）。

计算结果保留三位有效数字（或保留到小数点后两位）。

四、精密度

在重复性条件下获得的两次独立测定结果的绝对差值不得超过算术平均值的 10%。

- **实训报告**

<table>
<tr><td colspan="2" align="center">操作记录</td></tr>
<tr><td>实训名称：
姓名：</td><td>班级：
学号：</td></tr>
<tr><td colspan="2">试剂配制：</td></tr>
<tr><td colspan="2" align="center">检验记录</td></tr>
<tr><td>检测项目：
样品名称：
收样日期：</td><td>检测依据：
样品数量：
检测日期：</td></tr>
<tr><td colspan="2">操作步骤及反思：

结果计算：</td></tr>
</table>

任务评价

评价表						
项目	评价内容		分值	自评	互评	师评
分光光度计的使用	仪器条件设置正确	正确选择仪器测量方式和测量波长	2			
	仪器预热	正确的开机步骤	2			
	参比溶液使用	正确选择参比溶液并进行调零	3			
	仪器使用记录填写	正确填写仪器使用记录	1			
标样配制	安瓿瓶开瓶无误	使用正确方法开瓶	1			
	移液管放溶液	正确移取溶液	2			
	容量瓶定容	按需选择容量瓶	2			
		正确使用容量瓶稀释	3			
		正确定容至刻度线	2			
		摇匀时手持容量瓶姿势正确，摇匀过程中有提塞动作，摇匀次数符合要求	3			
溶液移取	移液管润洗	正确进行移液管移取液体前准备工作	4			
	吸取溶液		1			
	调刻线	正确读取刻度	2			
	放溶液	移取溶液至容器内时操作规范，准确量取	8			
比色管使用	比色管定容	按要求使用比色管，注意液体加入体积	4			
	标样移取		2			
文明操作结束工作	器皿清洗	仪器关闭、容器清洗	5			
	废液处理		1			
	比色皿清洗		2			
结果	结果报告：报告结果规范、正确		10			
任务质量	能够合理规范完成检测任务，并出具完整检测报告		10			
素养表现	清洁操作台面，器械清洁干净并摆放整齐		5			
	废液、废弃物处理合理		5			
	遵守实验室规定，操作文明、安全		5			
	严格执行操作程序，遵守规范操作要求		5			
思政表现	实事求是的工作态度		5			
	科学严谨的研究态度		5			
合计			100			

任务四　测定果脯中二氧化硫的含量

任务导入

你是某检测技术公司的食品检测员，今天接到任务，要完成公司的一批果脯中二氧化硫含量的测定，依据检测工作一般流程，完成本次检测项目任务。

任务工单

班级：____________　姓名：____________　学号：____________

任务名称	测定果脯中二氧化硫的含量
任务描述	任务内容：通过任务实施，完成果脯中二氧化硫含量的测定，并能够确保检测过程正确规范，结果分析无误。 任务目的：合理进行样品预处理，并配制测定所需的试剂；能够在规定时间内规范正确地完成测定操作，能够表述酸碱滴定法测二氧化硫含量的原理，规范判断滴定终点，规范记录、正确计算、合理判定。 任务流程：储备知识、准备仪器设备及试剂、测定二氧化硫的含量、分析结果。 任务方法：实践操作法、小组协作。
获取信息	要完成任务，需要掌握相关的知识。请收集资料，回答以下问题。 1. 二氧化硫在食品中有哪些应用？测定二氧化硫含量的方法有哪些？ 2. 采用酸碱滴定法检测二氧化硫的原理是什么？ 3. 根据 GB 2760—2024《食品安全国家标准　食品添加剂使用标准》的规定，二氧化硫在果脯中最大允许使用量是多少？

任务准备

一、知识准备

（一）二氧化硫的概述

二氧化硫类物质对食品有漂白和防腐作用。硫磺燃烧产生二氧化硫，亚硫酸盐与酸反应也产生二氧化硫，二氧化硫遇水形成亚硫酸。亚硫酸是较强的还原剂，在被氧化时可将着色物质还原褪色，使食品保持鲜艳色泽，还可抑制食品中的氧化酶，防止食品褐变。由于其还原作用，还可阻断微生物的正常生理氧化过程，抑制微生物繁殖，从而起到防腐作用。因此，二氧化硫类物质是食品加工过程中常用的漂白剂和防腐剂。

（二）检验意义

二氧化硫进入体内后生成亚硫酸盐，并由组织细胞中的亚硫酸氧化酶将其氧化为硫酸盐，通过正常解毒后最终由尿排出体外，因此，少量的二氧化硫进入机体可以认为是安全无害的。其毒性主要表现为经职业接触所引起的急慢性危害。

急性中毒可引起眼、鼻、黏膜刺激症状，严重时产生喉头痉挛、喉头水肿、支气管痉挛，大量吸入可引起肺水肿、窒息、昏迷甚至死亡。人对空气中二氧化硫的嗅觉阈为 0.03 mg/L，刺激阈为 0.01 mg/L，0.03 mg/L 只能耐受 1 min。

因此，通过检测食品中的二氧化硫残留量，可以确保食品的安全性，防止对人体健康造成潜在威胁。同时通过检测并公示食品中的二氧化硫残留量，可以让消费者更加明智地选择食品，保障其合法权益。加强对食品中二氧化硫等添加剂的检测和监管，还可以促进食品行业的健康发展，提高食品质量和安全水平。长期小剂量接触空气中的二氧化硫，会导致嗅觉迟钝、慢性鼻炎、支气管炎、肺通气功能和免疫功能下降。严重者可引起肺部弥漫性间质纤维化和中毒性肺硬变。经口摄入二氧化硫的主要毒性表现为胃肠道反应，如恶心、呕吐。此外，可影响钙吸收，促进机体钙丢失。

二、材料准备

本次果脯中二氧化硫的测定任务主要参考 GB 5009.34—2022《食品安全国家标准　食品中二氧化硫的测定》中的酸碱滴定法（第一法）。在检验项目开始前需准备好以下试剂：过氧化氢溶液（3%）、盐酸溶液（6 mol/L）、甲基红乙醇溶液指示剂（2.5 g/L）、氢氧化钠标准溶液（0.1 mol/L）、氢氧化钠标准溶液（0.01 mol/L）、氮气。除非另有说明，本方法所用试剂均为分析纯，水为 GB/T 6682 规定的三级水。试剂配制方法详见二维码。

小学士

测定二氧化硫含量所需试剂及配制方法

三、工具准备

请你按照表 6-4-1 中的清单，准备好实验所需仪器及工具，并填写检查确认情况。

表 6-4-1 测定二氧化硫含量所需仪器及工具清单

序号	名称	型号与规格	单位	数量	检查确认
1	玻璃充氮蒸馏器	500 mL 或 1 000 mL，另配电热套、氮气源及气体流量计，或等效的蒸馏设备	台	1	
2	电子天平	感量为 0.01 g	台	1	
3	半微量滴定管	10 mL	支	1	
4	滴定管	25 mL	支	1	
5	粉碎机		台	1	
6	组织捣碎机		台	1	

任务筹划

食品中二氧化硫检测项目工作流程如图 6-4-1。

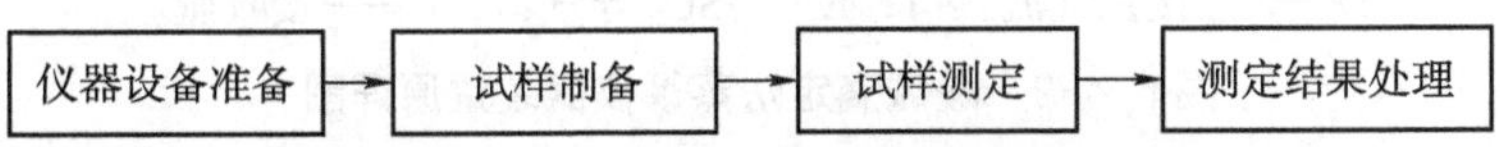

图 6-4-1 二氧化硫测定检验工作流程

任务实施

一、试样制备

取果脯试样，采样量应大于 600 g，直接取样，充分混合均匀，或者将可食用的部分，采用粉碎机等合适的粉碎手段进行粉碎，充分混合均匀，贮存于洁净盛样袋内，密闭并标识，供检测用。

二、试样测定

取固体试样 20～100 g（精确至 0.01 g，取样量可视含量高低而定），将称量好的试样置于图 6-4-2 中圆底烧瓶 A 中，加水 200～500 mL。安装好装置后，打开回流冷凝管开关给水（冷凝水温度<15 ℃），将冷凝管的上端 E 口处连接的玻璃导管置于 100 mL 锥形瓶底部。锥形瓶内加入 3% 过氧化氢溶液 50 mL 作为吸收液（玻璃导管的末端应在吸收液液面以下）。在吸收液中加入 3 滴 2.5 g/L 甲基红乙醇溶液指示剂，并用氢氧化钠标准溶液（0.01 mol/L）滴定至黄色即终点（如果超过终点，则应舍弃该吸收溶液）。开通氮气，调节气体流量计至 1.0～2.0 L/min；打开分液漏斗 C 的活塞，使

6 mol/L 盐酸溶液 10 mL 快速流入蒸馏瓶，立刻加热烧瓶内的溶液至沸，并保持微沸 1.5 h，停止加热。将吸收液放冷后摇匀，用氢氧化钠标准溶液（0.01 mol/L）滴定至黄色且 20 s 不褪，并同时进行空白试验。酸碱滴定法蒸馏仪器装置原理图如图 6-4-2 所示。

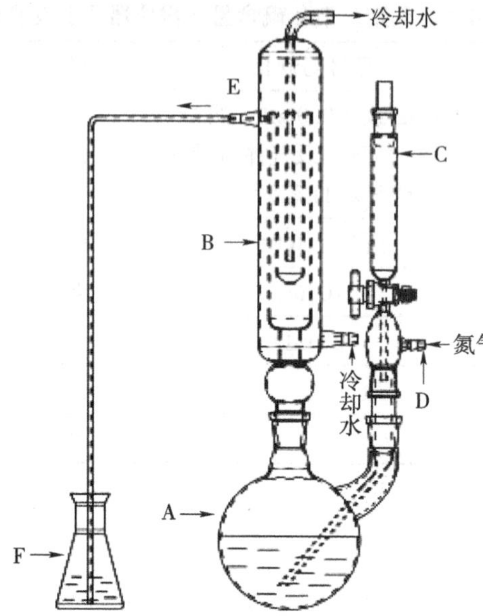

A——圆底烧瓶；B——竖式回流冷凝管；C——（带刻度）分液漏斗；
D——连接氮气流入口；E——SO_2 导气口；F——接收瓶。

图 6-4-2　酸碱滴定法蒸馏仪器装置原理图

三、分析结果的表述

试样中二氧化硫含量按下式计算：

$$X=\frac{(V-V_0)\times c\times 0.032\times 1\,000\times 1\,000}{m}$$

式中：X——试样中二氧化硫含量（以 SO_2 计），单位为毫克每千克（mg/kg）或毫克每升（mg/L）；

V——试样溶液消耗氢氧化钠标准溶液的体积，单位为毫升（mL）；

V_0——空白溶液消耗氢氧化钠标准溶液的体积，单位为毫升（mL）；

C——氢氧化钠滴定液的摩尔浓度，单位为摩尔每升（mol/L）；

0.032——1 mL 氢氧化钠标准溶液（1 mol/L）相当的二氧化硫的质量（g），单位为克每毫摩尔（g/mmoL）；

m——试样的质量或体积，单位为克（g）或毫升（mL）。

计算结果保留三位有效数字。

四、精密度

在重复性条件下获得的两次独立测定结果的绝对差值不得超过算术平均值的 10%。

五、检出限与定量限

当用 0.01 mol/L 氢氧化钠滴定液时，固体称样量为 35 g 时，检出限为 1 mg/kg，定量限为 10 mg/kg。

- **实训报告**

<table>
<tr><th colspan="2">操作记录</th></tr>
<tr><td>实训名称：
姓名：</td><td>班级：
学号：</td></tr>
<tr><td colspan="2">二氧化硫含量</td></tr>
<tr><th colspan="2">检验记录</th></tr>
<tr><td>检测项目：
样品名称：
收样日期：</td><td>检测依据：
样品数量：
检测日期：</td></tr>
<tr><td colspan="2">操作步骤及反思：

结果计算：</td></tr>
</table>

任务评价

评价表					
项目	评价内容	分值	自评	互评	师评
试样的称量	正确清洁天平	1			
	正确检查天平水平并能进行调节	1			
	正确开机预热	1			
	称量操作规范，正确打开并及时关闭各玻璃门	2			
	称样量在规定范围之内（允许差在规定量的 10% 以内）	3			
	读数稳定后进行正确读数	1			
	结束称量后及时将天平归零	1			
	正确关机	1			
	正确填写仪器使用登记	1			
试样的转移	试样转移方法正确，转移完全	3			
试样的蒸馏	正确搭建蒸馏装置	3			
	吸收液移取操作正确	2			
	盐酸溶液加入正确	2			
	冷凝管下端正确插入吸收液液面之下	2			
	停止蒸馏时馏出液的量正确	2			
	正确把握冷凝管下端离开液面时间	2			
	正确用少量蒸馏水冲洗冷凝管下端	2			
	蒸馏操作顺序正确	3			
	正确进行空白试验	2			
试样的滴定	正确洗涤滴定管并试漏	1			
	正确润洗、装液	1			
	正确排除滴定管内的气泡	1			
	正确调节零点	1			
	正确加入指示剂	1			
	滴定操作正确，手法规范	1			
	终点控制准确（错一次扣 2 分）	6			
	读数动作规范，读数准确	1			
数据处理	及时记录原始数据	2			
	记录规范、整洁、正确划改数据	3			
	记录齐全	2			

评价表

项目	评价内容	分值	自评	互评	师评
数据处理	计算公式正确，数据代入正确	2			
	有效数字正确	3			
	计算结果正确	3			
结果	结果报告：规范、正确	20			
任务质量	能够合理规范完成检测任务，并出具完整检测报告	8			
素养表现	清洁操作台面，器械清洁干净并摆放整齐	1			
	废液、废弃物处理合理	1			
	遵守实验室规定，操作文明、安全	1			
	严格执行操作程序，遵守规范操作要求	2			
思政表现	实事求是的工作态度	2			
	科学严谨的研究态度	2			
合计		100			

任务五　测定火腿肠中亚硝酸盐的含量

任务导入

你是某检测技术公司的食品检测员，今天接到任务，要完成公司的一批火腿肠中亚硝酸盐含量的测定，依据检测工作一般流程，完成本次检测项目任务。

任务工单

班级:＿＿＿＿＿＿＿＿　　姓名:＿＿＿＿＿＿＿＿　　学号:＿＿＿＿＿＿＿＿

任务名称	测定火腿肠中亚硝酸盐的含量
任务描述	任务内容：通过任务实施，完成火腿肠中亚硝酸盐含量的测定，并能够确保检测过程正确规范，结果分析无误。 任务目的：合理进行样品预处理，并配制测定所需的试剂；能够在规定时间内规范正确地完成测定操作，能够表述分光光度法测亚硝酸盐含量的原理，正确使用分光光度计，规范记录、正确计算、合理判定。 任务流程：储备知识、准备仪器设备及试剂、测定亚硝酸盐的含量、结果分析。 任务方法：实践操作法、小组协作。

（续表）

任务名称	测定火腿肠中亚硝酸盐的含量
获取信息	要完成任务，需要掌握相关的知识。请收集资料，回答以下问题。 1. 亚硝酸盐在食品中有哪些应用？测定亚硝酸盐含量的方法有哪些？ 2. 采用分光光度法检测亚硝酸盐的原理是什么？ 3. 根据 GB 2760—2024《食品安全国家标准　食品添加剂使用标准》的规定，亚硝酸盐在火腿肠中最大允许使用量是多少？

任务准备

一、知识准备

（一）亚硝酸盐的概述

亚硝酸盐广泛存在于自然界中，是国家允许的食品添加剂，主要用于肉制品中，一方面赋予肉制品特有的肉红色、改善产品的组织结构，另一方面作为防腐剂，对肉毒梭状芽孢杆菌具有较强的抑制作用。目前，国内外肉类企业全都采用亚硝酸盐作为肉品的发色剂，获得理想的色泽和风味，延长保质期。

（二）亚硝酸盐的作用

1. 发色作用

动物屠宰后，外界供给的氧气中断，但机体中的酶不会立即失活，所以代谢在无氧条件下进行。动物机体发生一系列生物化学反应，如糖酵解生成乳酸，使得肌肉环境处于酸性状态（pH 值 5.5～6.4），此时亚硝酸盐会分解生成亚硝酸，亚硝酸不稳定，在常温下继续分解生成亚硝基（NO^-），亚硝基的形成速度与环境酸度、温度以及还原物质如抗坏血酸等的存在有关。亚硝基与肉中的肌红蛋白、血红蛋白结合生成亚硝基肌红蛋白（NO-Mb）、亚硝基血红蛋白（NO-Hb）。这是一种含 Fe^{2+} 的鲜亮红色的化合物，这种物质性质稳定，即使加热 Fe^{2+} 与 NO^- 也不易分离，这就使肉制品呈现诱人的鲜红色，增加消费者的购买欲，提高肉制品的商品性。

2. 抑菌作用

亚硝酸盐是良好的抑菌剂，它在 pH 值 4.5～6.0 的范围内对金黄色葡萄球菌和肉毒－梭菌的生长起到抑制作用，其主要作用机理在于 NO^{2-} 与蛋白质生成一种复合物，从而阻止丙酮降解生成 ATP，抑制了细菌的生长繁殖。而且硝酸盐及亚硝酸盐在肉制品中形成 HNO_2 后，分解产生 NO_2，再继续分解成 NO^- 和 O_2，O_2 可抑制深层肉中严格厌氧的肉毒梭菌的繁殖，从而防止肉毒梭菌产生肉毒毒素而引起的食物中毒，起到了抑菌防腐的作用。

3. 腌制作用

亚硝酸盐添加于腌制肉类中具有增加肉制品风味作用。其对于肉制品的风味可有两个方面的影响：一是产生特殊腌制风味，这是其他辅料所无法取代的；二是防止脂肪氧化酸败，以保持腌制肉制品独有的风味。

4. 螯合作用

在肉制品腌制过程中，亚硝酸盐能使泡涨的胶原蛋白的数量增多，从而增加肉的黏度和弹性，是良好的螯合剂。

（三）检验意义

一般在肉制品生产过程中添加亚硝酸钠发色和防腐，国家对亚硝酸钠添加量有严格的规定。如果添加量超过国家标准就会超过人体的解毒功能，从而对人体健康造成不同程度的危害。

1. 急性危害

亚硝酸钠对人的中毒剂量为 0.3～0.5 g，致死量为 2～3 g。正常人血红蛋白含 Fe^{2+}，行使全身组织运送氧气和带走二氧化碳的功能。当机体吸收过量亚硝酸钠后，由于亚硝酸钠具有还原能力，血红蛋白的 Fe^{2+} 被氧化成 Fe^{3+}，使正常的血红蛋白变成高铁血红蛋白。高铁血红蛋白失去携氧的能力，造成机体组织缺氧，引起呼吸困难、皮肤发绀、血压下降等症状，严重者昏迷惊厥、呼吸衰竭而死亡。

2. 慢性危害

亚硝酸钠在酸性条件下可以生成亚硝酸，亚硝酸分解座的一氧化氮可与肉中蛋白质分解产生的胺类物质反应形成亚硝胺，如二甲胺与亚硝酸作用生成二甲基亚硝胺。亚硝胺是一种强致癌物，据动物实验，一次多量或长期摄入都可引起癌症，目前还没有发现能耐受亚硝胺而不致癌的动物。人类的鼻咽癌、食道癌、胃癌、肝癌等都与亚硝胺有关。亚硝胺在体内微粒体羟化酶作用下，经过一系列代谢，形成终致癌物，促使自由甲基（$CH_3\cdot$）将核糖核酸（RNA）和脱氧核糖核酸（DNA）的鸟嘌呤 O_6 或 O_7 位甲基化，使细胞产生突变或癌变。

二、材料准备

本次火腿肠中亚硝酸盐含量的测定任务主要参考 GB 5009.33—2016《食品安全国家标准　食品中亚硝酸盐与硝酸盐的测定》中的分光光度法（第二法）。在检验项目开始前需准备好以下试剂：亚铁氰化钾溶液（106 g/L）、乙酸锌溶液（220 g/L）、饱和硼砂溶液（50 g/L）、对氨基苯磺酸溶液（4 g/L）、盐酸萘乙二胺溶液（2 g/L）、亚硝酸钠标准溶液（200 μg/mL，以亚硝酸钠计）、亚硝酸钠标准使用液（5.0 μg/mL）、硫酸镉（$CdSO_4 \cdot 8H_2O$）、硫酸铜（$CuSO_4 \cdot 5H_2O$）、亚硝酸钠（$NaNO_2$）、锌皮或锌棒。除非另有说明，本方法所用试剂均为分析纯，水为 GB/T 6682 规定的一级水。试剂配制方法详见二维码。

小学士

测定亚硝酸盐含量所需试剂及配制方法

三、工具准备

请你按照表 6-5-1 中的清单，准备好实验所需仪器及工具，并填写检查确认情况。

表 6-5-1　测定亚硝酸盐含量所需仪器及工具清单

序号	名称	型号与规格	单位	数量	检查确认
1	天平	感量为 0.1 mg 和 1 mg	台	1	
2	组织捣碎机		台	1	
3	超声波清洗器		台	合用	
4	恒温干燥箱		台	合用	
5	分光光度计		台	合用	

任务筹划

食品中亚硝酸盐检测项目工作流程如图 6-5-1 所示。

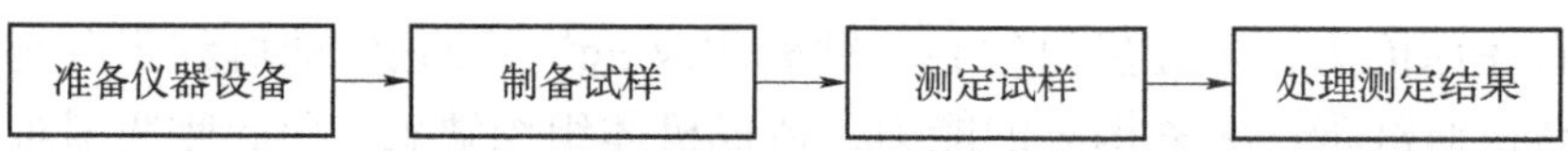

图 6-5-1　亚硝酸盐含量测定检验工作流程

任务实施

一、试样制备

称取 5 g（精确至 0.001 g）匀浆试样（如制备过程中加水，应按加水量折算），置于 250 mL 具塞锥形瓶中，加 12.5 mL 50 g/L 饱和硼砂溶液，加入 70 ℃左右的水约 150 mL，混匀，于沸水浴中加热 15 min，取出置冷水浴中冷却，并放置至室温。定量转移上述提取液至 200 mL 容量瓶中，加入 5 mL 106 g/L 亚铁氰化钾溶液，摇匀，再加入 5 mL 220 g/L 乙酸锌溶液，以沉淀蛋白质。加水至刻度，摇匀，放置 30 min，除去上层脂肪，上清液用滤纸过滤，弃去初滤液 30 mL，滤液备用。

二、试样测定

吸取 40.0 mL 上述滤液于 50 mL 带塞比色管中，另吸取 0.00 mL、0.20 mL、0.40 mL、

0.60 mL、0.80 mL、1.00 mL、1.50 mL、2.00 mL、2.50 mL 亚硝酸钠标准使用液（相当于 0.0 μg、1.0 μg、2.0 μg、3.0 μg、4.0 μg、5.0 μg、7.5 μg、10.0 μg、12.5 μg 亚硝酸钠），分别置于 50 mL 带塞比色管中。于标准管与试样管中分别加入 2 mL 4 g/L 对氨基苯磺酸溶液，混匀，静置 3～5 min 后各加入 1 mL 2 g/L 盐酸萘乙二胺溶液，加水至刻度，混匀，静置 15 min，用 1 cm 比色杯，以零管调节零点，于波长 538 nm 处测吸光度，绘制标准曲线比较。同时做试剂空白。

三、分析结果的表述

试样中亚硝酸钠含量按下式计算：

$$X=\frac{m_1\times 1\,000}{m_2\times \dfrac{V_1}{V_0}\times 1\,000}$$

式中：X_1——试样中亚硝酸钠的含量，单位为毫克每千克（mg/kg）；

m_1——测定用样液中亚硝酸钠的质量，单位为微克（μg）；

1 000——转换系数；

m_2——试样质量，单位为克（g）；

V_1——测定用样液体积，单位为毫升（mL）；

V_0——试样处理液总体积，单位为毫升（mL）。

结果保留 2 位有效数字。

四、精密度

在重复性条件下获得的两次独立测定结果的绝对差值不得超过算术平均值的 10%。

- **实训报告**

<table>
<tr><td colspan="2" align="center">操作记录</td></tr>
<tr><td>实训名称：
姓名：</td><td>班级：
学号：</td></tr>
<tr><td colspan="2">试剂配备：</td></tr>
<tr><td colspan="2" align="center">检验记录</td></tr>
<tr><td>检测项目：
样品名称：
收样日期：</td><td>检测依据：
样品数量：
检测日期：</td></tr>
<tr><td colspan="2">操作步骤及反思：</td></tr>
</table>

（续表）

结果处理：

任务评价

评价表					
项目	评价内容	分值	自评	互评	师评
移液操作	正确润洗移液管	2			
	吸液操作正确	4			
	放液操作正确	4			
	重复吸液 3 次以上扣 1 分				
	空吸一次扣 1 分				
	吸液进洗耳球一次扣 1 分				
试样的稀释	准确移取试样至容量瓶	1			
	加水适量时，有初步混匀动作	1			
	正确使用胶头滴管定容	2			
	摇匀动作规范	1			
试样的测定	准确移取规定体积的标准溶液	3			
	准确移取规定体积的试样稀释液	2			
	准确加入对氨基苯磺酸溶液	2			
	正确混匀并静置 3～5 min	2			
	准确加入盐酸萘乙二胺溶液	2			
	准确定容至刻度	2			
	正确混匀并静置 15 min	2			
分光光度计的使用	正确开机预热	2			
	正确调节至测量波长	2			
	比色皿选取正确	2			
	比色皿洗涤、拿取方法正确，装液量合适	2			
	正确测量皿差	2			
	正确调节零点	2			

（续表）

评价表					
项目	评价内容	分值	自评	互评	师评
分光光度计的使用	溶液的比色顺序合理	2			
	正确测定吸光度并读取数据	3			
	比色结束正确洗涤比色皿	1			
	正确关机	1			
	正确填写仪器使用登记	1			
数据处理	及时记录原始数据	2			
	正确使用 Excel 绘制标准曲线	2			
	记录规范、整洁、正确划改数据	2			
	记录齐全，单位符号书写正确	2			
	计算公式正确，数据代入正确	2			
	有效数字正确	2			
	计算结果正确	3			
结果	结果报告：报告结果规范、正确	15			
任务质量	能够合理规范完成检测任务，并出具完整检测报告	10			
素养表现	清洁操作台面，器械清洁干净并摆放整齐	1			
	废液、废弃物处理合理	2			
	遵守实验室规定，操作文明、安全	1			
	严格执行操作程序，遵守规范操作要求	2			
思政表现	实事求是的工作态度	2			
	科学严谨的研究态度	2			
合计		100			

项目七 检测食品中的有害物质

项目导读

通常情况下，自然环境中有毒有害物质的自然本底浓度不会达到有害的程度，但随着社会工业化的快速发展，进入大气、水和土壤的有毒有害重金属如铅、汞、镉、铬，农兽药残留，化工合成物质等不断增加，超过正常范围则会引起环境的污染。其中有害重金属物质主要通过污染食品、饮用水及空气而最终威胁人们的健康。据研究，重金属污染经食物链放大随食品进入人体后主要引起机体的慢性损伤，进入人体的重金属要经过较长时间的积累才会显示出毒性，因此，往往不易被早期察觉，很难在毒性发作前就引起足够的重视，从而更加重了其危害性。例如：20 世纪 50 年代在日本出现的“水俣病”和“痛痛病”，经查明就是由于食品遭到汞和镉污染所引起的公害病。因此，食品中有毒物质通过食物链造成食源性危害的问题引起了人们的关注。

知识目标

（1）熟知食品检验有毒有害物质检验的方法、标准及操作规范。

（2）熟悉相关检测指标的概念及检验设备仪器。

技能目标

（1）能够熟练完成检验指标的测定、仪器操作及维护。

（2）能够正确处理测定结果并填写检验报告单。

素质目标

具备动手操作的能力、数据分析能力和实事求是的专业素质。

思政目标

通过不同检验方法的对比学习，理解各自检验方法的特点与利弊，培养学生认真严谨、科学求真的态度。

任务一　测定食品中农药残留的含量

任务导入

你是某检测技术公司的食品检测员，今天接到任务，要完成苹果中有机磷农药残留量的测定，依据检测工作一般流程，完成本次检测项目任务。

任务工单

班级：________　姓名：________　学号：________

任务名称	测定苹果中有机磷的农药残留量
任务描述	任务内容：通过任务实施，完成苹果中有机磷农药残留量的测定，并能够确保检测过程正确规范，结果分析无误。 任务目的：合理进行样品预处理，并配制测定所需的试剂；能够在规定时间内规范正确地完成测定操作，正确使用固相萃取柱与气相色谱-质谱仪，规范记录、正确计算、合理判定。 任务流程：知识储备、仪器设备及试剂准备、有机磷农药残留量的测定、结果分析。 任务方法：实践操作法、小组协作。
获取信息	要完成任务，需要掌握相关的知识。请收集资料，回答以下问题。 1. 食品中农药残留的种类有哪些？ 2. 食品中农药残留的危害有哪些？ 3. 食品中有机磷农药残留量的测定方法有哪些？

任务准备

一、知识准备

（一）农药与农药残留

农药在我国是指在农作物（食物、食品、动物饲料）生产、贮藏、运输、销售以及加工过程中，用于防治有害生物（害虫、害螨、线虫、植物病原菌、杂草及害鼠等）

和调节植物生长的物质。在国际食品法典中是指在食品、动物饲料的生产、贮存、运输、销售过程中，为了预防、杀灭、吸引、驱除或控制害虫（包括多余的植物、动物物种）而使用的物质或供动物服用的动物肠道寄生虫抑制剂。该术语包括植物生长调节剂、落叶剂、干燥剂、水果变形剂或发芽抑制剂以及食品防腐剂，一般不包括化肥、植物或动物性营养剂、食品添加剂和动物性药品。

农药残留在我国是指由于使用农药而存留在环境和食品、饲料中的农药及其具有毒性的代谢物、降解转化产物、杂质等。还包括环境背景中存有的农药污染物或持久性农药的残留物再次在商品中形成的残留。在国际食品法典中是指任何由于使用农药而在食品和动物饲料中出现的特定物质。此术语包括所有被认为具有毒性作用的农药衍生物，如农药转化物、代谢物、反应物以及杂质。

（二）农药残留的危害与限量

在现代农业中，主要是通过使用人工合成的有机农药进行害虫防治，这对于不断增长的粮食生产发挥了巨大作用。但是，如果使用不当，就会污染环境，杀死天敌，破坏生物群，导致害虫再发生，以及由于抗药性发展而降低药效。人体遭受农药的危害 80%～90% 是通过进食被农药污染的食品造成的。

最大残留限量（MRL）在我国是指在生产或保护商品过程中，按照良好的农业生产规范（GAP），直接或间接使用农药后，导致在各种食品和饲料中形成的农药残留物的最大浓度，通常以每千克食品中含有农药残留的量（mg）表示，单位为 mg/kg。

在国际食品法典中最大残留限量是指由食品法典委员会推荐的，允许农药在食品和动物饲料中或其表面残留的最大浓度。最大残留限量以农药使用的良好农业生产规范（GAP）资料为基础，由符合相应 MRL 的商品制成的食物应具有毒理学安全性。农药残留问题是随着农药大量生产和广泛使用而产生的，到目前为止，世界上化学农药年产量近 200 万 t，约有 1 000 种人工合成化合物被用作杀虫剂、杀菌剂、杀藻剂、除虫剂、落叶剂等类农药。随着农业产业化的发展，食品的生产越来越依赖于农药、抗生素和激素等外源物质，我国农药在食品中的用量居高不下，而这些物质的不合理使用必将导致食品中的农药残留超标，长期食用农药残留超标的农副产品，虽然不会导致急性中毒，但可能引起人和动物的慢性中毒，导致疾病的发生，诱发癌症，甚至影响到下一代。农药残留超标也会影响食品的贸易，世界各国对农药残留问题高度重视，对各种农副产品中农药残留都规定了越来越严格的限量标准。GB 2763—2021《食品安全国家标准　食品中农药最大残留限量》对一些典型产品的农药残留量作了专门的规定。

（三）人工合成农药

人工合成农药即合成的化学制剂农药，种类繁多，结构复杂，现在常用的有机杀虫剂包括有机氯、有机磷、氨基甲酸酯类、拟除虫菊酯类、特异性杀虫剂等农药。

1. 有机氯农药

具有杀菌范围广、高效、急性毒性小，易于大量生产。但由于性质稳定，残留时间长，累积浓度高，很容易污染环境、农作物和畜产品，容易引起人畜的慢性中毒。

常用的有机氯农药有六六六、DDT 等。有机氯农药急性中毒症状主要表现为听觉和感觉过敏、反射活动增强、兴奋性增高、肌肉震颤。

2. 有机磷农药

用于防治植物病、虫、害的含磷有机化合物。这一类农药品种多、药效高、用途广、易分解，在人、畜体内一般不积累，在农药中是极为重要的一类化合物。但有不少品种对人、畜的急性毒性很强。有机磷类农药能抑制乙酰胆碱酯酶，使乙酰胆碱积聚，引起毒蕈碱样症状、烟碱样症状及中枢神经系统症状，严重时可因肺水肿、脑水肿、呼吸麻痹而死亡。重度急性中毒者还会发生迟发性猝死。如果被施用于生长期较短、连续采收的蔬菜，则很难避免因残留量超标而导致人畜中毒。有机磷农药种类很多，根据其毒性强弱分为剧毒（甲拌磷、内吸磷、对硫磷、氧化乐果等）、高毒（甲基对硫磷、二甲硫吸磷、敌敌畏、亚胺磷）、低毒（敌百虫、乐果、氯硫磷等）三类。

3. 氨基甲酸酯类农药

氨基甲酸酯类杀虫剂主要有萘基氨基甲酸酯类（甲萘威维因），苯基氨基甲酸酯类（异丙威）、杂环二甲基氨基甲酸酯类（异索威）、杂环甲基氨基甲酸酯类（呋喃丹）等品种，有选择性强、作用迅速、毒性低等优点。除少数品种如呋喃丹等毒性较高外，大多数属中、低毒性。严重中毒时，可出现昏迷、肺水肿、大小便失禁，也可因呼吸麻痹致死，死亡多发生于中毒发作后的 12 h 之内。

4. 拟除虫菊酯类农药

拟除虫菊酯类农药一般用作杀虫剂，包括溴氰菊酯、氯氰菊酯、氰戊菊酯等。对人畜毒性较小，中毒症状为上腹烧灼感、腹痛、腹泻、恶心、呕吐等消化道症状，继而可出现头晕、头痛、全身不适，面部麻胀。重症中毒也可使人惊厥、呼吸困难、心悸、血压下降甚至昏迷。

（四）食品中农药残留的测定方法

农药残留最常用的检测方法主要有酶抑制法和色谱法。酶抑制法是依据有机磷和氨基甲酸酯类农药对乙酰胆碱酯酶的活性抑制来检测上述两类农药残留。其优点是方法简单，检测成本低，检测速度快，易于实现现场快速筛查。缺点是检测精度不高，容易受样品基质干扰，从而出现结果误判的现象。色谱法是利用农药的分子特性不同，通过仪器的固定相或流动相与农药分子的结合力的差异，将各种农药分子与其他分子分离并进行定量。色谱法的最大优势是测定结果准确可靠，但缺点是检测成本高，往往需要配置价值几十万元甚至几百万元的大型检测仪器，而且对于检测人员的技术水平要求高，检测周期较长。

二、材料准备

本次苹果中有机磷农药残留量检测项目主要参考 GB 23200.8—2016《食品安全国家标准　水果和蔬菜中 500 种农药及相关化学品残留量的测定　气相色谱 - 质谱法》，本标准适用于苹果、柑橘、葡萄、甘蓝、芹菜、番茄中 500 种农药及相关化学品残留量的测定，其他蔬菜和水果可参照执行。

本次试验采用的方法是气相色谱 - 质谱法，其原理为：试样用乙腈匀浆提取，盐析离心后，取上清液，经固相萃取柱净化，用乙腈－甲苯溶液（3+1）洗脱农药及相关化学品，溶剂交换后用气相色谱－质谱仪检测。

在检验项目开始前需准备好以下试剂：乙腈（CH_3CN，75-05-8，色谱纯）、氯化钠（NaCl，7647-14-5，优级纯）、无水硫酸钠（Na_2SO_4，7757-82-6，分析纯）、甲苯（C_7H_8，108-88-3，优级纯）、丙酮（CH_3COCH_3，67-64-1，分析纯，重蒸馏）、二氯甲烷（CH_2Cl_2，75-09-2，色谱纯）、正己烷（C_6H_{14}，110-54-3，分析纯，重蒸馏）、标准品。试剂配制方法详见二维码。

小学士

测定农药残留所需试剂及配制方法

三、工具准备

请你按照表 7-1-1 中的清单，准备好实验所需仪器及工具，并填写检查确认情况。

表 7-1-1　测定有机磷农药残留量所需仪器及工具

序号	名称	型号与规格	单位	数量	检查确认
1	Envi-18 柱	12 mL，2.0 g 或相当者	个	2	
2	分析天平	感量 0.01 mg 和 0.000 1 g	台	1	
3	Sep-Pak NH_2 固相萃取柱		台	2	
4	均质器	转速不低于 20 000 r/min	台	1	
5	鸡心瓶	200 mL	个	2	
6	移液器	1 mL	个	5	
7	氮气吹干仪		台	合用	
8	气相色谱－质谱仪	配有电子轰击源（EI）	台	合用	
9	2Envi-Carb 活性炭柱	6 mL，0.5 g 或相当者	个	2	

任务 筹划

食品中农药残留量检测工作流程如图 7-1-1 所示。

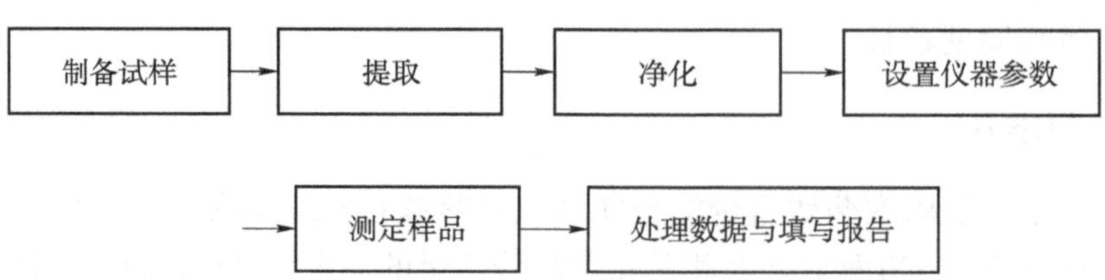

图 7-1-1　食品中农药残留量检测工作流程

任务实施

一、试样制备（在采样和试样制备过程中，应避免试样污染）

水果、蔬菜样品取样部位按 GB 2763 附录 A 执行，将样品切碎混匀均一化制成匀浆，制备好的试样均分成两份，装入洁净的盛样容器内，密封并做好标记。将试样于 -18 ℃冷冻保存。

二、提取

称取 20 g 试样（精确至 0.01 g）于 80 mL 离心管中，加入 40 mL 乙腈，用均质器在 15 000 r/min 匀浆提取 1 min，加入 5 g 氯化钠，再匀浆提取 1 min，将离心管放入离心机，在 3 000 r/min 离心 5 min，取上清液 20 mL（相当于 10 g 试样量），待净化。

三、净化

将 Envi -18 柱放入固定架上，加样前先用 10 mL 乙腈预洗柱，下接鸡心瓶，移入上述 20 mL 提取液，并用 15 mL 乙腈洗涤柱，将收集的提取液和洗涤液在 40 ℃水浴中旋转浓缩至约 1 mL，备用。

在 Envi -Carb 柱中加入约 2 cm 高无水硫酸钠，将该柱连接在 Sep-Pak 氨丙基柱顶部，将串联柱下接鸡心瓶放在固定架上。加样前先用 4 mL 乙腈 - 甲苯溶液（3+1）预洗柱，当液面到达硫酸钠的顶部时，迅速将上述样品浓缩液转移至净化柱上，再每次用 2 mL 乙腈 - 甲苯溶液（3+1）三次洗涤样液瓶，并将洗涤液移入柱中。在串联柱上加上 50 mL 贮液器，用 25 mL 乙腈 - 甲苯溶液（3+1）洗涤串联柱，收集所有流出物于鸡心瓶中，并在 40 ℃水浴中旋转浓缩至约 0.5 mL。每次加入 5 mL 正己烷在 40 ℃水浴中旋转蒸发，进行溶剂交换二次，最后使样液体积约为 1 mL，加入 40 μL 内标溶液，混匀，用于气相色谱 - 质谱测定。

四、气相色谱 - 质谱参考条件

色谱柱：DB-1701（30 m × 0.25 mm × 0.25 μm）石英毛细管柱或相当者；色谱柱温度程序：40 ℃保持 1 min，然后以 30 ℃ /min 程序升温至 130 ℃，再以 5 ℃ /min 升温至 250 ℃，再以 10 ℃ /min 升温至 300 ℃，保持 5 min；载气：氦气，纯度≥99.999%，流速 1.2 mL/min；进样口温度：290 ℃；进样量：1.5 mL/min；进样方式：无分流进样，1.5 min 后打开分流阀和隔垫吹扫阀；电子轰击源：70 eV；离子源温度：230 ℃；GC-MS 接口温度：280 ℃；选择离子监测：每种化合物分别选择一个定量离子，2～3 个定性离子。每组所有需要检测的离子按照出峰顺序，分时段分别检测。每种化合物的保留时间、定量离子、定性离子及定量离子与定性离子的丰度比值，详见附录 B 二维码。每组检测离子的开始时间和驻留时间详见附录 C 二维码。

五、样品测定

（一）定性测定

进行样品测定时，如果检出的色谱峰的保留时间与标准样品相一致，并且在扣除背景后的样品质谱图中，所选择的离子均出现，而且所选择的离子丰度比与标准样品的离子丰度比相一致（相对丰度>50%，允许 ±10% 偏差；相对丰度>20%～50%，允许 ±15% 偏差；相对丰度>10%～20%，允许 ±20% 偏差；相对丰度≤10%，允许 ±50% 偏差），则可判断样品中存在这种农药或相关化学品。如果不能确证，应重新进样，以扫描方式（有足够灵敏度）或采用增加其他确证离子的方式或用其他灵敏度更高的分析仪器来确证。

（二）定量测定

本方法采用内标法单离子定量测定。内标物为环氧七氯。为减少基质的影响，定量用标准溶液应采用基质混合标准工作溶液。标准溶液的浓度应与待测化合物的浓度相近。本方法的 A、B、C、D、E 五组标准物质在苹果基质中选择离子监测 GC-MS 图见附录 D 二维码。

附录 B

附录 C

附录 D

六、平行试验

按以上步骤对同一试样进行平行测定。

七、空白试验

除不称取试样外，均按上述步骤进行。

八、分析结果的表述

气相色谱 - 质谱测定结果可由计算机按内标法自动计算，也可按下式计算。

$$X = C_s \times \frac{A}{A_s} \times \frac{C_i}{C_{si}} \times \frac{A_{si}}{A_i} \times \frac{V}{m} \times \frac{1\,000}{1\,000}$$

式中：X——试样中被测物残留量，单位为毫克每千克（mg/kg）；

C_s——基质标准工作溶液中被测物的浓度，单位为微克每毫升（μg/mL）；

A——试样溶液中被测物的色谱峰面积；

A_s——基质标准工作溶液中被测物的色谱峰面积；

C_i——试样溶液中内标物的浓度，单位为微克每毫升（μg/mL）；

C_{si}——基质标准工作溶液中内标物的浓度，单位为微克每毫升（μg/mL）；

A_{si}——基质标准工作溶液中内标物的色谱峰面积；

A_i——试样溶液中内标物的色谱峰面积；

V——样液最终定容体积，单位为毫升（mL）；

m——溶液所代表试样的质量，单位为克（g）。

计算结果应扣除空白值，测定结果用平行测定的算术平均值表示，保留两位有效数字。

- **实训报告**

<table>
<tr><td colspan="2" align="center">操作记录</td></tr>
<tr><td>实训名称：
姓名：</td><td>班级：
学号：</td></tr>
<tr><td colspan="2">试剂配制：</td></tr>
<tr><td colspan="2" align="center">检验记录</td></tr>
<tr><td>检测项目：
样品名称：
收样日期：</td><td>检测依据：
样品数量：
检测日期：</td></tr>
<tr><td colspan="2">操作步骤及反思：</td></tr>
<tr><td colspan="2">原始数据记录：

数据计算：

检测结论：</td></tr>
</table>

任务评价

评价表					
项目任务	评价指标	分值	自评	互评	师评
检测方案制订	正确选用检测标准及检测方案；检测方案制订合理规范	15			
样品准备	样品处理方法准确；正确使用打浆机	10			
提取	正确使用分析天平称量；正确使用移液管；正确使用涡旋混合器	10			
浓缩	溶液的准确转移；正确使用氮吹仪；正确使用涡旋混合器；正确使用针筒滤膜过滤	20			
数据处理与报告填写	原始数据记录及时、规范、整洁；有效数字保留准确；计算正确，回收率高≥80%，平行测定相对偏差≤15%；正确填写检测报告	25			
其他	仪器设备整理归位；台面整理干净，清洗、回收玻璃器皿、无破损；遵守实验室规章制度、课堂纪律	10			
思政表现	严谨细致、团结协作的职业素养	5			
	实验室规范操作仪器，爱护仪器设备的工作习惯；实验室安全操作安全防护意识	5			
合计		100			

任务二　测定食品中兽药残留的含量

任务导入

你是某检测技术公司的食品检测员，今天接到任务，要完成猪肉中四环素类兽药残留量的测定，依据检测工作一般流程，完成本次检测项目任务。

任务工单

班级：__________　姓名：__________　学号：__________

任务名称	猪肉中四环素类兽药残留量的测定
任务描述	任务内容：通过任务实施，完成猪肉中四环素类兽药残留量的测定，并能够确保检测过程正确规范，结果分析无误。 任务目的：合理进行样品预处理，并配制测定所需的试剂；能够在规定时间内规范正确地完成测定操作，正确使用固相萃取柱与液相色谱仪，规范记录、正确计算、合理判定。 任务流程：知识储备、仪器设备及试剂准备、四环素类兽药残留量的测定、结果分析。 任务方法：实践操作法、小组协作。
获取信息	要完成任务，需要掌握相关的知识。请收集资料，回答以下问题。 1. 常用于临床的四环素类药物有哪些？有什么作用？来源？ 2. 四环素类药物的性状？ 3. 四环素类测定方法有哪些？

任务准备

一、知识准备

（一）四环素类抗生素

四环素类抗生素是由放线菌产生的一类广谱抗生素，包括金霉素（chlortetracycline）、土霉素（oxytetracycline）、四环素（tetracycline）及半合成衍生物甲烯土霉素、多西环素、二甲胺基四环素等，其结构均含并四苯基本骨架。其中土霉素由龟裂链丝菌、四环素由黑白链丝菌、金霉素由金色链丝菌的培养液提取而得，四环素还可用金霉素除去氯元素而获得。该类药物为广谱抗生素，具有良好的抑菌效果，因其价格便宜，目前仍广泛应用于畜禽、水产等产业领域。但由于不合理使用以及不遵守休药期（WDT）等，造成该类药物及其降解产物残留于动物组织及畜产品中，必然会危及人类的健康。因此，为了控制四环素类药物在动物性食品中的残留，欧盟、美国及我国均规定了畜产品中四环素类药物的最大残留限量为 0.1 mg/L。

四环素类药物的抗菌作用在碱性水溶液中下降，而在酸性水溶液中则稳定。四环素类药物分为金黄色或黄色晶粉，无臭，味苦，易溶于水，遇光则色渐变暗，故须密封、遮光，在干燥处保存。其水溶液的稳定性以四环素为佳，但一般均需新鲜配制为宜，如不能立即用完，应放于低温（4 ℃以下）处保存。

（二）兽药残留的危害

（1）过敏反应。当动物性食品中残留的抗菌药物随食物链进入人体后，由于许多抗菌药物如青霉素、四环素类、磺胺类等均具有抗原性，能刺激体内抗体的形成而引起许多人的过敏反应。其症状多种多样，轻者体表出现红疹，发热，关节肿痛、蜂窝组织炎以及急性血管水肿，严重者休克甚至危及生命。

（2）对人类胃肠道微生物的不良影响。残留的抗菌药可抑制或杀死胃肠道内正常的菌群，导致人们正常的免疫机能下降，体外病原更易侵入。

（3）人类病原菌耐药性的增加。抗菌药在动物性食品中的残留，可使人类的病原菌长期接触这些低浓度的药物而产生耐药性。并且细菌的耐药基因可以在人群中的细菌、动物群中的细菌和生态系统中的细菌间相互传递，由此而使致病菌（沙门氏菌、肠球菌、大肠杆菌等）产生越来越强的耐药性，致使人类或动物的感染性疾病的治疗难度加大，治疗费用增加。

（4）给新药的开发带来压力。随着病原细菌耐药性的增加，使得抗菌药物的使用寿命逐渐缩短，这就要求不断开发新的药物品种以克服耐药性，细菌的耐药性产生得越快，临床上对新药的要求就越迫切。

（5）增加体内脏器的负担。残留药物进入人体后，人体在代谢这些药物时，不知不觉中增加了体内脏器的负担。例如，磺胺类药物需通过肝脏来解毒，氨基糖苷类药物有较强的肾毒性，若长期食用含有此类药物的动物性食品，就会造成慢性肾中毒，不利于人体健康。

（三）四环素类兽药残留量测定方法

四环素类兽药残留量的检测方法主要有高效液相色谱法、液相色谱－质谱联用法、薄层色谱法、分光光度法、微生物法、化学发光法、高压毛细管电泳法等。本次四环素类兽药残留量检测项目任务主要参考 GB/T 21317—2007《动物源性食品中四环素类兽药残留量检测方法　液相色谱－质谱／质谱法与高效液相色谱法》标准中的高效液相色谱法。该方法的测定原理为试样中四环素族抗生素残留用 0.1 mol/L Na_2EDTA-Mcllvaine 缓冲液（pH 值 =4.0 ± 0.05）提取，经过滤和离心后，上清液用 HLB 固相萃取柱净化，高效液相色谱仪或液相色谱电喷雾质谱仪测定，外标峰面积法定量。

二、材料准备

在检验项目开始前需准备好以下试剂和设备：乙腈（CH_3CN，色谱纯）、甲醇（CH_3OH，色谱纯）、乙酸乙酯（$CH_3COOCH_2CH_3$）、乙二胺四乙酸二钠（$Na_2EDTA \cdot 2H_2O$）、三氟乙酸（CF_3COOH）、柠檬酸（$C_6H_8O_7 \cdot H_{20}$）、磷酸氢二钠（$Na_2HPO_4 \cdot 12H_2O$）、标准物质（二甲胺四环素、土霉素、四环素、去甲基金霉素、金霉素、烯土霉素、力霉素、向四环素、差向土霉素、差向金霉素）、柠檬酸溶液 0.1 mol/L、磷酸氢二钠溶液 0.2 mol/L、Mcllvaine 缓冲溶液、Na_2EDTA–Mcllvaine 缓冲溶液 0.1 mol/L、甲醇 + 水（1+19）、甲醇 + 乙酸乙酯（1+9）、Oasis HLB 固相萃取柱 60 mg，3 mL、三氟乙酸水溶液（10 mmol/L）、甲醇 + 三氟乙酸水溶液（1+19）。除非另有说明，本方法所用试剂均为分析纯，水为 GB/T 6682 规定的一级水。试剂配制方法详见二维码。

小学士

测定兽药残留量所需试剂及配制方法

三、工具准备

请你按照表 7-2-1 中的清单，准备好实验所需仪器及工具，并填写检查确认情况。

表 7-2-1 测定四环素类兽药残留量所需仪器及工具清单

序号	名称	型号与规格	单位	数量	检查确认
1	高效液相色谱仪	配二极管阵列检测器或紫外检测器	台	合用	
2	分析天平	感量 0.1 mg，0.01 g	台	1	
3	涡旋混合器		台	1	
4	低温离心机	最高转速 5 000 r/min，控温范围为 -40 ℃至室温	台	1	
5	吹氮浓缩仪		台	合用	
6	固相萃取真空装置		台	1	
7	pH 计	测量精度 ±0.02	台	1	
8	组织捣碎机		台	1	
9	超声提取仪		台	合用	

任务筹划

食品中兽药的残留量检测工作流程如图 7-2-1 所示。

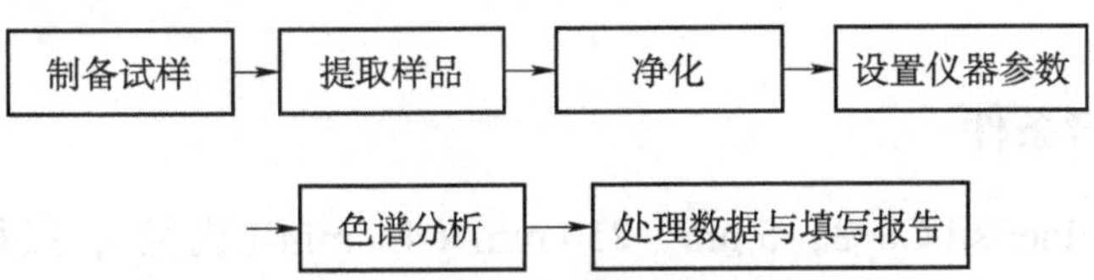

图 7-2-1 食品中兽药残留检测工作流程

任务实施

一、试样制备

（一）液体样品（牛奶）

从所取全部样品中取出约 500 g，充分混匀，装入洁净容器中，密封，并做好标记，于 -18 ℃以下冷冻存放。

（二）固体样品（动物肌肉、肝脏、肾脏和水产品）

从所取全部样品中取出约 500 g，用组织捣碎机充分捣碎均匀，装入洁净容器中，密封，并做好标记于 -18 ℃以下冷冻存放。

二、样品提取

（一）牛奶

称取混匀试样 5 g（精确到 0.01 g），置于 50 mL 比色管中，用 0.1 mol/L EDTA-Mcllvaine 缓冲溶液溶解并定容至 50 mL，旋涡混合 1 min，冰水浴超声 10 min，转移至 50 mL 聚丙烯离心管中冷却至 0～4 ℃，5 000 r/min 离心 10 min（温度低于 15 ℃），用快速滤纸过滤，待净化。

（二）动物肌肉、肝脏、肾脏和水产品

称取均质试样 5 g（精确到 0.01 g），置于 50 mL 聚丙烯离心管中，分别用约 20 mL、20 mL、10 mL 0.1 mol/L EDTA-Mcllvaine 缓冲溶液冰水浴超声提取三次，每次旋涡混合 1 min，超声提取 10 min，3 000 r/min 离心 5 min（温度低于 15 ℃），合并上清液（注意控制总提取液的体积不超过 50 mL），并定容至 50 mL，混匀，5 000 r/min 离心 10 min（温度低于 15 ℃），用快速滤纸过滤，待净化。

三、净化

准确吸取 10 mL 提取液（相当于 1 g 样品）以 1 滴 /s 的速度过 HLB 固相萃取柱，待样液完全流出后，依次用 5 mL 水和 5 mL 甲醇 + 水淋洗，弃去全部流出液。2.0 kPa 以下减压抽干 5 min，最后用 10 mL 甲醇 + 乙酸乙酯洗脱。将洗脱液吹氮浓缩至干（温度低于 40 ℃），用 0.5 mL（高效液相色谱法）甲醇 + 三氟乙酸水溶液溶解残渣，过 0.45 μm 滤膜，待测定。

四、色谱参考条件

（1）色谱法：Inertsil C8-3，5 μm，250 mm × 4.6 mm（内径），或相当者。

（2）流动相：甲醇 + 乙腈 +10 mmol/L 三氟乙酸，洗脱梯度见表 7-2-2（柱平衡时间 5 min）。

表 7-2-2　分离 7 种四环素类药物的液相色谱流动相洗脱梯度

时间 /min	甲醇 /%	乙腈 /%	10 mmol/L 三氟乙酸 /%
0	1	4	95
5	6	24	70
9	7	28	65
12	0	35	65
15	0	35	65

（3）流速：1.5 mL/min。

（4）柱温：30 ℃。

（5）进样量：100 μL。

（6）检测波长：350 nm。

五、样品测定

（一）试样溶液的测定

根据样液中被测四环素类兽药残留的含量情况，选定峰高相近的标准工作溶液。标准工作溶液和样液中四环素类兽药残留的响应值均应在仪器的检测线性范围内。对标准工作溶液和样液等体积参插进样测定。在上述色谱条件下，二甲胺四环素、土霉素、四环素、去甲基金霉素、金霉素、甲烯土霉素、多西环素的参考保留时间分别约为 6.3 min、7.5 min、7.9 min、8.7 min、9.8 min、10.4 min、10.8 min，标准溶液的色谱图参见图 7-2-2。

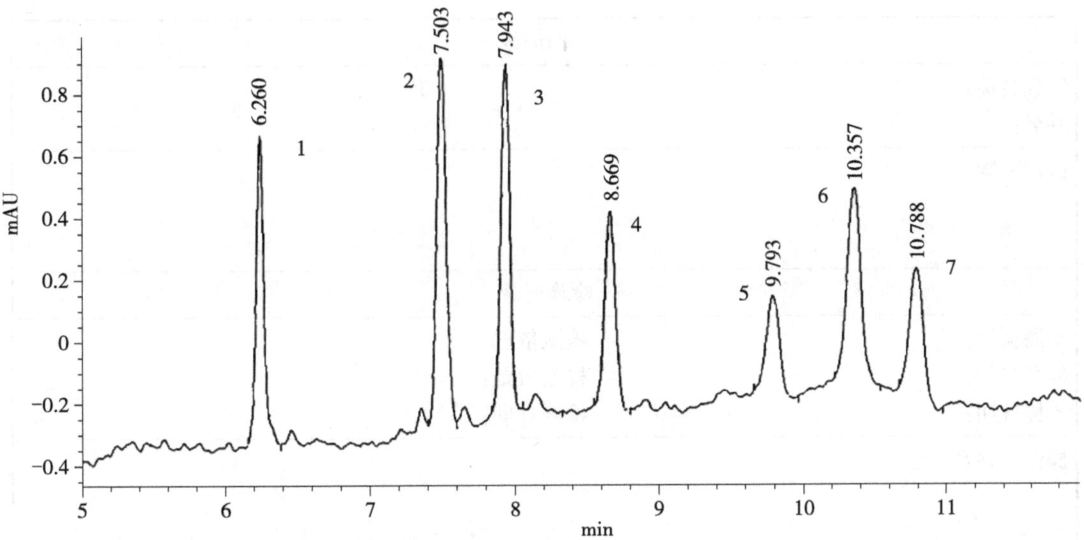

1——二甲胺四环素；2——土霉素；3——四环素；4——去甲基金霉素；5——金霉素；6——甲烯土霉素；7——多西环素。

图 7-2-2　二甲胺四环素、土霉素、四环素、去甲基金霉素、金霉素、甲烯土霉素、多西环素标准溶液的色谱图

（二）空白实验

除不加试样外，均按上述测定步骤进行。

六、分析结果的表述

采用外标法定量，按下式计算四环素类兽药残留量：

$$X=\frac{A_x \times c_s \times V}{A_s \times m}$$

式中：X——样品中待测组分的含量，单位为微克每千克（μg/kg）；

A_x——测定液中待测组分的峰面积；

c_s——标准液中待测组分的含量，单位为微克每升（μg/L）；

V——定容体积，单位为毫升（mL）；

A_s——标准液中待测组分的峰面积；

m——最终样液所代表的样品质量，单位为克（g）。

计算结果保留三位有效数字。

注意事项

测定低限：二甲胺四环素、土霉素、四环素、去甲基金霉素、金霉素、甲烯土霉素和多西环素的测定低限均为 50.0 μg/kg。

● 实训报告

<table>
<tr><td colspan="2" align="center">操作记录</td></tr>
<tr><td>实训名称：
姓名：</td><td>班级：
学号：</td></tr>
<tr><td colspan="2">试剂配制：</td></tr>
<tr><td colspan="2" align="center">检验记录</td></tr>
<tr><td>检测项目：
样品名称：
收样日期：</td><td>检测依据：
样品数量：
检测日期：</td></tr>
<tr><td colspan="2">操作步骤及反思：

原始数据记录：

数据计算：

检测结论：</td></tr>
</table>

任务评价

评价表					
项目任务	评价指标	分值	自评	互评	师评
检测方案制订	正确选用检测标准及检测方案；检测方案制订合理规范	10			
样品制备	样品处理方法正确；正确使用组织捣碎机	10			
提取	正确使用分析天平、移液管、涡旋振荡器、离心机	20			
净化	正确使用固相萃取真空装置；正确使用滤膜过滤	15			
数据处理与报告填写	原始数据记录及时、规范、整洁；有效数字保留准确；计算正确，回收率≥80%；正确填写检测报告	25			
其他	物品的整理归位：台面整理干净、物品归位、无破损	5			
	遵守实验室规定，操作文明、安全	5			
思政表现	实事求是的工作态度	5			
	科学严谨的研究态度	5			
合计		100			

任务三　测定食品中重金属的含量

任务导入

你是某检测技术公司的食品检测员，今天接到任务，要完成茶叶中铅残留量的测定，依据检测工作一般流程，完成本次检测项目任务。

任务工单

班级：__________　姓名：__________　学号：__________

任务名称	茶叶中铅残留量的测定
任务描述	任务内容：通过任务实施，完成茶叶中铅残留量的测定，并能够确保检测过程正确规范，结果分析无误。 任务目的：合理进行样品预处理，并配制测定所需的试剂；能够在规定时间内规范正确地完成测定操作，表述火焰原子吸收光谱法的原理，规范记录、正确计算、合理判定。 任务流程：储备知识、准备仪器设备及试剂、测定铅残留含量、分析结果。 任务方法：实践操作法、小组协作。

（续表）

获取信息	要完成任务，需要掌握相关的知识。请收集资料，回答以下问题。 1. 铅污染的来源有哪些？ 2. 食品中含有铅有哪些危害？ 3. 铅残留量的测定方法有哪些？

任务准备

一、知识准备

（一）食品中有害元素铅的污染来源

铅为带蓝色的银白色重金属，在自然界中大多以化合物的形式存在。食品中铅污染的来源主要通过以下几方面：自然环境中铅对食品的污染；食品加工过程的铅污染；食品容器、用具中铅对食品的污染。铅对环境的污染：一是由冶炼、制造和使用铅制品的工矿企业，尤其是来自有色金属冶炼过程中所排出的含铅废水、废气和废渣造成的；二是由汽车排出的含铅废气造成的，汽油中用四乙基铅作为抗爆剂，在汽油燃烧过程中，铅便随汽车排出的废气进入大气。

（二）食品中有害元素铅

许多化学品在环境中滞留一段时间后可能降解为无害的最终化合物，但是铅无法再降解，一旦排入环境很长时间仍然保持其毒性。由于铅在环境中的长期持久性，又对许多生命组织有较强的潜在性毒性，所以铅一直被列为强污染物范围。铅对生物体内许多器官组织都具有不同程度的损害作用，尤其是对造血系统、神经系统和肾脏的损害尤为明显。食品铅污染所致的中毒主要是慢性损害作用，临床上表现为贫血、神经衰弱、神经炎和消化系统症状。

（三）食品中有害元素铅残留量的测定方法

食品中铅含量的测定方法有很多，依据 GB 5009.12—2023《食品安全国家标准 食品中铅的测定》，食品中铅含量测定方法主要有石墨炉原子吸收光谱法（第一法）、电感耦合等离子体质谱法（第二法）和火焰原子吸收光谱法（第三法）。

（四）原子吸收光谱仪及其原理

原子吸收光谱仪又称原子吸收分光光度计，根据物质基态原子蒸气对特征辐射吸收的作用来进行金属元素分析，它能够灵敏可靠地测定微量或痕量元素。原子吸收光谱分析，由于其灵敏度高、干扰少、分析方法简单快速，现已广泛地应用于工业、农业、生化、地质、冶金、食品、环保等各个领域。

本次茶叶中铅残留量的检测项目任务主要参考 GB 5009.12—2023 中的第三法，火焰原子吸收光谱法。

其测定原理为：试样经处理后，铅离子在一定 pH 值条件下与二乙基二硫代氨基甲酸钠（DDTC）形成络合物，经 4- 甲基 -2- 戊酮（MIBK）萃取分离，导入原子吸收光谱仪中，经火焰原子化，在 283.3 nm 处测定吸光度。在一定浓度范围内，铅的吸光度值与铅含量成正比，与标准系列比较定量。

二、材料准备

在检验项目开始前需准备好以下试剂：硝酸（HNO_3，优级纯）、高氯酸（$HClO_4$，优级纯）、硫酸铵 [（NH_4）$_2SO_4$]、柠檬酸铵 [$C_6H_5O_7$（NH_4）$_3$]、溴百里酚蓝（$C_{27}H_{28}O_5SBr_2$）、二乙基二硫代氨基甲酸钠 [DDTC,（C_2H_5）$_2NCSSNa \cdot 3H_2O$]、氨水（$NH_3 \cdot H_2O$，优级纯）、甲基 -2- 戊酮（MIBK，$C_6H_{12}O$）、盐酸（HCl，优级纯）、硝酸铅 Pb（NO_3）$_2$ 标准品、硝酸溶液（5+95）、硝酸溶液（1+9）、硫酸铵溶液（300 g/L）、柠檬酸铵溶液（250 g/L）、溴百里酚蓝水溶液（1 g/L）、DDTC 溶液（50 g/L）、氨水溶液（1+1）、盐酸溶液（1+11）、铅标准储备液（1 000 mg/L）、铅标准使用液（10.0 mg/L）。除非另有说明，本方法所用试剂均为分析纯，水为 GB/T 6682 规定的一级水。试剂配制方法详见二维码。

小学士

测定重金属所需试剂及配制方法

三、工具准备

请你按照表 7-3-1 中的清单，准备好实验所需仪器及工具，并填写检查确认情况。

表 7-3-1　测定铅含量所需仪器及工具清单

序号	名称	型号与规格	单位	数量	检查确认
1	原子吸收光谱仪	配火焰原子化器，附铅空心阴极灯	台	1	
2	分析天平	感量 0. 1 mg 和 1 mg	台	1	
3	可调式电热炉		台	1	
4	可调式电热板		台	1	
备注	所有玻璃器皿均需硝酸（1+5）浸泡过夜，用自来水反复冲洗，最后用水冲洗干净。				

任务筹划

食品中重金属残留量的检测工作流程如图 7-3-1 所示。

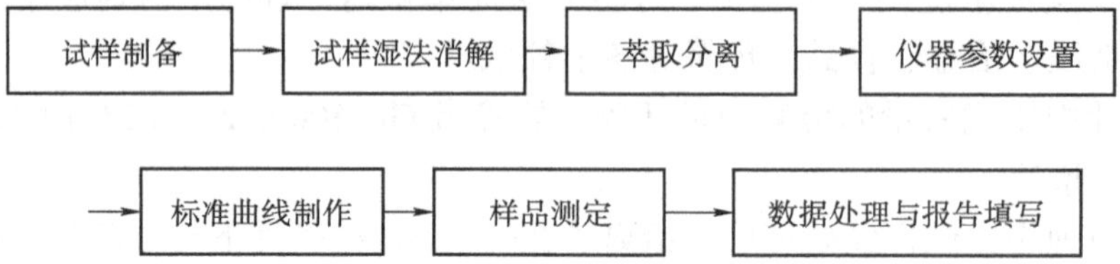

图 7-3-1　食品中重金属残留量检测工作流程

任务实施

一、试样制备

在采样和试样制备过程中，应避免试样污染

1. 粮食、豆类样品

样品去除杂物后，粉碎，储于塑料瓶中。

2. 蔬菜、水果、鱼类、肉类等样品

样品用水洗净，晾干，取可食部分，制成匀浆，储于塑料瓶中。

3. 饮料、酒、醋、酱油、食用植物油、液态乳等液体样品

将样品摇匀。

二、试样前处理

湿法消解：称取固体试样 0. 2～3.0 g（精确至 0. 001 g）或准确移取液体试样 0.500～5. 00 mL 于带刻度消化管中，加入 10 mL 硝酸和 0. 5 mL 高氯酸，在可调式电热炉上消解（参考条件：120 ℃ /0.5～1 h；升至 180 ℃ /2～4 h、升至 200～220 ℃）。若消化液呈棕褐色，再加少量硝酸，消解至冒白烟，消化液呈无色透明或略带黄色，取出消化管，冷却后用水定容至 10 mL，混匀备用。同时做试剂空白试验。亦可采用锥形瓶，于可调式电热板上，按上述操作方法进行湿法消解。

三、仪器参考条件

根据各自仪器性能调至最佳状态。原子吸收分光光度计测定参考条件如下：

波长：283.3 nm；狭缝：0.5 nm；灯电流：8～12 mA；燃烧头高度：6 nm；空气流量：8 L/min。

四、标准曲线的制作

分别吸取铅标准使用液 0 mL、0.25 mL、0.50 mL、1.00 mL、1.50 mL 和 2.00 mL

（相当 0 μg、2.50 μg、5.00 μg、10.0 μg、15.0 μg 和 20.0 μg 铅）于 125 mL 分液漏斗中，补加水至 60 mL。加 2 mL 柠檬酸铵溶液（250 g/L），溴百里酚蓝水溶液（1 g/L）3～5 滴，用氨水溶液（1+1）调 pH 至溶液由黄变蓝，加硫酸铵溶液（300 g/L）10 mL，DDTC 溶液（1 g/L）10 mL，摇匀。放置 5 min 左右，加入 10 mL MIBK，剧烈振摇提取 1 min，静置分层后，弃去水层，将 MIBK 层放入 10 mL 带塞刻度管中，得到标准系列溶液。

将标准系列溶液按质量由低到高的顺序分别导入火焰原子化器，原子化后测其吸光度值，以铅的质量为横坐标，吸光度值为纵坐标，制作标准曲线。

五、试样溶液的测定

将试样消化液及试剂空白溶液分别置 125 mL 分液漏斗中，补加水至 60 mL。加 2 mL 柠檬酸铵溶液（250 g/L），溴百里酚蓝水溶液（1 g/L）3～5 滴，用氨水溶液（1+1）调 pH 至溶液由黄变蓝，加硫酸铵溶液（300 g/L）10 mL，DDTC 溶液（1 g/L）10 mL，摇匀。放置 5 min 左右，加入 10 mL MIBK，剧烈振摇提取 1 min，静置分层后，弃去水层，将 MIBK 层放入 10 mL 带塞刻度管中，得到试样溶液和空白溶液。

将试样溶液和空白溶液分别导入火焰原子化器，原子化后测其吸光度值，与标准系列比较定量。

六、分析结果的表述

试样中铅的含量按下式计算：

$$X = \frac{m_1 - m_0}{m_2}$$

式中：X——试样中铅的含量，单位为毫克每千克或毫克每升（mg/kg 或 mg/L）；

m_1——试样溶液中铅的质量，单位为微克（ug）；

m_0——空白溶液中铅的质量，单位为微克（ug）；

m_2——试样称样量或移取体积，单位为克或毫升（g 或 mL）。

当铅含量≥10.0 mg/kg（或 mg/L）时，计算结果保留三位有效数字；当铅含量<10.0 mg/kg（或 mg/L）时，计算结果保留两位有效数字。

七、精密度

在重复性条件下获得的两次独立测定结果的绝对差值不得超过算术平均值的 10%。

注意事项

以称样量 0.5 g（或 0.5 mL）计算，方法的检出限为 0.4 mg/kg（或 0.4 mg/L），定量限为 1.2 mg/kg（或 1.2 mg/L）。

用氨水调节 pH 值时，溶液刚刚变蓝即为终点，加多加少都会影响测定结果。

- **实训报告**

<table>
<tr><td colspan="2" align="center">操作记录</td></tr>
<tr><td>实训名称：
姓名：</td><td>班级：
学号：</td></tr>
<tr><td colspan="2">试剂配制：</td></tr>
<tr><td colspan="2" align="center">检验记录</td></tr>
<tr><td>检测项目：
样品名称：
收样日期：</td><td>检测依据：
样品数量：
检测日期：</td></tr>
<tr><td colspan="2">操作步骤及反思：

原始数据记录：

数据计算：

检测结论：</td></tr>
</table>

任务评价

评价表					
项目任务	评价指标	分值	自评	互评	师评
检测方案制订	正确选用检测标准及检测方案；检测方案制订合理规范	10			
试样称取	正确使用分析天平进行称量	5			
试样湿法消解	正确湿法消解；正确使用容量瓶进行定容	5			
标准系列溶液制备	正确使用移液管；正确配制标准系列溶液	10			
萃取分离	正确使用分液漏斗；正确进行振摇、放气	5			
标准曲线制作	正确绘制标准曲线，求出吸光值与铅的质量关系的一元线性回归方程	10			
样品测定	正确操作仪器；正确开关气体和点火；正确测量试样、样品液和空白液	20			
数据处理与报告填写	原始数据记录及时、规范、整洁；有效数字保留准确；标准曲线相关系数高；计算正确，平行测定偏差≤20%；正确填写检测报告	20			
其他	试验物品的整理归位：台面整理干净、玻璃器皿清洗归位、无破损；遵守实验室规章制度、课堂纪律	5			
思政表现	严谨细致、团结协作的职业素养	5			
	安全、规范操作仪器，爱护仪器设备的工作习惯	5			
合计		100			

任务四　测定食品中真菌毒素的含量

任务导入

你是某检测技术公司的食品检测员，今天接到任务，要完成酱油中黄曲霉毒素含量的测定，依据检测工作一般流程，完成本次检测项目任务。

任务工单

班级：__________ 姓名：__________ 学号：__________

任务名称	测定酱油中黄曲霉毒素 B_1 的含量
任务描述	任务内容：通过任务实施，完成酱油中黄曲霉毒素 B_1 的含量测定，并能够确保检测过程正确规范，结果分析无误。 任务目的：合理进行样品预处理，并配制测定所需的试剂；能够在规定时间内规范正确地完成测定操作，能够叙述液相色谱仪进行黄曲霉毒素检测的原理，规范记录、正确计算、合理判定。 任务流程：知识储备、仪器设备及试剂准备、黄曲霉毒素 B_1 的测定、结果分析。 任务方法：实践操作法、小组协作。
获取信息	要完成任务，需要掌握相关的知识。请收集资料，回答以下问题。 1. 哪些食品中容易产生黄曲霉毒素？ 2. 常见的黄曲霉毒素种类有哪些？有什么危害？ 3. 黄曲霉毒素的预防措施有哪些？ 4. 黄曲霉毒素测定方法有哪些？

任务准备

一、知识准备

（一）黄曲霉毒素

黄曲霉毒素（AFT）是一类真菌（如黄曲霉菌和寄生曲霉）的有毒代谢产物，其基本结构都含有二呋喃环和香豆素（氧杂萘邻酮）。黄曲霉毒素及其产生菌在自然界中分布广泛，有些菌株产生不止一种类型的黄曲霉毒素，但在黄曲霉中也有不产生任何类型黄曲霉毒素的菌株。谷物和油料作物的种子及加工产品、干鲜果品、调味品、烟草、乳及乳制品、肉类、鱼虾类和动物饲料中均能检出黄曲霉毒素，花生和玉米最容易被污染。黄曲霉毒素能通过食料转移到动物的乳汁、肝、肾和肌肉组织中积留。

（二）黄曲霉毒素危害与限量

黄曲霉毒素是一种毒性极强的剧毒物质，其毒性是氰化钾的10倍，砒霜的68倍，主要污染玉米、花生、大米、小麦、坚果等谷物及油料。黄曲霉毒素在长波紫外光下产生荧光，根据荧光颜色、结构不同等分别命名为AFT B_1、AFT B_2、AFT G_1、AFT G_2、AFT M_2、AFT P_1、AFT R_1、AFT G_M和毒醇。在天然污染的食品中以黄曲霉毒素 B_1（AFT B_1）最为多见，其毒性和致癌性也最强。1993 年被世界卫生组织（WHO）的癌症研究机构划定为 1 类致癌物，主要损害肝脏，表现为肝细胞核肿胀、脂肪变性、出血、坏死及胆管上皮、纤维组织增生等。黄曲霉毒素 B_1 是大部分食品的必检项目之一。

（三）黄曲霉毒素预防措施

预防黄曲霉毒素危害人类健康的主要措施是加强对食品的防霉，其次是设法去除毒素，以尽量减少随同食品摄入的黄曲霉毒素。

1. 食品防霉

食品水分含量和环境温湿度是影响霉菌生长与产毒的主要条件，所以粮食收获后应迅速降低水分，如晒干，烘干，并贮存在干燥低温处。一般颗粒类粮食含水量在 13% 以下，玉米在 12.5% 以下，花生在 8% 以下，霉菌即不易繁殖，故称之为安全水分。

2. 去除毒素

若粮食、花生等已被黄曲霉污染并产毒，应设法将毒素破坏或去除。但黄曲霉毒素很耐热，在 280 ℃时才能被破坏，故一般烹调加工温度难以去毒。通常可采用以下方法。

（1）挑选霉粒法。这种方法对花生仁及玉米粒去毒效果较好，可在家庭和小规模生产中应用。

（2）碾轧加工法。一般适用于受污染的大米。因为毒素在大米表层含量高，碾轧加工成精米可减低毒素含量。

（3）植物油加碱去毒法。油料种子受黄曲霉毒素污染后，榨出的油中含毒素，可用碱炼法去毒。因为不溶于水的黄曲霉毒素在碱性条件下，可形成香豆素钠盐而溶于水，故加碱后再用水洗可将毒素去除。但要注意，水洗液和沉下油泥中含有大量毒素，须妥善处理。

（4）加水搓洗法。在淘洗大米时，用手搓洗，随水倾去悬浮物，如此反复 5～6 次，煮熟后可去除大部分毒素，但维生素 B 损失亦较多。

（四）黄曲霍毒素含量的测定方法

黄曲霉毒素含量的检测主要有薄层层析法、免疫层析法、液相色谱法、液相色谱－质谱联用法、酶联免疫吸附法等。

本次黄曲霉毒素 B_1 含量的检测项目任务主要参考 GB 5009.22—2016《食品安全国家标准　食品中黄曲霉毒素 B 族和 G 族的测定》标准中的第二法，高效液相色谱－柱前衍生法。

测定原理：试样中的黄曲霉毒素 B_1、黄曲霉毒素 B_2、黄曲霉毒素 G_1、黄曲霉毒素 G_2，用乙腈－水溶液或甲醇－水溶液的混合溶液提取，提取液经黄曲霉毒素固相净化柱净化去除脂肪、蛋白质、色素及碳水化合物等干扰物质，净化液用三氟乙酸柱前衍生，液相色谱分离，荧光检测器检测，外标法定量。

二、材料准备

在检验项目开始前需准备好以下试剂：甲醇（CH_3OH，色谱纯）、乙腈（CH_3CN，色谱纯）、正己烷（C_6H_{14}，色谱纯））、三氟乙酸（CF_3COOH）、乙腈－水溶液（84+16）、甲醇－水溶液（70+30）、乙腈－水溶液（50+50）、乙腈－甲醇溶液（50+50）、标准品[（AFT B_1 标准品（$C_{17}H_{12}O_6$）、AFT B_2 标准品（$C_{17}H_{14}O_6$）、AFT G_1 标准品（$C_{17}H_{12}O_7$）、AFT G_2 标准品（$C_{17}H_{14}O_7$）]、标准储备溶液（10 μg/mL）、混合标准工作液 AFT B_1 和 AFT G_1：100 ng/mL、混合标准工作液 AFT B_2 和 AFT G_2：30 ng/mL。除非另有说明，本方法所用试剂均为分析纯，水为 GB/T 6682 规定的一级水。试剂配制方法详见二维码。

小学士

测定真菌毒素含量所需试剂及配制方法

三、工具准备

请你按照表 7-4-1 中的清单，准备好实验所需仪器及工具，并填写检查确认情况。

表 7-4-1 测定黄曲霉毒素含量所需仪器及工具清单

序号	名称	型号与规格	单位	数量	检查确认
1	匀浆机		台	1	
2	高速粉碎机		个	1	
3	组织捣碎机		台	1	
4	超声波 / 涡旋振荡器或摇床		台	合用	
5	电子天平	感量 0.01 g、0.000 01 g	台	1	
6	涡旋混合器		台	1	
7	高速均质器	转速 6 500～24 000 r/min	台	1	
8	离心机	转速≥6 000 r/min	个	1	
9	玻璃纤维滤纸	液体中颗粒保留 1.6 μm	张	2	
10	氮吹仪		个	合用	
11	液相色谱仪	配荧光检测器	台	合用	
12	色谱分离柱		个	2	
13	固相萃取净化柱	黄曲霉毒素专用型	个	2	
14	一次性微孔滤头	带 0.22 μm 微孔滤膜	个	2	
15	筛网	1～2 mm 试验筛孔径		1	
16	恒温箱		台	合用	
17	pH 计		台	1	

任务筹划

食品中真菌毒素（黄曲霉毒素）含量检测工作流程如图 7-4-1 所示。

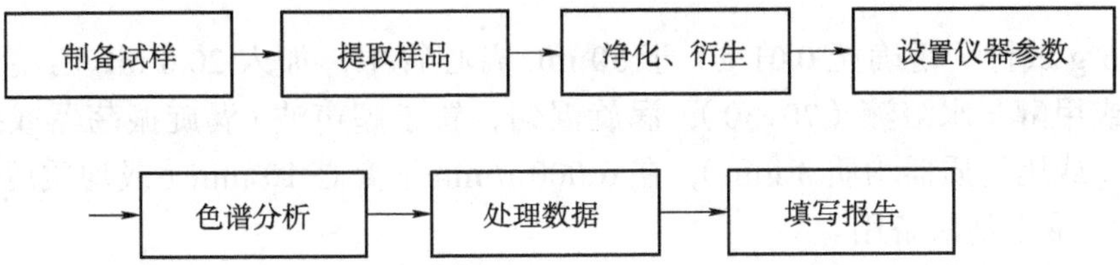

图 7-4-1　食品中真菌毒素（黄曲霉毒素）含量检测工作流程

任务实施

一、试样制备

液体样品（植物油、酱油、醋等）采样量需大于 1 L，对于袋装、瓶装等包装样品需至少采集 3 个包装（同一批次或批号），将所有液体样品在一个容器中用匀浆机混匀后，其中任意的 100 g（mL）样品进行检测。

固体样品（谷物及其制品、坚果及籽类、婴幼儿谷类辅助食品等）采样量需大于 1 kg，用高速粉碎机将其粉碎，过筛，使其粒径小于 2 mm 孔径试验筛，混合均匀后缩分至 100 g，储存于样品瓶中，密封保存，供检测用。

半流体（腐乳、豆豉等）采样量需大于 1 kg（L），对于袋装、瓶装等包装样品需至少采集 3 个包装（同一批次或批号），用组织捣碎机捣碎混匀后，储存于样品瓶中，密封保存，供检测用。

二、样品提取

（一）液体样品

植物油脂：称取 5 g 试样（精确至 0.01 g）于 50 mL 离心管中，加入 20 mL 乙腈 - 水溶液（84+16）或甲醇 - 水溶液（70+30），涡旋混匀，置于超声波 / 涡旋振荡器或摇床中振荡 20 min（或用均质器均质 3 min），在 6 000 r/min 下离心 10 min，取上清液备用。

酱油、醋：称取 5 g 试样（精确至 0.01 g）于 50 mL 离心管中，用乙腈或甲醇定容至 25 mL（精确至 0.1 mL），涡旋混匀，置于超声波 / 涡旋振荡器或摇床中振荡 20 min（或用均质器均质 3 min），在 6 000 r/min 下离心 10 min（或均质后玻璃纤维滤纸过滤），取上清液备用。

（二）固体样品

一般固体样品称取 5 g 试样（精确至 0.01 g）于 50 mL 离心管中，加入 20.0 mL 乙腈－水溶液（84+16）或甲醇－水溶液（70+30），涡旋混匀，置于超声波/涡旋振荡器或摇床中振荡20 min（或用均质器均质3 min），在6 000 r/min下离心10 min（或均质后玻璃纤维滤纸过滤），取上清液备用。

（三）婴幼儿配方食品和婴幼儿辅助食品

称取5 g试样（精确至0.01 g）于50 mL离心管中，加入20.0 mL乙腈－水溶液（50+50）或甲醇－水溶液（70+30），涡旋混匀，置于超声波/涡旋振荡器或摇床中振荡20 min（或用均质器均质3 min），在6 000 r/min下离心10 min（或均质后玻璃纤维滤纸过滤），取上清液备用。

（四）半流体样品

称取5 g试样（精确至0.01 g）于50 mL离心管中，加入20.0 mL乙腈－水溶液（84+16）或甲醇－水溶液（70+30），置于超声波/涡旋振荡器或摇床中振荡20 min（或用均质器均质3 min），在6 000 r/min下离心10 min（或均质后玻璃纤维滤纸过滤），取上清液备用。

三、样品黄曲霉毒素固相净化柱净化

移取适量上清液，按净化柱操作说明进行净化，收集全部净化液。

四、衍生

用移液管准确吸取4.0 mL净化液于10 mL离心管后在50 ℃下用氮气缓缓地吹至近干，分别加入200 μL正己烷和100 μL三氟乙酸，涡旋30 s，在（40 ± 1）℃的恒温箱中衍生15 min，衍生结束后，在50 ℃下用氮气缓缓地将衍生液吹至近干，用初始流动相定容至1.0 mL，涡旋30 s溶解残留物，过0.22 μm滤膜，收集滤液于进样瓶中以备进样。

五、色谱参考条件

流动相：A相为水，B相为乙腈－甲醇溶液（50+50）℃。

梯度洗脱：24% B（0～6 min），35% B（8.0～10.0 min），100% B（10.2～11.2 min），24% B（11.5～13.0 min）。

色谱柱：C_{18}柱（柱长150 mm或250 mm，柱内径4.6 mm，填料粒径5.0 μm），或相当者。

流速：1.0 mL/min。

柱温：40 ℃。

进样体积：50 μL。

检测波长：激发波长360 nm；发射波长440 nm。

液相色谱图：参考图7-4-2。

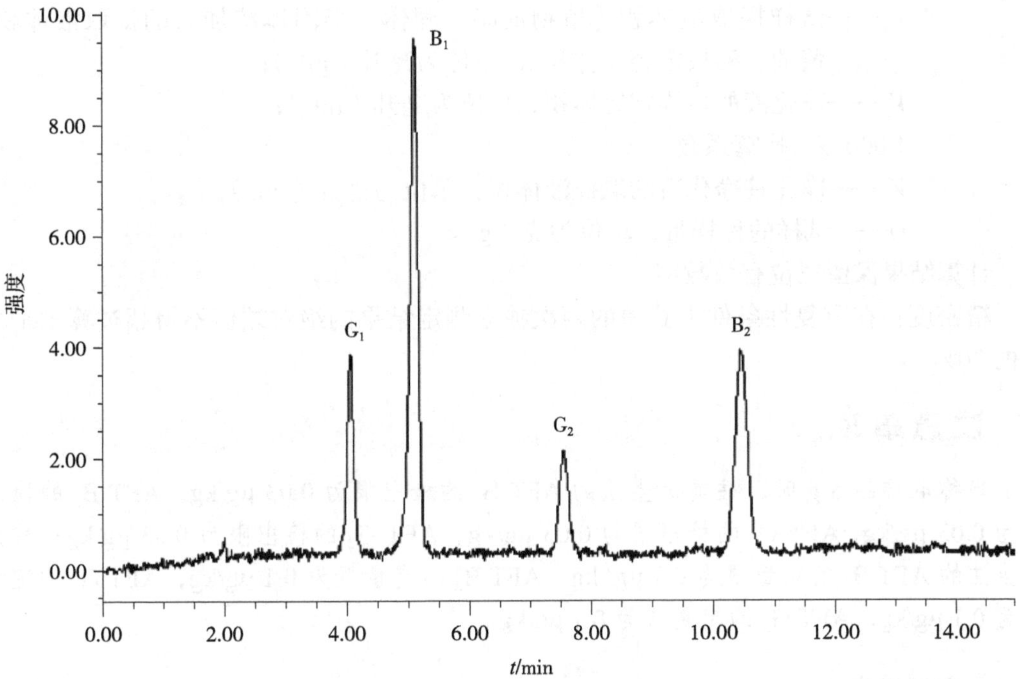

图 7-4-2　四种黄曲霉毒素 TFA 柱前衍生液相色谱图（0.5 ng/mL 标准溶液）

六、样品测定

（一）标准曲线的制作

系列标准工作溶液由低到高浓度依次进样检测，以峰面积为纵坐标标准工作溶液的黄曲霉毒素浓度为横坐标作图，得到标准曲线回归方程。

（二）试样溶液的测定

待测样液中待测化合物的响应值应在标准曲线线性范围内，浓度超过线性范围的样品则应稀释后重新进样分析。

（三）空白试验。

不称取试样。

七、分析结果的表述

试样中 AFT B_1、AFT B_2、AFT G_1 和 AFT G_2 的残留量按下式计算：

$$X = \frac{\rho \times V_1 \times V_3 \times 1\,000}{V_2 \times m \times 1\,000}$$

式中：X——试样中 AFT B_1、AFT B_2、AFT G_1 或 AFT G_2 的含量，单位为微克每千克（μg/kg）；

ρ——进样溶液中 AFT B_1、AFT B_2、AFT G_1 或 AFT G_2 按照外标法在标准曲线中对应的浓度，单位为纳克每毫升（ng/mL）；

V_1——试样提取液体积（植物油脂、固体、半固体按加入的提取液体积；酱油、醋按定容总体积），单位为毫升（mL）；

V_3——净化液的最终定容体积，单位为毫升（mL）；

1 000——换算系数；

V_2——净化柱净化后的取样液体积，单位为毫升（mL）；

m——试样的称样量，单位为克（g）。

计算结果保留三位有效数字。

精密度：在重复性条件下获得的两次独立测定结果的绝对差值不得超过算术平均值的 20%。

注意事项

当称取样品 5 g 时，柱前衍生法的 AFT B_1 的检出限为 0.03 μg/kg，AFT B_2 的检出限为 0.03 μg/kg，AFT G_1 的检出限为 0.03 μg/kg，AFT G_2 的检出限为 0.03 μg/kg；柱前衍生法的 AFT B_1 的定量限为 0.1 μg/ kg，AFT B_2 的定量限为 0.1 μg/kg，AFT G_1 的定量限为 0.1 μg/kg，AFT G_2 的定量限为 0.1 μg/kg。

- **实训报告**

操作记录	
实训名称： 姓名：	班级： 学号：
试剂配制：	
检验记录	
检测项目： 样品名称： 收样日期：	检测依据： 样品数量： 检测日期：
操作步骤及反思： 原始数据记录：	

（续表）

数据计算：
检测结论：

任务评价

评价表					
项目任务	评价指标	分值	自评	互评	师评
检测方案制订	正确选用检测标准及检测方案；检测方案制订合理规范	10			
样品制备	样品处理方法正确；正确使用组织捣碎机	10			
提取	正确使用分析天平、移液管、涡旋振荡器、离心机	20			
净化及衍生	正确使用固相净化柱；正确使用滤膜过滤	15			
数据处理与报告填写	原始数据记录及时、规范、整洁；有效数字保留准确；计算正确，回收率≥60%，平行测定相对偏差≤20%；正确填写检测报告	25			
其他	物品的整理归位：台面整理干净、物品归位、无破损	5			
	遵守实验室规定，操作文明、安全	5			
思政表现	实事求是的工作态度	5			
	科学严谨的研究态度	5			
合计		100			

任务五　测定食品中苏丹红的含量

任务导入

你是某检测技术公司的食品检测员，今天接到任务，要完成辣椒粉中苏丹红含量的测定，依据检测工作一般流程，完成本次检测项目任务。

任务工单

班级：＿＿＿＿＿＿＿＿　姓名：＿＿＿＿＿＿＿＿　学号：＿＿＿＿＿＿＿

任务名称	测定辣椒粉中苏丹红的含量
任务描述	任务内容：通过任务实施，完成辣椒粉中苏丹红含量的测定，并能够确保检测过程正确规范，结果分析无误。 任务目的：合理进行样品预处理，并配制测定所需的试剂；能够在规定时间内规范正确地完成测定操作，能够利用反相高效液相色谱－紫外可见光检测器进行色谱分析，能够利用外标法进行定量，规范记录、正确计算、合理判定。 任务流程：储备知识、准备仪器设备及试剂、测定苏丹红的含量、分析结果。 任务方法：实践操作法、小组协作。
获取信息	要完成任务，需要掌握相关的知识。请收集资料，回答以下问题。 1. 什么是苏丹红？ 2. 苏丹红有什么危害？ 3. 食品中苏丹红含量的测定方法有哪些？

任务准备

一、知识准备

（一）苏丹红的概述

苏丹红是一种化学染色剂，并非食品添加剂。它是化学成分中包含一种具有萘环结构的复杂化合物，具有偶氮结构。这样的化学结构带来的化学性质决定了它具有致癌性，对人体的肝肾器官具有明显的毒性作用。苏丹红属于化工染色剂，主要是用于石油、机油和其他的一些工业溶剂中，目的是使其增色，也用于鞋、地板等的增光，又名“苏丹”。苏丹红为亲脂性偶氮化合物，主要包括Ⅰ、Ⅱ、Ⅲ和Ⅳ四种类型。

（二）苏丹红危害

进入体内的苏丹红主要通过胃肠道微生物还原酶、肝和肝外组织微粒体和细胞质的还原酶进行代谢，在体内代谢成相应的胺类物质。在多项体外致突变试验和动物致癌试验中发现苏丹红的致突变性和致癌性与代谢生成的胺类物质有关。经毒理学研究表明，苏丹红具有致突变性和致癌性，苏丹红Ⅰ在人类肝细胞研究中显现可能致癌的特性，在我国禁止使用于食品中。

（三）苏丹红检测方法

（1）色泽鉴别法。将待测样品与标准苏丹红色素样本进行对比，观察其颜色变化，从而判断是否含有苏丹红。这种方法的实施需要专业培训和实践经验。

（2）分光光度测定法。利用分光光度计对样品的吸收值进行测量，并根据苏丹红的化学性质建立相应的光谱图和吸光值标准曲线，然后根据实际测试结果在标准曲线上查找对应的苏丹红浓度。这种方法需要对仪器设备和使用条件进行调整校准，才能获得准确的测量结果。

（3）气质联用分析（GC-MS）。使用气相色谱仪加质谱仪的组合仪器对样品进行分析，可以精确地得到被测物质的分子量、成分等信息，能够有效地鉴定出未知物；并能实现同位素的定性和定量分析。

（4）高效液相色谱法（HPLC）。用于分析和鉴定食品中含有的苏丹红Ⅱ和苏丹红Ⅳ号的添加量，具有较高的灵敏度和准确性，是常用的检测手段之一。

（5）试纸条检测法。市面上的试纸条是一种快速简便的检测方式，可以根据试纸上颜色的变化来判断是否有苏丹红染料的存在。这种方式相对简单易行，适合于日常监测或现场检测。

本次辣椒粉中苏丹红含量检测项目主要参考GB/T 19681—2005《食品中苏丹红染料的检测方法　高效液相色谱法》，本标准适用于食品中苏丹红染料含量的测定。

样品经溶剂提取、固相萃取净化后，用反相高效液相色谱－紫外可见光检测器进行色谱分析，采用外标法定量。

二、材料准备

在检验项目开始前需准备好以下试剂：乙腈（色谱纯）、丙酮（色谱纯和分析纯）、甲酸、乙醚、正己烷、无水硫酸钠、标准物质（苏丹红Ⅰ、苏丹红Ⅱ、苏丹红Ⅲ、苏丹红Ⅳ）、5%丙酮的正己烷液、标准贮备液。除非另有说明，本方法所用试剂均为分析纯，水为GB/T 6682规定的一级水。试剂配制方法详见二维码。

小学士

测定苏丹红含量所需试剂及配制方法

三、工具准备

请你按照表 7-5-1 中的清单，准备好实验所需仪器及工具，并填写检查确认情况。

表 7-5-1　测定苏丹红含量所需仪器及工具清单

序号	名称	型号与规格	单位	数量	检查确认
1	高效液相色谱仪	配有紫外可见光检测器	台	合用	
2	分析天平	感量 0.01 mg 和 0.000 1 g	台	1	
3	旋转蒸发仪		台	1	
4	均质机	转速不低于 20 000 r/min	台	1	
5	离心机		台	1	
6	0.45 μm 有机滤膜		张	2	
7	层析柱管	1 cm（内径）×5 cm（高）的注射器管	个	2	
8	层析用氧化铝	中性 100～200 目	个	2	
9	氧化铝层析柱		个	2	

注：不同厂家和不同批号氧化铝的活度有差异，须根据具体购置的氧化铝产品略作调整，活度的调整采用标准溶液过柱，将 1 μg/mL 的苏丹红的混合标准溶液 1 mL 加到柱中，用 5% 丙酮正己烷溶液 60 mL 完全洗脱为准，4 种苏丹红在层析柱上的流出顺序为苏丹红Ⅰ、苏丹红Ⅱ、苏丹红Ⅲ、苏丹红Ⅳ，可根据每种苏丹红的回收率作出判断。苏丹红Ⅲ的回收率偏低时表明活性偏高。

任务筹划

食品中苏丹红含量的检测工作流程图如图 7-5-1 所示。

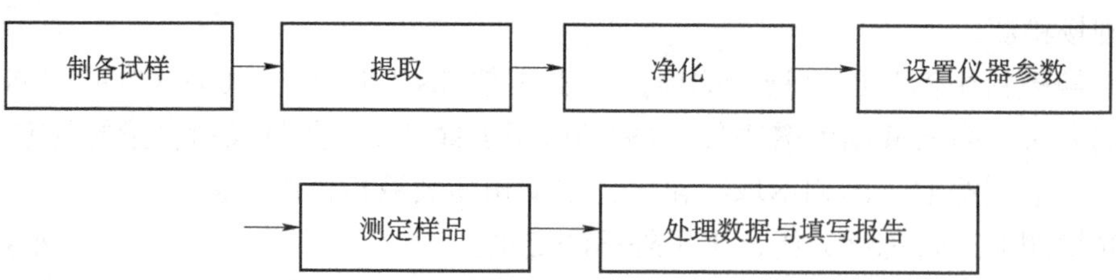

图 7-5-1　食品中苏丹红含量的检测工作流程

任务实施

一、样品制备

红辣椒粉需磨细，称取 1～5 g（准确至 0.001 g）样品于三角瓶中。

二、样品提取

加入 10～30 mL 正己烷，超声 5 min，过滤，用 10 mL 正己烷洗涤残渣数次，至洗出液无色，合并正己烷液，用旋转蒸发仪浓缩至 5 mL 以下。

三、样品脱色

将试样溶液慢慢加入氧化铝层析柱中，为保证层析效果，在柱中保持正己烷液面为 2 mm 左右时上样，在全程的层析过程中不应使柱干涸，用正己烷少量多次淋洗浓缩瓶，连同洗液一并注入层析柱。控制氧化铝表层吸附的色素带宽宜小于 0.5 cm，待样液完全流出后，视样品中含油类杂质的多少用 10～30 mL 正己烷洗柱，直至流出液无色，弃去全部正己烷淋洗液。

四、样品定容

用含 5% 丙酮的正己烷液 60 mL 洗脱，收集、浓缩后，用丙酮转移并定容至 5 mL，经 0.45 μm 有机滤膜过滤后待测。

五、测定

推荐色谱条件如下。

仪器条件：色谱柱 Zorbax SB-C18 3.5 m 4.6 mm × 150 mm（或相当型号色谱柱）。

流动相：

——溶剂 A　0.1% 甲酸的水溶液：乙腈 =85：15

——溶剂 B　0.1% 甲酸的乙腈溶液：丙酮 =80：20

梯度洗脱：流速 1 mL/min。柱温：30 ℃。检测波长：苏丹红Ⅰ 478 nm；苏红Ⅱ、苏丹红Ⅲ、苏丹红Ⅳ 520 nm；于苏丹红Ⅰ出峰后切换。进样量 10 μL。梯度条件见表 7-5-2。

表 7-5-2　苏丹红洗脱梯度条件时间表

时间（min）	流动相		曲线
	溶剂 A/%	溶液 B/%	
0	25	75	线性
10.0	25	75	线性
25.0	0	100	线性
32.0	0	100	线性
35.0	25	75	线性
40.0	25	75	线性

六、标准曲线

吸取标准储备液 0 mL、0.1 mL、0.2 mL、0.4 mL、0.8 mL、1.6 mL，用正己烷定容至

25 mL，此标准系列浓度为 0 μg/mL、0.16 μg/mL、0.32 μg/mL、0.64 μg/mL、1.28 μg/mL、2.56 μg/mL，绘制标准曲线。

七、计算

按下面的公式计算苏丹红含量：

$$R=C\times V/M$$

式中：R——样品中苏丹红含量，单位为毫克每千克（mg/kg）；

C——由标准曲线得出的样液中苏丹红的浓度，单位为微克每毫升（μg/mL）；

V——样液定容体积，单位为毫升（mL）；

M——样品质量，单位为克（g）。

- **实训报告**

<table>
<tr><td colspan="2" align="center">操作记录</td></tr>
<tr><td>实训名称：
姓名：</td><td>班级：
学号：</td></tr>
<tr><td colspan="2">试剂配制：</td></tr>
<tr><td colspan="2" align="center">检验记录</td></tr>
<tr><td>检测项目：
样品名称：
收样日期：</td><td>检测依据：
样品数量：
检测日期：</td></tr>
<tr><td colspan="2">操作步骤及反思：

原始数据记录：</td></tr>
</table>

（续表）

数据计算：
检测结论：

任务评价

评价表					
项目任务	评价指标	分值	自评	互评	师评
检测方案制订	正确选用检测标准及检测方案；检测方案制订合理规范	15			
样品准备	样品处理方法准确；正确使用打浆机	10			
提取	正确使用分析天平称量；正确使用移液管；正确使用涡旋混合器	10			
浓缩	溶液的准确转移；正确使用氮吹仪；正确使用涡旋混合器；正确使用针筒滤膜过滤	20			
数据处理与报告填写	原始数据记录及时、规范、整洁；有效数字保留准确；计算正确，回收率高≥80%，平行测定相对偏差≤15%；正确填写检测报告	25			
其他	仪器设备整理归位；台面整理干净，清洗、回收玻璃器皿、无破损；遵守实验室规章制度、课堂纪律	10			
思政表现	严谨细致、团结协作的职业素养	5			
	实验室规范操作仪器，爱护仪器设备的工作习惯；实验室安全操作，具备安全防护意识	5			
合计		100			

任务六 测定食品中三聚氰胺的含量

任务导入

你是某检测技术公司的食品检测员，今天接到任务，要完成乳制品中三聚氰胺含量的测定，依据检测工作一般流程，完成本次检测项目任务。

任务工单

班级：__________ 姓名：__________ 学号：__________

任务名称	测定乳制品中三聚氰胺的含量
任务描述	任务内容：通过任务实施，完成乳制品中三聚氰胺含量的测定，并能够确保检测过程正确规范，结果分析无误。 任务目的：合理进行样品预处理，并配制测定所需的试剂；能够在规定时间内规范正确地完成测定操作，能够利用高效液相色谱进行色谱分析，利用外标法进行定量，规范记录、正确计算、合理判定。 任务流程：知识储备、仪器设备及试剂准备、三聚氰胺含量的测定、结果分析。 任务方法：实践操作法、小组协作。
获取信息	要完成任务，需要掌握相关的知识。请收集资料，回答以下问题。 1. 什么是三聚氰胺？ 2. 乳制品中含有三聚氰胺有哪些危害？ 3. 三聚氰胺含量的测定方法有哪些？

任务准备

一、知识准备

（一）三聚氰胺

三聚氰胺（Melamine）（化学式：$C_3H_6N_6$），俗称密胺、蛋白精，国际纯粹与应用化学联合会（IUPAC）命名为 1,3,5- 三嗪 -2,4,6- 三氨基，是一种三嗪类含氮杂环有机化合物，被用作化工原料。它是白色单斜晶体，几乎无味，微溶于水（3.1 g/L 常温），可溶于甲醇、甲醛、乙酸、热乙二醇、甘油、吡啶等，不溶于丙酮、醚类，对身体有害，不可用于食品加工或食品添加物。三聚氰胺是氨基氰的三聚体，由它制成的树脂加热分解时会释放出大量氮气，因此可用作阻燃剂。它也是杀虫剂环丙氨嗪在动物和植物体内的代谢产物。

（二）三聚氰胺危害与限量

三聚氰胺不是食品原料，也不是食品添加剂，禁止人为添加到食品中。对在食品中人为添加三聚氰胺的，依法追究法律责任。三聚氰胺作为化工原料，可用于塑料、涂料、黏合剂、食品包装材料的生产。资料表明，三聚氰胺可能从环境、食品包装材料等途径进入到食品中，其含量很低。为确保人体健康和食品安全，根据《中华人民共和国食品安全法》及其实施条例规定，在总结乳与乳制品中三聚氰胺临时管理限量值公告（2008 年第 25 号公告）实施情况基础上，考虑到国际食品法典委员会已提出食品中三聚氰胺限量标准，2011 年 4 月 6 日，卫生部、工业和信息化部、农业部、国家工商行政管理总局、国家质量监督检验检疫总局联合发布公告，制定三聚氰胺在食品中的限量值：婴儿配方食品中三聚氰胺的限量值为 1 mg/kg，其他食品中三聚氰胺的限量值为 2.5 mg/kg，高于上述限量的食品一律不得销售。

（三）三聚氰胺含量的测定方法

三聚氰胺含量的检测主要有高效液相色谱法（HPLC 法）、液相色谱 - 质谱 / 质谱法（LC-MS/MS 法）、气相色谱 - 质谱法（GC-MS 法）。

乳制品中本次三聚氰胺含量检测项目任务主要参考 GB/T 22388—2008《原料乳与乳制品中三聚氰胺检测方法》标准中的第一法，高效液相色谱法（HPLC）。

测定原理：试样用三氯乙酸溶液 - 乙腈提取，经阳离子交换固相萃取柱净化后，用高效液相色谱测定，外标法定量。

二、材料准备

在检验项目开始前需准备好以下试剂：甲醇（CH_3OH，色谱纯）、乙腈（CH_3CN，色谱化）、氨水、三氟乙酸（CF_3COOH）、柠檬酸、辛烷磺酸钠（色谱纯）、甲醇水溶液、三氯乙酸溶液（1%）、氨化甲醇溶液（5%）、离子对试剂缓冲液、三聚氰胺标准品、三聚氰胺标准储备液、海砂（化学纯）。除非另有说明，本方法所用试剂均为分析纯，水为 GB/T 6682 规定的一级水。试剂配制方法详见二维码。

小学士

测定三聚氰胺含量所需试剂及配制方法

三、工具准备

请你按照表 7-6-1 中的清单，准备好实验所需仪器及工具，并填写检查确认情况。

表 7-6-1 测定三聚氰胺含量所需仪器及工具清单

序号	名称	型号与规格	单位	数量	检查确认
1	高效液相色谱（HPLC）仪	配有紫外检测器或二极管阵列检测器	台	合用	
2	分析天平	感量为 0.000 1 g 和 0.01 g	台	1	
3	离心机	转速不低于 4 000 r/min	台	1	
4	超声波水浴		台	合用	
5	固相萃取装置		台	1	
6	氮气吹干仪		台	合用	
7	涡旋混合器		台	1	
8	具塞塑料离心管	50 mL	个	4	
9	研钵		个	1	
10	定性滤纸		张	2	
11	微孔滤膜	0.2 μm，有机相	个	2	
	阳离子交换固相萃取柱	混合型阳离子交换固相萃取柱，基质为苯磺酸化的聚苯乙烯－二乙烯基苯高聚物，填料质量为 60 mg，体积为 3 mL，或相当者。使用前依次用 3 mL 甲醇、5 mL 水活化	个	2	

任务筹划

食品中三聚氰胺含量检测工作流程如图 7-6-1 所示。

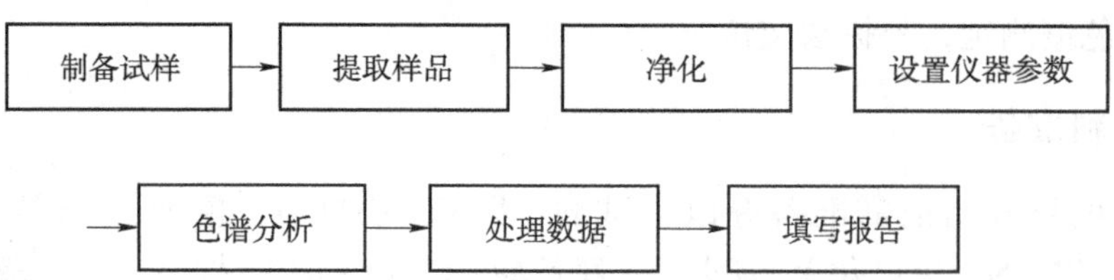

图 7-6-1 食品中三聚氰胺含量检测工作流程

任务实施

一、试样制备

液体样品（杀菌乳、灭菌乳、酸牛乳）采样量需大于 1 L，对于袋装、瓶装等包装样品需至少采集 3 个包装（同一批次或批号），将所有液体样品在一个容器中用匀浆机混匀后，其中任意的 100 g（mL）样品进行检测。

固体样品（全脂乳粉、脱脂乳粉、全脂加糖乳粉和调味乳粉、婴幼儿配方乳粉等）采样量需大于 1 kg，用高速粉碎机将其粉碎，过筛，使其粒径小于 2 mm 孔径试验筛，混合均匀后缩分至 100 g，储存于样品瓶中，密封保存，供检测用。

二、样品提取

（一）液态奶、奶粉、酸奶、冰淇淋和奶糖等

称取 2 g（精确至 0.01 g）试样于 50 mL 具塞塑料离心管中，加入 15 mL 三氯乙酸溶液和 5 mL 乙腈，超声提取 10 min，再振荡提取 10 min 后，以不低于 4 000 r/min 离心 10 min。上清液经三氯乙酸溶液润湿的滤纸过滤后，用三氯乙酸溶液定容至 25 mL，移取 5 mL 滤液，加入 5 mL 水混匀后做待净化液。

（二）奶酪、奶油和巧克力等

称取 2 g（精确至 0.01 g）试样于研钵中，加入适量海砂（试样质量的 4～6 倍）研磨成干粉状，转移至 50 mL 具塞塑料离心管中，用 15 mL 三氯乙酸溶液分数次清洗研钵，清洗液转入离心管中，再往离心管中加入 5 mL 乙腈，超声提取 10 min，再振荡提取 10 min 后，以不低于 4 000 r/min 离心 10 min。上清液经三氯乙酸溶液润湿的滤纸过滤后，用三氯乙酸溶液定容至 25 mL，移取 5 mL 滤液，加入 5 mL 水混匀后做待净化液。若样品中脂肪含量较高，可以用三氯乙酸溶液饱和的正己烷液－液分配除脂后再用 SPE 柱净化。

三、样品净化

将待净化液转移至固相萃取柱中。依次用 3 mL 水和 3 mL 甲醇洗涤，抽至近干后用 6 mL 氨化甲醇溶液洗脱。整个固相萃取过程流速不超过 1 mL/min。洗脱液于 50 ℃下用氮气吹干，残留物（相当于 0.4 g 样品）用 1 mL 流动相定容，涡旋混合 1 min，过微孔滤膜后，供 HPLC 测定。

四、色谱参考条件

色谱柱：C_8 柱，250 mm × 4.6 mm（内径），5 μm，或相当者；C_{18} 柱，250 mm × 4.6 mm（内径），5 μm，或相当者。

流动相：C_8 柱，离子对试剂缓冲液－乙腈（85+15，体积比），混匀；C_{18} 柱，离子对试剂缓冲液－乙腈（90+10，体积比），混匀。

流速：1.0 mL/min。

柱温：40 ℃。

波长：240 nm。

进样量：20 μm。

液相色谱图：参考图 7-6-2。

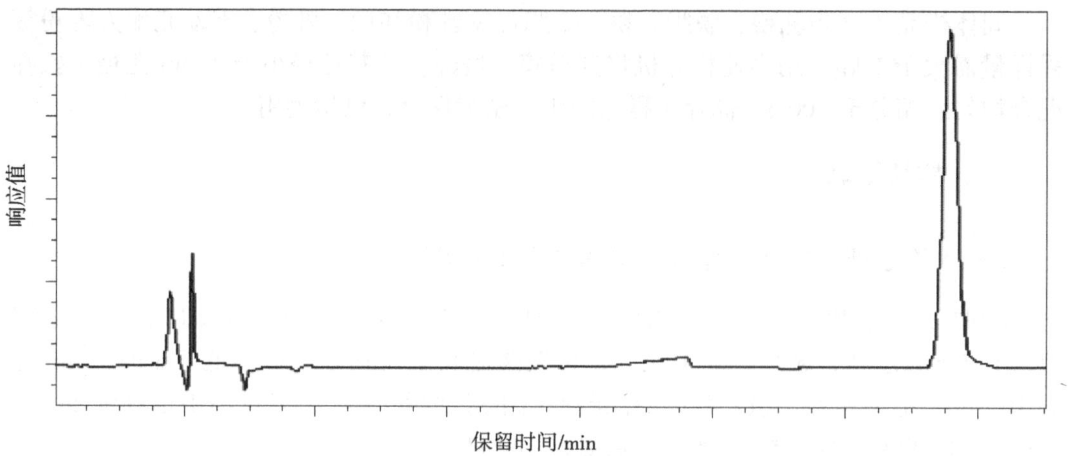

图 7-6-2 基质匹配加标三聚氰胺的样品 HPLC 色谱图
（检测波长 240 nm，保留时间 13.6 min，C_8 色谱柱）

五、样品测定

（1）标准曲线的制作。用流动相将三聚氰胺标准储备液逐级稀释得到浓度为 0.8 μg/mL、2 μg/mL、20 μg/mL、40 μg/mL、80 μg/mL 的标准工作液，浓度由低到高进样检测，以峰面积 - 浓度作图，得到标准曲线回归方程。

（2）定量测定。待测样液中三聚氰胺的响应值应在标准曲线线性范围内，超过线性范围则应稀释后再进样分析。

六、空白试验

不称取试样，按上述测定条件和步骤进行。

七、分析结果的表述

试样中三聚氰胺的含量由色谱数据处理软件或按下式计算获得：

$$X = \frac{A \times C \times V \times 1\,000}{A_s \times m \times 1\,000} \times f$$

式中：X——试样中三聚氰胺的含量，单位为毫克每千克（mg/kg）；

A——样液中三聚氰胺的峰面积；

C——标准溶液中三聚氰胺的浓度，单位为微克每毫升（μg/mL）

V——净化液的最终定容体积，单位为毫升（mL）；

A_s——标准溶液中三聚氰胺的峰面积；

m——试样的称样量，单位为克（g）；

f——稀释倍数。

注意事项

（1）本方法的定量限为 2 mg/kg。

（2）在添加浓度 2～10 mg/kg 浓度范围内，回收率在 80%～110%，相对标准偏差小于 10%。

（3）在重复性条件下获得的两次独立测定结果的绝对差值不得超过算术平均值的 10%。

- **实训报告**

<table>
<tr><td colspan="2" align="center">操作记录</td></tr>
<tr><td>实训名称：
姓名：</td><td>班级：
学号：</td></tr>
<tr><td colspan="2">试剂配制：</td></tr>
<tr><td colspan="2" align="center">检验记录</td></tr>
<tr><td>检测项目：
样品名称：
收样日期：</td><td>检测依据：
样品数量：
检测日期：</td></tr>
<tr><td colspan="2">操作步骤及反思：

原始数据记录：

数据计算：

检测结论：</td></tr>
</table>

任务评价

评价表					
项目任务	评价指标	分值	自评	互评	师评
检测方案制订	正确选用检测标准及检测方案；检测方案制订合理规范	10			
样品制备	样品处理方法正确	10			
提取	正确使用分析天平、移液管、涡旋振荡器、离心机	20			
净化及衍生	正确使用固相净化柱；正确使用滤膜过滤	15			
数据处理与报告填写	原始数据记录及时、规范、整洁；有效数字保留准确；计算正确，回收率≥80%，平行测定相对偏差≤10%；正确填写检测报告	25			
其他	物品的整理归位：台面整理干净、物品归位、无破损	5			
	遵守实验室规定，操作文明、安全	5			
思政表现	实事求是的工作态度	5			
	科学严谨的研究态度	5			
合计		100			

项目八 检测食品中常见的致病菌

项目导读

食品致病菌是引起食物中毒或以食品为主要传播媒介的致病菌，直接或间接污染食品及水源，从而导致人体肠道性传染病的发生、食物中毒以及其他食源性疾病。食品致病菌是导致食品安全问题的重要因素。食品致病菌检验能够对食品被致病菌污染的程度作出正确的评价，为传染病和食物中毒提供防治依据。同时，可有效地减少或防止食物中毒、人畜共患疾病的发生，保障人们的身体健康。国家制定了食品中致病菌限量标准，是食品安全基础标准的重要组成部分。标准提出了沙门氏菌、金黄色葡萄球菌、副溶血性弧菌、单核细胞增生李斯特氏菌、大肠埃希氏菌、志贺氏菌等几种主要致病菌在肉制品、水产制品、粮食制品、即食果蔬制品、饮料及冷冻饮品、即食调味品等多类食品中的限量要求。

知识目标

（1）了解常见致病菌的生物特性和检验的意义。
（2）掌握常见致病菌的检验流程和评价方式。
（3）学会解读食品中常见致病菌的检验方法标准。

技能目标

（1）能按照标准方法对常见致病菌进行检验。
（2）能对检验结果判定及报告。

素质目标

（1）具备科学创兴思维和与时俱进的精神，安全意识和诚信意识。
（2）培养求真务实、精益求精的工匠精神和良好的劳动习惯。

思政目标

增强学生的法律意识与遵纪守法的理念。

任务一 检测食品中的金黄色葡萄球菌

任务准备

一、知识准备

（一）金黄色葡萄球菌生物学特性

1. 形态特性

金黄色葡萄球菌为革兰氏阳性菌，细胞为球形或卵圆形，直径 0.5～1.5 μm。表面光滑，无胶囊，呈葡萄状排列，在显微镜下观察时，可以看到具有明显的革兰氏阳性菌的特征。

2. 培养特性

需氧或兼性厌氧菌，对营养要求不高，在普通培养基中生长良好，可形成圆形菌落，表面光滑，边缘整齐，不透明，能产生黄色色素；若加少量葡萄糖或血液生长更旺盛，在血平板上菌落周围产生透明溶血圈；在普通肉汤中混浊生长，时间过长，有少量沉淀。金黄色葡萄球菌最适生长温度为 37 ℃，对高温有一定的耐受能力，在 80 ℃以上的高温环境下 30 min 才可以将其彻底杀死，另外金黄色葡萄球菌可以存活于高盐环境，最高可以耐受 15% 浓度的 NaCl 溶液。由于细菌本身结构特点，利用 70% 乙醇可以在几分钟之内将其快速杀死。

3. 生化特性

一般能分解多种单糖，如葡萄糖、麦芽糖、蔗糖，但不会产气。可分解甘露醇，产生酸性物质。触酶（过氧化氢酶）阳性，有助于与链球菌相区分。对青霉素、金霉素、红霉素、庆大霉素高度敏感，而对链霉素中等敏感，对磺胺类抗生素则较低敏感。

（二）检验意义

金黄色葡萄球菌是常见的食源性致病菌，广泛存在于自然环境中。金黄色葡萄球菌在适当的条件下，能够产生肠毒素，引起食物中毒。也可引起肺炎、伪膜性肠炎、心包炎等，甚至败血症、脓毒症等全身感染。其致病力主要取决于产生的毒素和侵袭性酶，包括溶血素、杀白细胞素、血浆凝固酶、肠毒素等。

金黄色葡萄球菌可在食品中大量生长繁殖，产生毒素，人一旦误食了含有毒素的食品，就可能发生食物中毒，故食品中存在金黄色葡萄球菌对人体健康是一种潜在威胁，检验食品中金黄色葡萄球菌及其数量具有实际意义。

子任务一　定性检测金黄色葡萄球菌

任务导入

你是某检测技术公司的食品检测员，今天接到任务，要完成公司的一批冷冻鱼丸订单中金黄色葡萄球菌项目的测定，依据检测工作一般流程，完成本次检测项目任务。

任务工单

班级:________　姓名:________　学号:________

任务名称	定性检测冷冻鱼丸中的金黄色葡萄球菌
任务描述	任务内容：通过任务实施，完成冷冻鱼丸中金黄色葡萄球菌定性检验，并能够确保检测过程正确规范，结果分析无误。 任务目的：合理进行样品预处理，并配制测定所需的试剂与培养基；能够在规定时间内规范正确地完成测定操作，能够完成金黄色葡萄球菌的菌落特征识别，规范记录、结果判定正确。 任务流程：储备知识、准备仪器设备及试剂培养基、定性检验金黄色葡萄球菌、分析结果。 任务方法：实践操作法、小组协作。
获取信息	要完成任务，需要掌握相关的知识。请收集资料，回答以下问题。 1. 金黄色葡萄球菌有哪些生物学特性? 2. 金黄色葡萄球菌的定性检验都包括哪些步骤？使用什么培养基? 3. 金黄色葡萄球菌在琼脂平板上的菌落特征是什么? 4. 鉴定金黄色葡萄球菌时为什么要进行染色试验?

一、材料准备

本次金黄色葡萄球菌检测项目任务主要参考 GB 4789.10—2016《食品安全国家标

准 食品微生物学检验 金黄色葡萄球菌检验》。在检验项目开始前需准备好以下材料：7.5% 氯化钠肉汤、血琼脂平板、Baird-Parker 琼脂平板（B-P 平板）、脑心浸出液肉汤（BHI）、兔血浆、磷酸盐缓冲液、营养琼脂小斜面、革兰氏染色液、无菌生理盐水。配制方法详见二维码。

小学士

测定金黄色葡萄球菌所需试剂及配制方法

二、工具准备

请你按照表 8-1-1 中的清单，准备好实验所需仪器及工具，并填写检查确认情况。

表 8-1-1 检测金黄色葡萄球菌所需仪器及工具清单

序号	名称	型号与规格	单位	数量	检查确认
1	冰箱	2～5 ℃	台	合用	
2	恒温培养箱	（36 ± 1）℃	个	合用	
3	恒温水浴箱	37～65 ℃	台	合用	
4	均质器		台	1	
5	电子天平	感量 0.1 g	台	1	
6	无菌锥形瓶	500 mL、250 mL	个	1	
7	无菌吸管	1 mL、10 mL	支	各 1 支	
8	微量移液器	配吸头	套	1	
9	pH 计		台	1	
10	精密 pH 试纸		包	1	
11	无菌试管	18 mm × 180 mm、16 mm × 160 mm	支	≥15	
12	无菌培养皿	直径 90 mm	个	6	
13	高压蒸汽灭菌锅		台	合用	
14	超净工作台		台	1	

任务筹划

金黄色葡萄球菌定性检验项目流程如图 8-1-1 所示。

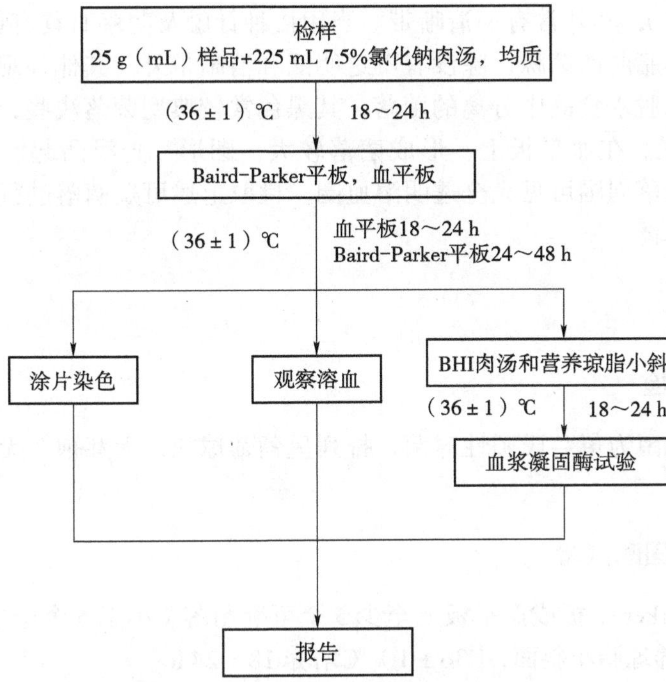

图 8-1-1　金黄色葡萄球菌定性检测流程

任务实施

一、样品的处理

称取 25 g 样品至盛有 225 mL 7.5% 氯化钠肉汤的无菌均质杯内，8 000～10 000 r/min 均质 1～2 min，或放入盛有 225 mL 7.5% 氯化钠肉汤无菌均质袋中，用拍击式均质器拍打 1～2 min。若样品为液态吸 25 mL 样品至盛有 225 mL 7.5% 氯化钠肉汤的无菌锥形瓶（瓶内可预置适当数量的无菌玻璃珠）中，振荡混匀。

二、增菌

将上述样品匀液于（36±1）℃培养 18～24 h。金黄色葡萄球菌在 7.5% 氯化钠肉汤中呈混浊生长。

三、分离

将增菌后的培养物，分别划线接种到 Baird-Parker 平板和血平板，血平板（36±1）℃培养 18～24 h。Baird-Parker 平板（36±1）℃培养 24～48 h。

四、初步鉴定

金黄色葡萄球菌在 Baird-Parker 平板上呈圆形，表面光滑、凸起、湿润、菌落直径为 2～3 mm，颜色呈灰黑色至黑色，有光泽，常有浅色（非白色）的边缘，周围绕以不透明圈（沉淀），其外常有一清晰带。当用接种针触及菌落时具有黄油样黏稠感。有时可见到不分解脂肪的菌株，除没有不透明圈和清晰带外，其他外观基本相同。从长期贮存的冷冻或脱水食品中分离的菌落，其黑色常较典型菌落浅些，且外观可能较粗糙，质地较干燥。在血平板上，形成菌落较大，圆形、光滑凸起、湿润、金黄色（有时为白色），菌落周围可见完全透明溶血圈。挑取上述可疑菌落进行革兰氏染色镜检及血浆凝固酶试验。

五、确证鉴定

（一）染色镜检

金黄色葡萄球菌为革兰氏阳性球菌，排列呈葡萄球状，无芽孢，无荚膜，直径为0.5～1.0 μm。

（二）血浆凝固酶试验

挑取 Baird-Parker 平板或血平板上至少 5 个可疑菌落（小于 5 个全选），分别接种到 5 mL BHI 和营养琼脂小斜面，（36 ± 1）℃培养 18～24 h。

取新鲜配制兔血浆 0.5 mL，放入小试管中，再加入 BHI 培养物 0.2～0.3 mL，振荡摇匀，置（36 ± 1）℃温箱或水浴箱内，每半小时观察一次，观察 6 h，如呈现凝固（即将试管倾斜或倒置时，呈现凝块）或凝固体积大于原体积的一半，被判定为阳性结果。同时以血浆凝固酶试验阳性和阴性葡萄球菌菌株的肉汤培养物作为对照。也可用商品化的试剂，按说明书操作，进行血浆凝固酶试验。

结果如可疑，挑取营养琼脂小斜面的菌落到 5 mL BHI，（36 ± 1）℃培 18～48 h，重复试验。

- **实训报告**

<table>
<tr><td colspan="2" align="center">操作记录</td></tr>
<tr><td>实训名称：
姓名：</td><td>班级：
学号：</td></tr>
<tr><td colspan="2">培养基及试剂配制：</td></tr>
<tr><td colspan="2" align="center">检验记录</td></tr>
<tr><td>检测项目：
样品名称：
收样日期：</td><td>检测依据：
样品数量：
检测日期：</td></tr>
<tr><td colspan="2">操作步骤及反思：</td></tr>
</table>

（续表）

<table>
<tr><td colspan="5">结果判定</td></tr>
<tr><td rowspan="2">菌落形态特征描述</td><td colspan="4">血平板：</td></tr>
<tr><td colspan="4">B-P 平板：</td></tr>
<tr><td rowspan="2">有无溶血圈</td><td colspan="3">染色镜检</td><td rowspan="2">血浆凝固酶试验</td></tr>
<tr><td>形态</td><td>颜色</td><td>染色判定</td></tr>
<tr><td></td><td></td><td></td><td></td><td></td></tr>
<tr><td>结果判定</td><td colspan="4"></td></tr>
</table>

任务评价

<table>
<tr><td colspan="6">评价表</td></tr>
<tr><td>项目</td><td>评价内容</td><td>分值</td><td>自评</td><td>互评</td><td>师评</td></tr>
<tr><td rowspan="2">样品制备</td><td>手的消毒：用 75% 酒精棉擦手心、手指、手背，干后进行操作</td><td>2</td><td></td><td></td><td></td></tr>
<tr><td>采样：样品称量、均质、无菌操作规范</td><td>3</td><td></td><td></td><td></td></tr>
<tr><td rowspan="3">增菌及分离培养</td><td>划线接种：划线前接种环灼烧；划线时第一区域未与最后区域相连；划线时力度不大</td><td>3</td><td></td><td></td><td></td></tr>
<tr><td>接种环的使用：接种环持法正确；取培养物前接种环灼烧灭菌彻底并能冷却；取出培养物后接种针不碰壁、不过火；接种完接种环灼烧灭菌彻底</td><td>3</td><td></td><td></td><td></td></tr>
<tr><td>分离培养：培养温度时间控制合理，典型菌落选取正确</td><td>4</td><td></td><td></td><td></td></tr>
<tr><td rowspan="2">鉴定</td><td>染色镜检：正确使用接种环，正确选用可疑菌落进行革兰氏染色镜检</td><td>10</td><td></td><td></td><td></td></tr>
<tr><td>血浆凝固酶试验：正确使用接种环，正确选用可疑菌落进行血浆凝固酶试验，并判定结果</td><td>10</td><td></td><td></td><td></td></tr>
<tr><td rowspan="2">结果</td><td>结果报告：报告结果规范、正确</td><td>10</td><td></td><td></td><td></td></tr>
<tr><td>物品的整理归位：台面整理干净、物品归位、无破损</td><td>5</td><td></td><td></td><td></td></tr>
<tr><td rowspan="3">任务进度</td><td>阶段任务一：能够按照操作要求准确完成增菌</td><td>10</td><td></td><td></td><td></td></tr>
<tr><td>阶段任务二：能够根据操作要求准确规范完成菌种的分离</td><td>10</td><td></td><td></td><td></td></tr>
<tr><td>阶段任务三：能够根据金黄色葡萄球菌检验程序进行染色镜检及血浆凝固酶试验</td><td>10</td><td></td><td></td><td></td></tr>
</table>

（续表）

评价表					
项目	评价内容	分值	自评	互评	师评
任务质量	能够合理规范完成检测任务，并出具完整检测报告	3			
素养表现	清洁操作台面，器械清洁干净并摆放整齐	2			
	废液、废弃物处理合理	2			
	遵守实验室规定，操作文明、安全	3			
	严格执行操作程序，遵守无菌操作要求	4			
思政表现	实事求是的工作态度	3			
	科学严谨的研究态度	3			
合计		100			

子任务二　平板计数法检测金黄色葡萄球菌

任务工单

班级：__________　姓名：__________　学号：__________

任务名称	平板计数法检测金黄色葡萄球菌
任务描述	任务内容：通过任务实施，完成食品中金黄色葡萄球菌平板计数的检验，并能够确保检测过程正确规范，结果分析无误。 任务目的：合理进行样品预处理，并配制测定所需的试剂与培养基；能够在规定时间内规范正确地完成测定操作，能够完成金黄色葡萄球菌的菌落特征识别与平板计数，规范记录、结果判定正确。 任务流程：储备知识、准备仪器设备及试剂培养基、平板计数检测金黄色葡萄球菌、分析结果。 任务方法：实践操作法、小组协作。
获取信息	要完成任务，需要掌握相关的知识。请收集资料，回答以下问题。 1. 金黄色葡萄球菌样品该如何稀释？ 2. 在不同稀释度下，金黄色葡萄球菌典型菌落该如何确认计数？ 3. 样品中金黄色葡萄球菌菌落数如何计算？

一、材料准备

培养基与试剂同子任务一金黄色葡萄球菌定性检验。

二、工具准备

请你按照表 8-1-2 中的清单，准备好实验所需仪器及工具，并填写检查确认情况。

表 8-1-2　金黄色葡萄球菌平板计数法所需仪器及工具

序号	名称	型号与规格	单位	数量	检查确认
1	冰箱	2～5 ℃	台	合用	
2	恒温培养箱	（36 ± 1）℃	个	合用	
3	恒温水浴箱	37～65 ℃	台	合用	
4	均质器		台	1	
5	电子天平	感量 0.1 g	台	1	
6	无菌锥形瓶	500 mL、250 mL	个	2	
7	无菌吸管	10 mL	支	3	
8	微量移液器	配吸头	套	2	
9	pH 计		台	1	
10	精密 pH 试纸		包	1	
11	无菌试管	18 mm × 180 mm	支	10	
12	无菌培养皿	直径 90 mm	个	8	
13	高压蒸汽灭菌锅		台	合用	
14	超净工作台		台	1	
15	“L” 形棒		支	6	

任务筹划

金黄色葡萄球菌平板计数流程如图 8-1-2 所示。

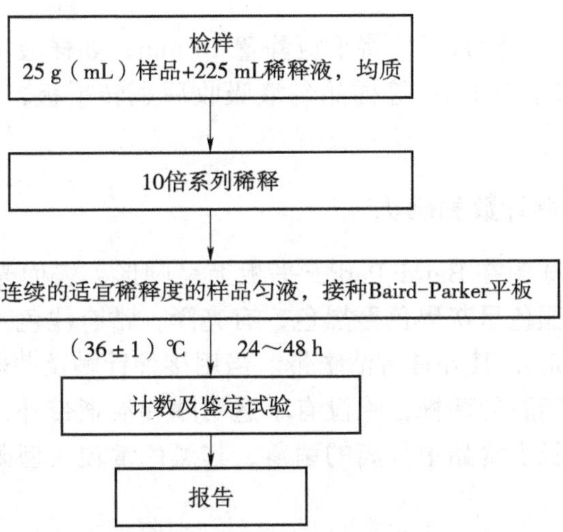

图 8-1-2　金黄色葡萄球菌平板计数法流程

任务实施

一、样品稀释

（一）固体和半固体样品

称取 25 g 样品置于盛有 225 mL 磷酸盐缓冲液或生理盐水的无菌均质杯内，8 000～10 000 r/min 均质 1～2 min，或置于盛有 225 mL 稀释液的无菌均质袋中用拍击式均质器拍打 1～2 min，制成 1：10 的样品匀液。

（二）液体样品

以无菌吸管吸取 25 mL 样品置于盛有 225 mL 磷酸盐缓冲液或生理盐水的无菌锥形瓶（瓶内预置适当数量的无菌玻璃珠）中，充分混匀，制成 1：10 的样品液。

用 1 mL 无菌吸管或微量移液器吸取 1：10 样品液 1 mL 沿管缓慢注于盛有 9 mL 磷酸盐缓冲液或生理盐水的无菌试管中（注意吸管或吸头尖端不要触及稀释液面），振摇试管或换用 1 支 1 mL 无菌吸管反复吹打使其混合均匀，制成 1：100 的样品液。按该操作程序，制备 10 倍系列稀释样品液。每递增稀释一次，换用 1 次 1 mL 无菌吸管或吸头。

二、样品接种

根据对样品污染状况的估计，选择 2～3 个适宜稀释度的样品匀液（液体样品可包括原液），在进行 10 倍递增稀释的同时，每个稀释度分别吸取 1 mL 样品液以 0.3 mL、0.3 mL、0.4 mL 接种量分别加入三块 Baird-Parker 平板，然后用无菌涂布棒涂布整个平板，注意不要触及平板边缘。使用前，如 Baird-Parker 平板表面有水珠，可放在 25～50 ℃的培养箱里干燥，直到平板表面的水珠消失。

三、培养

在通常情况下，涂布后，将平板静置 10 min，如样液不易吸收，可将平板放在培养箱（36 ± 1）℃培养 1 h；等样品匀液吸收后翻转平板，倒置后于（36 ± 1）℃培养 24～48 h。

四、典型菌落计数和确认

金黄色葡萄球菌在 Baird-Parker 平板上呈圆形，表面光滑、凸起、湿润、菌落直径为 2～3 mm，颜色呈灰黑色至黑色，有光泽，常有浅色（非白色）的边缘，周围绕以不透明圈（沉淀），其外常有清晰带。当用接种针触及菌落时具有黄油样黏稠感。有时可见到不分解脂肪的菌株，除没有不透明圈和清晰带外，其他外观基本相同。从长期贮存的冷冻或脱水食品中分离的菌落，其黑色常较典型菌落浅些，且外观可能较粗糙，质地较干燥。

选择有典型的金黄色葡萄球菌菌落的平板，且同一稀释度3个平板所有菌落数合计在20～200 CFU之间的平板，计数典型菌落数。

从典型菌落中至少选5个可疑菌落（小于5个全选）进行鉴定试验。分别做染色镜检，血浆凝固酶试验；同时划线接种到血平板（36±1）℃培养18～24 h后观察菌落形态，金黄色葡萄球菌菌落较大，圆形、光滑凸起、湿润、金黄色（有时为白色），菌落周围可见完全透明溶血圈。

五、结果计算

情况一：只有一个稀释度平板的典型菌落数为20～200 CFU，计数该稀释度平板上的典型菌落，按公式8-1-1计算。

情况二：最低稀释度平板的典型菌落数小于20 CFU且有典型菌落，计数该稀释度平板上的典型菌落，按公式8-1-1计算。

情况三：某一稀释度平板的典型菌落数大于200 CFU，但下一稀释度平板上没有典型菌落，计数该稀释度平板上的典型菌落，按公式8-1-1计算。

情况四：某一稀释度平板的典型菌落数大于200 CFU，且下一稀释度平板上有典型菌落，但不在20～200 CFU范围内，应计数该稀释度平板上的典型菌落，按公式8-1-1计算。

情况五：2个连续稀释度的平板典型菌落数均为20～200 CFU，按公式8-1-2计算。

$$T=\frac{AB}{Cd} \qquad (8\text{-}1\text{-}1)$$

式中：T——样品中金黄色葡萄球菌菌落数；

A——某一稀释度典型菌落的总数；

B——某一稀释度确证为金黄色葡萄球菌的菌落数；

C——某一稀释度用于金黄色葡萄球菌确证试验的菌落数；

d——稀释因子。

$$T=\frac{A_1B_1/C_1+A_2B_2/C_2}{1.1d} \qquad (8\text{-}1\text{-}2)$$

式中：T——样品中金黄色葡萄球菌菌落数；

A_1——第一稀释度（低稀释倍数）典型菌落的总数；

B_1——第一稀释度（低稀释倍数）确证为金黄色葡萄球菌的菌落数；

C_1——第一稀释度（低稀释倍数）用于金黄色葡萄球菌确证试验的菌落数；

A_2——第二稀释度（高稀释倍数）典型菌落的总数；

B_2——第二稀释度（高稀释倍数）确证为金黄色葡萄球菌的菌落数；

C_2——第二稀释度（高稀释倍数）用于金黄色葡萄球菌确证试验的菌落数；

1.1——计算系数；

d——稀释因子（第一稀释度）。

- **实训报告**

<table>
<tr><td colspan="5" align="center">操作记录</td></tr>
<tr><td colspan="5">实训名称：　　　　　　　　班级：
姓名：　　　　　　　　　　学号：</td></tr>
<tr><td colspan="5">培养基及试剂配制：</td></tr>
<tr><td colspan="5" align="center">检验记录</td></tr>
<tr><td colspan="5">检测项目：　　　　　　检测依据：
样品名称：　　　　　　样品数量：
收样日期：　　　　　　检测日期：</td></tr>
<tr><td colspan="5">操作步骤及反思：</td></tr>
<tr><td colspan="5" align="center">结果判定</td></tr>
<tr><td colspan="3" rowspan="2">菌落形态特征描述</td><td colspan="2">血平板：</td></tr>
<tr><td colspan="2">B-P 平板：</td></tr>
<tr><td colspan="3">染色镜检</td><td colspan="2">形态：　　　　颜色：　　　　染色判定：</td></tr>
<tr><td colspan="3">各稀释度典型菌落数</td><td>血浆凝固酶试验
阳性数</td><td>结果报告</td></tr>
<tr><td></td><td></td><td></td><td rowspan="2"></td><td rowspan="2"></td></tr>
<tr><td></td><td></td><td></td></tr>
<tr><td colspan="5">计算过程：</td></tr>
</table>

任务评价

评价表					
项目	评价内容	分值	自评	互评	师评
样品稀释	手的消毒：用75%酒精棉擦手心、手指、手背，干后进行操作	3			
	稀释：样品匀液制备正确、无菌；正确制备不同稀释倍数样品匀液	2			
样品接种及分离培养	划线接种：划线前接种环灼烧；划线时第一区域未与最后区域相连；划线时力度不大	5			
	接种环的使用：接种环持法正确；取培养物前接种环灼烧灭菌彻底并能冷却；取出培养物后接种针不碰壁、不过火；接种完接种环灼烧灭菌彻底	5			
	分离培养：培养温度时间控制合理，典型菌落选取正确	5			
结果	正确识别、鉴定典型金黄色葡萄球菌菌落并计数，完成结果计算	10			
	结果报告：报告结果计算正确；报告填写规范	10			
	物品的整理归位：台面整理干净、物品归位、无破损	5			
任务进度	阶段任务一：能够按照操作要求准确完成样品稀释	5			
	阶段任务二：能够根据操作要求准确规范完成样品的接种培养	10			
	阶段任务三：能够根据金黄色葡萄球菌典型群落特点，完成鉴定计数，并计算出结果	10			
任务质量	能够合理规范完成检测任务，并出具完整检测报告	3			
素养表现	清洁操作台面，器械清洁干净并摆放整齐	2			
	废液、废弃物处理合理	5			
	遵守实验室规定，操作文明、安全	5			
	严格执行操作程序，遵守无菌操作要求	5			
思政表现	实事求是的工作态度	5			
	科学严谨的研究态度	5			
合计		100			

子任务三　MPN 计数法检测金黄色葡萄球菌

任务工单

班级：__________　　姓名：__________　　学号：__________

任务名称	MPN 计数法检测金黄色葡萄球菌
任务描述	任务内容：通过任务实施，完成食品中金黄色葡萄球菌 MPN 计数的检验，并能够确保检测过程正确规范，结果分析无误。 任务目的：合理进行样品预处理，并配制测定所需的试剂与培养基；能够在规定时间内规范正确地完成测定操作，能够完成金黄色葡萄球菌的 MPN 计数，规范记录、结果判定正确。 任务流程：储备知识、仪准备器设备及试剂培养基、MPN 计数检测金黄色葡萄球菌、分析结果。 任务方法：实践操作法、小组协作。
获取信息	要完成任务，需要掌握相关的知识。请收集资料，回答以下问题。 1. 在不同稀释度下，金黄色葡萄球菌典型菌落该如何确认计数？ 2. 金黄色葡萄球菌三种检验方法分别适用于哪些样品？

一、材料准备

培养基与试剂同子任务一。

二、工具准备

工具准备同子任务二。

任务筹划

金黄色葡萄球菌 MPN（最大可能数）计数流程如图 8-1-3 所示。

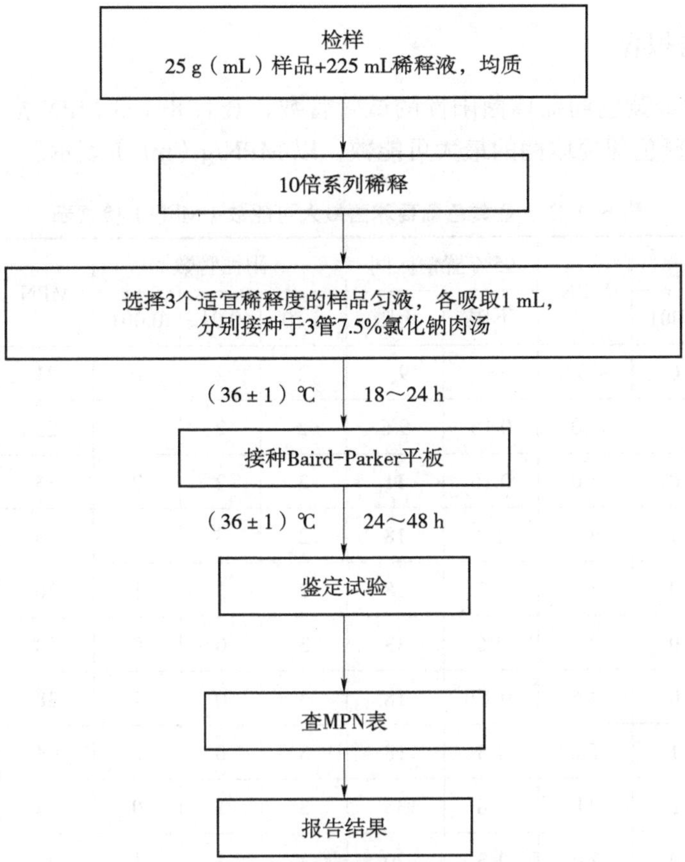

图 8-1-3　金黄色葡萄球菌 MPN 计数流程

任务实施

一、样品稀释

操作步骤同子任务二。

二、接种和培养

根据对样品污染状况的估计，选择 3 个适宜稀释度的样品液（液体样品可包括原液），在进行 10 倍递增稀释的同时，每个稀释度分别接 1 mL 样品液至 7.5% 氯化钠肉汤管（如接种量超 1 mL，则用双料 7.5% 氯化钠肉汤），每个稀释度接种 3 管，将上述接种物于（36 ± 1）℃培养，培养时长，18～24 h。

用接种环从培养后的 7.5% 氯化钠肉汤管中分别取培养物 1 环，移种于 Baird-Parker 平板（36 ± 1）℃培养，24～48 h。

三、典型菌落确认

操作步骤同子任务二。

四、结果与报告

根据证实为金黄色葡萄球菌阳性的试管管数，查表 8-1-3 MPN 检索表，报告每 g（mL）样品中金黄色葡萄球菌的最大可能数，以 MPN/g（mL）表示。

表 8-1-3 金黄色葡萄球菌最大可能数（MPN）检索表

阳性管数			MPN	95% 置信区间		阳性管数			MPN	95% 置信区间	
0.10	0.01	0.001		下限	上限	0.10	0.01	0.001		下限	上限
0	0	0	<3.0	—	9.5	2	2	0	21	4.5	42
0	0	1	3.0	0.15	9.6	2	2	1	28	8.7	94
0	1	0	3.0	0.15	11	2	2	2	35	8.7	94
0	1	1	6.1	1.2	18	2	3	0	29	8.7	94
0	2	0	6.2	1.2	18	2	3	1	36	8.7	94
0	3	0	9.4	3.6	38	3	0	0	23	4.6	94
1	0	0	3.6	0.17	18	3	0	1	38	8.7	110
1	0	1	7.2	1.3	18	3	0	2	64	17	180
1	0	2	11	3.6	38	3	1	0	43	9	180
1	1	0	7.4	1.3	20	3	1	1	75	17	200
1	1	1	11	3.6	38	3	1	2	120	37	420
1	2	0	11	3.6	42	3	1	3	160	40	420
1	2	1	15	4.5	42	3	2	0	93	18	420
1	3	0	16	4.5	42	3	2	1	150	37	420
2	0	0	9.2	1.4	38	3	2	2	210	40	430
2	0	1	14	3.6	42	3	2	3	290	90	1 000
2	0	2	20	4.5	42	3	3	0	240	42	1 000
2	1	0	15	3.7	42	3	3	1	460	90	2 000
2	1	1	20	4.5	42	3	3	2	1 100	180	4 100
2	1	2	27	8.7	94	3	3	3	>1 100	420	—

注：（1）本表采用 3 个稀释度 [0.1 g（mL）、0.01 g（mL）和 0.001 g（mL）]、每个稀释度接种 3 管。

（2）表内所列检样量如改用 1 g（mL）、0.1 g（mL）和 0.01 g（mL）时，表内数字应相应降低 10 倍；如改用 0.01 g（mL）、0.001 g（mL）、0.000 1 g（mL）时，则表内数字应相应增高 10 倍，其余类推。

- **实训报告**

<table>
<tr><td colspan="4">操作记录</td></tr>
<tr><td colspan="4">实训名称：　　　　　　　　　　班级：
姓名：　　　　　　　　　　　　学号：</td></tr>
<tr><td colspan="4">培养基及试剂配制：</td></tr>
<tr><td colspan="4">检验记录</td></tr>
<tr><td colspan="4">检测项目：　　　　　　　　　　检测依据：
样品名称：　　　　　　　　　　样品数量：
收样日期：　　　　　　　　　　检测日期：</td></tr>
<tr><td colspan="4">操作步骤及反思：</td></tr>
<tr><td colspan="4">结果判定</td></tr>
<tr><td colspan="3" rowspan="2">菌落形态特征描述</td><td>血平板：</td></tr>
<tr><td>B-P 平板：</td></tr>
<tr><td colspan="3">染色镜检</td><td>形态：　　　　颜色：　　　　染色判定：</td></tr>
<tr><td colspan="3">各稀释度证实为阳性的管数</td><td>查 MPN 表结果报告</td></tr>
<tr><td></td><td></td><td></td><td rowspan="2"></td></tr>
<tr><td></td><td></td><td></td></tr>
<tr><td colspan="4">计算过程：</td></tr>
</table>

任务评价

评价表					
项目	评价内容	分值	自评	互评	师评
样品稀释	手的消毒：用 75% 酒精棉擦手心、手指、手背，干后进行操作	3			
	稀释：样品匀液制备正确、无菌；稀释的样品匀液倍数正确	2			
样品接种及分离培养	划线接种：划线前接种环灼烧；划线时第一区域未与最后区域相连；划线时力度不大	5			
	接种环的使用：接种环持法正确；取培养物前接种环灼烧灭菌彻底并能冷却；取出培养物后接种针不碰壁、不过火；接种完接种环灼烧灭菌彻底	5			
	分离培养：培养温度时间控制合理，典型菌落选取正确	5			
结果	正确识别、鉴定典型金黄色葡萄球菌菌落进行鉴定试验，查 MPN 表得出结果	10			
	结果报告：报告结果计算正确；报告填写规范	5			
	物品的整理归位：台面整理干净、物品归位、无破损	5			
任务进度	阶段任务一：能够按照操作要求准确完成样品稀释	7			
	阶段任务二：能够根据操作要求准确规范完成样品的接种培养	8			
	阶段任务三：能够根据金黄色葡萄球菌阳性的试管管数，得出样品中金黄色葡萄球菌的最大可能数	10			
任务质量	能够合理规范完成检测任务，并出具完整检测报告	5			
素养表现	清洁操作台面，器械清洁干净并摆放整齐	5			
	废液、废弃物处理合理	5			
	遵守实验室规定，操作文明、安全	5			
	严格执行操作程序，遵守无菌操作要求	5			
思政表现	实事求是的工作态度	5			
	科学严谨的研究态度	5			
合计		100			

任务二　检测食品中的沙门氏菌

任务导入

你是某检测技术公司的食品检测员，今天接到任务，要完成公司的一批生鸡肉检测订单中沙门氏菌项目的测定，依据检测工作一般流程，完成本次检测项目任务。

任务工单

班级：__________　姓名：__________　学号：__________

任务名称	生鸡肉中沙门氏菌的检测
任务描述	任务内容：通过任务实施，完成生鸡肉中沙门氏菌的检验，并能够确保检测过程正确规范，结果分析无误。 任务目的：合理进行样品预处理，并配制测定所需的试剂与培养基；能够在规定时间内规范正确地完成测定操作，能够完成沙门氏菌的菌落特征识别并完成生化试验，规范记录、依据生化试验结果判定其是否为阳性。 任务流程：知识储备、仪器设备及试剂培养基准备、沙门氏菌的检测、结果分析。 任务方法：实践操作法、小组协作。
获取信息	要完成任务，需要掌握相关的知识。请收集资料，回答以下问题。 1. 沙门氏菌有哪些生物学特性？ 2. 沙门氏菌的检验都包括哪些步骤？分别使用哪些培养基？ 3. 沙门氏菌生化鉴定试验包括哪些？ 4. 沙门氏菌在各类选择性琼脂平板上的菌落特征是什么？

任务准备

一、知识准备

（一）沙门氏菌生物学特性

1. 形态特性

沙门氏菌为革兰氏阴性菌，两端钝圆的短杆菌，（0.7～1.5）μm×（2～5）μm，无芽孢，一般无荚膜。除鸡白痢沙门氏菌、鸡伤寒沙门氏菌外都具有周身鞭毛，能运动，大多数具有菌毛。

2. 培养特性

需氧及兼性厌氧菌，在普通琼脂培养基上生长良好，培养 24 h 后，形成中等大小、圆形、表面光滑、无色半透明、边缘整齐的菌落，其菌落特征亦与大肠杆菌相似，但无粪臭味；在鉴别培养基（麦康特、伊红美蓝等）上，一般形成无色菌落；在三糖铁琼脂斜面上，斜面为红色，底部变黑并产气。沙门氏菌最适生长温度为 35～37 ℃，最适生长 pH 值为 6.6～8.2，最低生长水分活度为 0.94，不耐高盐环境、不耐热，55 ℃、1 h 或 60 ℃、15～30 min 即被杀死。

3. 生化特性

一般发酵葡萄糖、麦芽糖、甘露醇和山梨醇产气；不发酵乳糖、蔗糖和侧金盏花醇；不产生吲哚，VP 反应阴性；不水解尿素，对苯丙氨酸不脱氨；伤寒沙门氏菌、鸡伤寒沙门氏菌及一部分鸡白痢沙门氏菌发酵糖不产气，大多数鸡白痢沙门氏菌不发酵麦芽糖；除鸡白痢沙门氏菌、猪伤寒沙门氏菌、甲型副伤寒沙门氏菌、伤寒沙门氏菌和仙台沙门氏菌等外，均能利用枸橼酸盐。

（二）检验意义

沙门氏菌广泛存在于自然界中，主要分布在人类和动物的肠道，通过粪口途径传播，即肠道中的沙门氏菌从粪便中排出，然后由昆虫或其他生物媒介污染水源和食物，又被人或其他动物摄入，病原体又经粪便再次被排出，如此连续循环传播。肉蛋类食品及动物饲料的地域流通加快了这一循环，导致沙门氏菌在世界范围内广泛分布。鸡肉和鸡蛋是人致病沙门氏菌的主要传播媒介。根据各国的研究，零售生鸡肉中沙门氏菌的污染率一般在 10%～80%。国家食品安全风险评估中心 2011—2013 年对市售生鸡肉中沙门氏菌污染水平的调查结果显示，我国零售生鸡肉中大约 40% 存在沙门氏菌污染，且夏季的污染率更高。

沙门氏菌是由食物引起肠胃炎最常见的病原体，它可导致多种感染，有些血清型如伤寒沙门氏菌等，还可引起菌血症。据 2010 年世界卫生组织（WHO）估计，全球每年有数十亿人患食源性疾病，42 万人死亡，其中每年仅非伤寒沙门氏菌就导致 23 万人死亡。因此，沙门氏菌与空肠弯曲菌、致病性大肠杆菌同为前三位的食源性致病细菌。据卫生部门近几年全国食物中毒事件情况通报来看，微生物性食物中毒的报告起数和中毒人数最多，均占总数的 50% 左右，其中沙门氏菌占细菌性食物中毒的 70%～80%。

二、材料准备

本次沙门氏菌检测项目任务主要参考 GB 4789.4—2024《食品安全国家标准　食品微生物学检验　沙门氏菌检验》。在检验项目开始前需准备好以下材料：缓冲蛋白胨水（BPW）、四硫磺酸钠煌绿增菌液（TTB）、氯化镁孔雀绿大豆胨（RVS）增菌液、亚硫酸（BS）琼脂、HE 琼脂、木糖赖氨酸脱氧胆盐（XLD）琼脂、三糖铁（TSI）琼脂、营养琼脂（NA）、半固体琼脂、蛋白胨水、靛基质试剂、尿素琼脂（pH 值 7.2）、氰化钾（KCN）培养基、赖氨酸脱羧酶试验培养基、糖发酵培养基、邻硝基酚 8-D 半乳糖苷（ONPG）培养基、丙二酸钠培养基、沙门氏菌显色培养基、沙门氏菌诊断血清、生化鉴定试剂盒。配制方法详见二维码。

小学士

测定沙门氏菌所需试剂及配制方法

三、工具准备

请你按照表 8-2-1 中的清单，准备好实验所需仪器及工具，并填写检查确认情况。

表 8-2-1　检测沙门氏菌所需仪器及工具清单

序号	名称	型号与规格	单位	数量	检查确认
1	冰箱	2～5 ℃	台	合用	
2	恒温培养箱	（36 ± 1）℃，恒温装置（42 ± 1）℃、（48 ± 2）℃	台	合用	
3	均质器		台	合用	
4	振荡器		台	合用	
5	电子天平	感量 0.1 g	台	合用	
6	无菌锥形瓶	500 mL、250 mL	个	2	
7	无菌量筒	50 mL	个	2	
8	无菌均质杯、无菌均质袋		个	1	
9	无菌广口瓶	500 mL	GE	1	
10	无菌吸管	1 mL（具 0.01 mL 刻度）、10 mL（具 0.1 mL 刻度）	支	10	
11	微量移液器	配吸头	套	1	
12	pH 计		台	1	
13	精密 pH 试纸		包	1	
14	无菌试管	3 mm × 50 mm、10 mm × 75 mm	支	10	
15	无菌培养皿	直径 60 mm、90 mm	个	10	
16	无菌接种环	10 μL（直径约 3 mm）、1 μL 以及接种针	个	1	
17	无菌毛细管		支	2	
18	高压蒸汽灭菌锅		台	合用	
19	超净工作台		台	1	
20	全自动微生物生化鉴定系统		台	合用	

任务筹划

沙门氏菌属检测项目流程如图 8-2-1 所示。

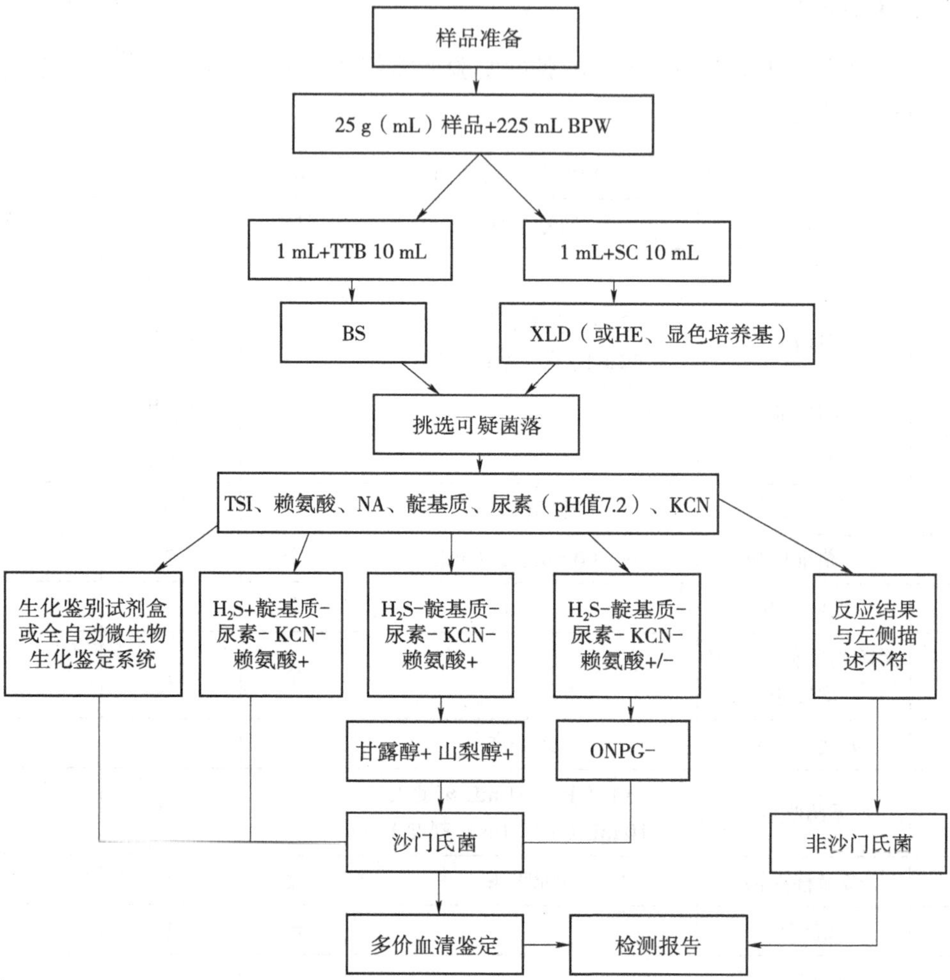

图 8-2-1　沙门氏菌检测流程

任务实施

一、预增菌

无菌操作称取 25 g（mL）样品，置于盛有 225 mL BPW 的无菌均质杯或合适容器内，以 8 000～10 000 r/min 均质 1～2 min，或置于盛有 225 mL BPW 的无菌均质袋中，用拍击式均质器拍打 1～2 min。若样品为液态，不需要均质，振荡混匀。如需调整 pH，用 1 mol/L 无菌 NaOH 或 HCl 调 pH 值至（6.8 ± 0.2）。无菌操作将样品转至

500 mL 锥形瓶或其他合适容器内（如均质杯本身具有无孔盖，可不转移样品），如使用均质袋，可直接进行培养，于（36 ± 1）℃培养 8～18 h。

对于乳粉：无菌操作称取 25 g 样品，缓缓倾倒在广口瓶或均质袋内 225 mL BPW 的液体表面，勿调节 pH，也暂不混匀，室温静置 60 ± 5 min 后再混匀，置于（36 ± 1）℃培养 16～18 h。

冷冻样品如需解冻，取样前在 40～45 ℃的水浴中解冻不超过 15 min，或在 2～8 ℃冰箱缓慢化冻不超过 18 h。

二、选择性增菌

轻轻摇动预增菌的培养物，移取 0.1 mL 转种于 10 mL RVS 中，混匀后于（42 ± 1）℃培养 18～24 h。同时，另取 1 mL 转种于 10 mL TTB 中后混匀，低背景菌的样品（如深加工的预包装食品等）置于（36 ± 1）℃培养 18～24 h，高背景菌的样品（如生鲜禽肉等）置于（42 ± 1）℃培养 18～24 h。

如有需要，可将预增菌的培养物在 2～8 ℃冰箱保存不超过 72 h，再进行选择性增菌。

三、分离

振荡混匀选择性增菌的培养物后，用直径 3 mm 的接种环取每种选择性增菌的培养物各一环，分别划线接种于一个 BS 琼脂平板和一个 XLD 琼脂平板（也可使用 HE 琼脂平板，沙门氏菌显色培养基平板或其他合适的分离琼脂平板），于（36 ± 1）℃分别培养 40～48 h（BS 琼脂平板）或 18～24 h（XLD 琼脂平板、HE 琼脂平板、沙门氏菌显色培养基平板），观察各个平板上生长的菌落，是否符合表 8-2-2 的菌落特征。

如有需要，可将选择性增菌的培养物在 2～8 ℃冰箱保存不超过 72 h，再进行分离。

表 8-2-2　沙门氏菌属在不同选择性琼脂平板上的菌落特征

选择性琼脂平板	沙门氏菌
BS 琼脂	菌落为褐色有金属光泽、棕褐色或灰色，菌落周围培养基可呈黑色或棕色；有些菌株形成灰绿色的菌落，周围培养基不变
HE 琼脂	蓝绿色或蓝色，多数菌落中心黑色或几乎全黑色；有些菌株为黄色，中心黑色或几乎全黑色
XLD 琼脂	菌落呈粉红色，带或不带黑色中心，有些菌株可呈现大的带光泽的黑色中心，或呈现全部黑色的菌落；有些菌株为黄色菌落，带或不带黑色中心
沙门氏菌显色培养基	按照显色培养基的说明进行判定

四、生化试验

（1）挑取4个以上典型或可疑菌落进行生化试验，这些菌落宜分别来自不同选择性增菌液的不同分离琼脂；也可先选其中一个典型或可疑菌落进行试验，若鉴定为非沙门氏菌，再取余下菌落进行鉴定。将典型或可疑菌落接种三糖铁琼脂，先在斜面划线，再于底层穿刺；同时接种赖氨酸脱羧酶试验培养基和营养琼脂（或其他合适的非选择性固体培养基）平板，于（36±1）℃培养18～24 h。三糖铁和赖氨酸脱羧酶试验的结果及初步判断见表8-2-3。将已挑菌落的分离琼脂平板于2～8 ℃保存，以备必要时复查。

表8-2-3 沙门氏菌属在三糖铁琼脂和赖氨酸脱羧酶试验培养基内的反应结果

三糖铁琼脂				赖氨酸脱羧酶试验培养基	初步判断
斜面	底层	产气	硫化氢		
K	A	+（-）	+（-）	+	可疑沙门氏菌属
K	A	+（-）	+（-）	-	可疑沙门氏菌属
A	A	+（-）	+（-）	+	可疑沙门氏菌属
A	A	+/-	+/-	-	非沙门氏菌
K	K	+/-	+/-	+/-	非沙门氏菌

注：K——产碱；A——产酸；+——阳性；-——阴性；+（-）——多数阳性，少数阴性；+/-——阳性或阴性。

（2）初步判断为非沙门氏菌者，直接报告结果。对疑似沙门氏菌者，从营养琼脂平板上挑取其纯培养物接种蛋白胨水［供做靛基质试验、尿素琼脂（pH值7.2）、氰化钾（KCN）培养基］，也可在接种三糖铁琼脂和赖氨酸脱羧酶试验培养基的同时，接种以上3种生化试验培养基，于（36±1）℃培养18～24 h按表8-2-4判定结果。

表8-2-4 沙门氏菌属生化反应初步鉴别表（1）

反应序号	硫化氢（H_2S）	靛基质	pH值7.2尿素	氰化钾（KCN）	赖氨酸脱羧酶
A1	+	-	-	-	+
A2	+	+	-	-	+
A3	-	-	-	-	+/-

注：+阳性；-阴性；+/-阳性或阴性。

a. 反应符合表8-2-4中A1者：为沙门氏菌典型的生化反应，进行血清学鉴定后报告结果。尿素、氰化钾和赖氨酸脱羧酶中如有1项不符合A1，按表8-2-5进行结果判断；尿素、氰化钾和赖氨酸脱羧酶中如有2项不符合A1，判断为非沙门氏菌并报告结果。

表 8-2-5　沙门氏菌属生化反应初步鉴别表（2）

pH 值 7.2 尿素	氰化钾（KCN）	赖氨酸脱羧酶	判定结果
-	-	-	甲型副伤寒沙门氏菌（要求血清学鉴定结果）
-	+	+	沙门氏菌Ⅳ或Ⅴ（要求符合本群生化特性）
+	-	+	沙门氏菌个别变体（要求血清学鉴定结果）
注：+ 表示阳性；- 表示阴性。			

b. 生化试验结果符合表 8-2-5 中 A2 者：补做甘露醇和山梨醇试验，沙门氏菌（靛基质阳性变体）的甘露醇和山梨醇试验结果均为阳性，其结果报告还应进行血清学鉴定。

c. 生化试验结果符合表 8-2-5 中 A3 者：补做 ONPG 试验。沙门氏菌的 ONPG 试验结果为阴性，且赖氨酸脱羧酶试验结果为阳性，但甲型副伤寒沙门氏菌的赖氨酸脱羧酶试验结果为阴性。生化试验结果符合沙门氏菌者，进行血清学鉴定。

d. 必要时，按表 8-2-6 进行沙门氏菌种和亚种的生化鉴定。

e. 如选择生化鉴定试剂盒或微生物生化鉴定系统，用分离平板上典型或可疑菌落的纯培养物，或者根据表 8-2-5 初步鉴别表（2）为疑似沙门氏菌的纯培养物，按生化鉴定试剂盒或微生物生化鉴定系统的操作说明鉴定。

表 8-2-6　沙门氏菌种和亚种的生化鉴定

种	肠道沙门氏菌						邦戈尔沙门菌
亚种	肠道亚种	萨拉姆亚种	亚利桑那亚种	双相亚利桑那亚种	豪顿亚种	印度亚种	
项目	Ⅰ	Ⅱ	Ⅲ	Ⅲ	Ⅳ	Ⅵ	Ⅴ
卫矛醇	+	+	-	-	-	d	+
ONPG（2 h）	-	-	-	+	-	d	+
丙二酸盐	-	+	+	+	-	-	-
明胶酶	-	+	+	+	+	+	-
山梨醇	+	+	+	+	+	-	+
氰化钾	-	-	-	-	+	-	+
L（+）- 酒石酸盐	+	-	-	-	-	-	-
半乳糖醛酸	-	+	-	+	+	+	+
γ- 谷氨酰转肽酶	+	+	-	+	+	+	+

（续表）

种	肠道沙门氏菌						邦戈尔沙门菌
亚种	肠道亚种	萨拉姆亚种	亚利桑那亚种	双相亚利桑那亚种	豪顿亚种	印度亚种	
β- 葡糖醛酸苷酶	d	d	-	+	-	d	-
黏液酸	+	+	+	-（70%）	-	+	+
水杨苷	-	-	-	-	+	-	-
乳糖	-	-	-（75%）	-	+（75%）	d	-
O1 噬菌体裂解	+	+	-	+	-	+	d
注：+ 阳性；- 阴性；d 不定。							

五、血清学鉴定

（一）检查培养物有无自凝性

一般采用琼脂含量为 1.2%～1.5% 的纯培养物进行玻片凝集试验，首先进行自凝性检查，以排除自凝集反应。方法为在洁净的玻片上滴加一滴生理盐水，取适量待测菌培养物与之混合，使成为均一性的混浊悬液，将玻片轻轻摇动 30～60 s，在黑色背景下观察反应（必要时用放大镜观察），若出现可见的菌体凝集，即认为有自凝性，反之无自凝性。对无自凝的培养物参照下面方法进行血清学鉴定。

（二）多价菌体抗原（O）鉴定

在玻片上划出 2 个约 1 cm × 2 cm 的区域，挑取待测菌培养物，各放 1 环于玻片上的每一区域上部，在其中一个区域下部加 1 滴多价菌体（O）抗血清，在另一区域下部加入 1 滴生理盐水，作为对照。再用无菌的接种环或针分别将两个区域内的待测菌培养物，分别与血清和生理盐水研成乳状液。将玻片倾斜摇动混合 1 min，并对着黑暗背景进行观察，与对照相比，出现可见的菌体凝集者为阳性反应。O 血清不凝集时，将菌株接种在琼脂量较高的（如 2%～3%）培养基上培养后再鉴定；如果是由于毒力抗原（Vi 抗原）的存在而阻止了 O 凝集反应时，可挑取待测菌培养物在 1 mL 生理盐水中做成浓菌液，在沸水中水浴 20～30 min，冷却后再进行鉴定。

（三）多价鞭毛抗原（H）鉴定

操作同多价菌体抗原（O）鉴定，将多价菌体（O）血清换成多价鞭毛（H）血清，进行多价鞭毛抗原（H）鉴定。H 抗原发育不良时，将菌株接种在琼脂含量 0.55%～0.65% 半固体琼脂平板的中央，待菌落蔓延生长时，在其边缘部分取菌检查；或将菌株通过接种装有半固体琼脂的小玻管 1～2 次，自远端取菌培养后再检查。

- **实训报告**

<table>
<tr><td colspan="9">操作记录</td></tr>
<tr><td colspan="9">实训名称：　　　　　　　　班级：
姓名：　　　　　　　　　　学号：</td></tr>
<tr><td colspan="9">培养基及试剂配制：</td></tr>
<tr><td colspan="9">检验记录</td></tr>
<tr><td colspan="9">检测项目：　　　　　　　　检测依据：
样品名称：　　　　　　　　样品数量：
收样日期：　　　　　　　　检测日期：</td></tr>
<tr><td colspan="9">操作步骤及反思：</td></tr>
<tr><td colspan="9">结果判定</td></tr>
<tr><td rowspan="3">菌落形态特征描述</td><td colspan="8">BS 平板</td></tr>
<tr><td colspan="8">XLD 平板</td></tr>
<tr><td colspan="8">HE 平板</td></tr>
<tr><td rowspan="2">生理生化结果判定</td><td>H_2S</td><td>靛基质</td><td>尿素</td><td>KCN</td><td>赖氨酸脱羧酶</td><td>甘露醇</td><td>山梨醇</td><td>ONPG</td></tr>
<tr><td></td><td></td><td></td><td></td><td></td><td></td><td></td><td></td></tr>
<tr><td>结果判定</td><td colspan="8"></td></tr>
</table>

任务评价

<table>
<tr><td colspan="6">评价表</td></tr>
<tr><td>项目</td><td>评价内容</td><td>分值</td><td>自评</td><td>互评</td><td>师评</td></tr>
<tr><td rowspan="2">预增菌</td><td>手的消毒：用 75% 酒精棉擦手心、手指、手背，干后进行操作</td><td>2</td><td></td><td></td><td></td></tr>
<tr><td>采样：样品称量、均质、无菌操作规范</td><td>3</td><td></td><td></td><td></td></tr>
</table>

（续表）

评价表					
项目	评价内容	分值	自评	互评	师评
菌落的分离及培养	划线接种：划线前接种环灼烧；划线时第一区域未与最后区域相连；划线时力度不大	5			
	接种环的使用：接种环持法正确；取培养物前接种环灼烧灭菌彻底并能冷却；取出培养物后接种针不碰壁、不过火；接种完接种环灼烧灭菌彻底	5			
	分离培养：培养温度时间控制合理，典型菌落选取正确	5			
结果	生化试验：正确使用微量移液管，正确判断典型菌落，正确使用接种环，生化反应结果判断准确	10			
	血清学鉴定：接种环使用正确，血清凝固判定准确，结果观察判定准确	10			
	结果报告：报告结果规范、正确	10			
	物品的整理归位：台面整理干净、物品归位、无破损	5			
任务进度	阶段任务一：能够按照操作要求准确完成增菌	5			
	阶段任务二：能够根据操作要求准确规范完成菌种的分离	5			
	阶段任务三：能够根据沙门氏菌检验程序进行沙门氏菌的生化试验	10			
任务质量	能够合理规范完成检测任务，并出具完整检测报告	5			
素养表现	清洁操作台面，器械清洁干净并摆放整齐	2			
	废液、废弃物处理合理	2			
	遵守实验室规定，操作文明、安全	3			
	严格执行操作程序，遵守无菌操作要求	3			
思政表现	实事求是的工作态度	5			
	科学严谨的研究态度	5			
合计		100			

任务三　检测食品中的副溶血性弧菌

任务导入

你是某检测技术公司的食品检测员，今天接到任务，要完成公司的一批金枪鱼检测订单中副溶血性弧菌项目的测定，依据检测工作一般流程，完成本次检测项目任务。

任务 工单

班级：＿＿＿＿＿＿ 姓名：＿＿＿＿＿＿ 学号：＿＿＿＿＿＿

任务名称	检测金枪鱼中的副溶血性弧菌
任务描述	任务内容：通过任务实施，完成金枪鱼中副溶血性弧菌的检验，并能够确保检测过程正确规范，结果分析无误。 任务目的：合理进行样品预处理，并配制测定所需的试剂与培养基；能够在规定时间内规范正确地完成测定操作，能够完成副溶血性弧菌的菌落特征识别并完成生化试验，规范记录、依据生化试验结果判定其是否为阳性。 任务流程：储备知识、准备仪器设备及试剂培养基、检测副溶血性弧菌、分析结果。 任务方法：实践操作法、小组协作。
获取信息	要完成任务，需要掌握相关的知识。请收集资料，回答以下问题。 1. 副溶血性弧菌有哪些生物学特性？ 2. 副溶血性弧菌在 TCBS 平板上的典型菌落特点是什么？ 3. 副溶血性弧菌的初步鉴定方法包括哪些？如何判定？

任务 准备

一、知识准备

（一）副溶血性弧菌生物学特性

1. 形态特性

副溶血性弧菌为革兰氏阴性菌，呈弧状、杆状、丝状等多种形状，菌体一端有鞭毛，无芽孢，无荚膜。

2. 培养特性

需氧以及兼性厌氧菌，嗜盐微畏酸，在无盐培养基上不能生长，在 3%～6% 盐水中繁殖迅速，低于 0.5% 或高于 8% 盐水中停止生长，生长最适温度为 37 ℃，最适 pH 值为 7.4～8.0。

3. 生化特性

本菌在 30 g/L NaCl 和 70 g/L NaCl 培养基中生长，在无盐或 100 g/L NaCl 培养基中不生长。

（二）检验意义

副溶血性弧菌是一种嗜盐性细菌，副溶血性弧菌食物中毒，是进食含有该菌的食物所致，主要来自海产品，如墨鱼、海鱼、海虾、海蟹、海蜇，以及含盐分较高的腌制食品，如咸菜、腌肉等，可能导致急性胃肠炎、反应性关节炎等，有时甚至引起原发性败血症。由副溶血性弧菌引起的食物中毒一般表现为急发病，潜伏期 2～24 h，一般 6～10 h 发病。主要的症状为腹痛，在脐部附近剧烈。该菌的致病性与带菌量与携带致病基因密切相关。

二、材料准备

本次副溶血性弧菌检测项目任务主要参考 GB 4789.7—2013《食品安全国家标准　食品微生物学检验　副溶血性弧菌检验》。在检验项目开始前需准备好以下材料：3% 氯化钠碱性蛋白胨水、硫代硫酸盐 - 柠檬酸盐 - 胆盐 - 蔗糖（TCBS）琼脂、3% 氯化钠胰蛋白胨大豆琼脂、3% 氯化钠三糖铁琼脂、嗜盐性试验培养基、3% 氯化钠甘露醇试验培养基、3% 氯化钠赖氨酸脱羧酶试验培养基、3% 氯化钠 MR-VP 培养基、3% 氯化钠溶液、我妻氏血琼脂、氧化酶试剂、ONPG 试剂、Voges-Proskauer（VP）试剂。配制方法详见二维码。

小学士

测定副溶血性弧菌所需试剂及配制方法

三、工具准备

请你按照表 8-3-1 中的清单，准备好实验所需仪器及工具，并填写检查确认情况。

表 8-3-1　检测副溶血性弧菌所需仪器及工具清单

序号	名称	型号与规格	单位	数量	检查确认
1	冰箱	2～5 ℃、7～10 ℃	台	合用	
2	恒温培养箱	（36 ± 1）℃	个	合用	
3	恒温水浴箱	（36 ± 1）℃		合用	
4	均质器或无菌乳钵		台	合用	
5	振荡器		台	1	
6	电子天平	感量 0.1 g	台	1	
7	无菌锥形瓶	1 000 mL、500 mL、250 mL	个	2	
8	无菌吸管	1 mL、10 mL	支	10	
9	微量移液器	配吸头	套	1	
10	pH 计		台	1	
11	精密 pH 试纸		包	1	
12	无菌试管	18 mm × 180 mm 15 mm × 100 mm	支	10	

（续表）

序号	名称	型号与规格	单位	数量	检查确认
13	无菌培养皿	直径 90 mm	个	10	
14	无菌手术剪、镊子		个	1	
15	高压蒸汽灭菌锅		台	合用	
16	超净工作台		台	1	
17	全自动微生物生化鉴定系统		台	合用	

任务筹划

副溶血性弧菌检测项目流程如图 8-3-1 所示。

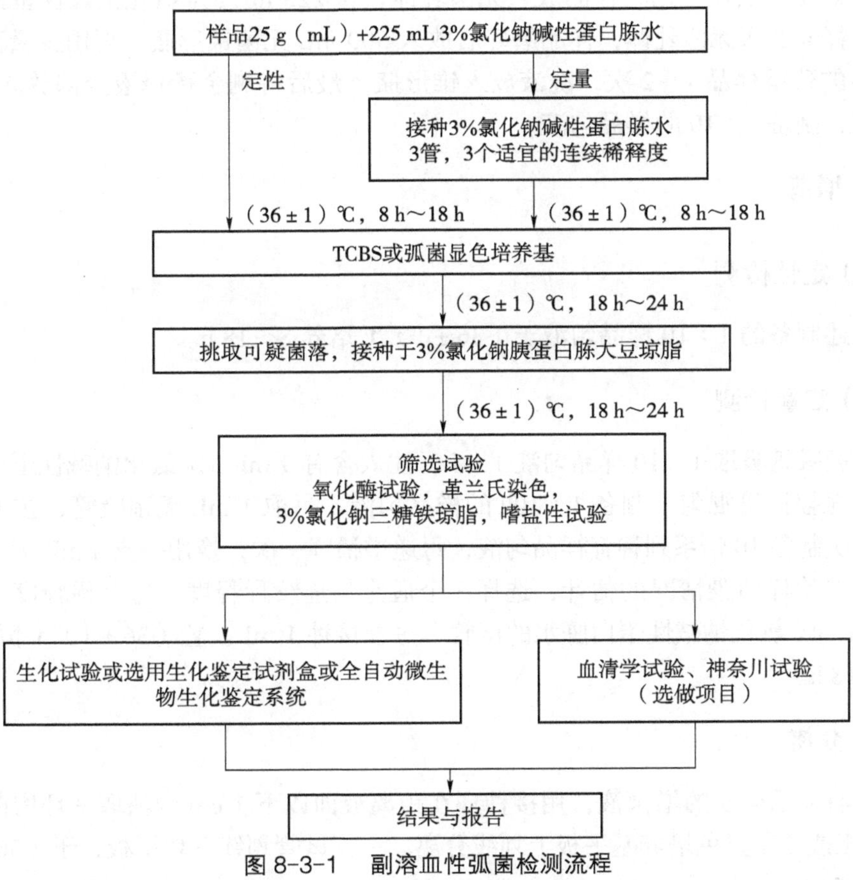

图 8-3-1　副溶血性弧菌检测流程

任务实施

一、样品制备

非冷冻样品采集后应立即置 7～10 ℃冰箱保存，尽可能及早检验；冷冻样品应在 45 ℃以下不超过 15 min 或在 2～5 ℃不超过 18 h 解冻。

鱼类和头足类动物取表面组织、肠或鳃。贝类取全部内容物，包括贝肉和体液；甲壳类取整个动物，或者动物的中心部分，包括肠和鳃。如为带壳贝类或甲壳类，则应先在自来水中洗刷外壳并甩干表面水分，然后以无菌操作打开外壳，按上述要求取相应部分。

以无菌操作取样品 25 g（mL），加入 3% 氯化钠碱性蛋白胨水 225 mL，用旋转刀片式均质器以 8 000 r/min 均质 1 min，或拍击式均质器拍击 2 min，制备成 1∶10 的样品匀液。如无均质器，则将样品放入无菌乳钵，自 225 mL 3% 氯化钠碱性蛋白胨水中取少量稀释液加入无菌乳钵，样品磨碎后放入 500 mL 无菌锥形瓶，再用少量稀释液冲洗乳钵中的残留样品 1～2 次，洗液放入锥形瓶，最后将剩余稀释液全部放入锥形瓶，充分振荡，制备 1∶10 的样品匀液。

二、增菌

（一）定性检测

将上述制备的 1∶10 样品匀液于（36 ± 1）℃培养 8～18 h。

（二）定量检测

用无菌吸管吸取 1∶10 样品匀液 1 mL，注入含有 9 mL 3% 氯化钠碱性蛋白胨水的试管内，振摇试管混匀，制备 1∶100 的样品匀液。另取 1 mL 无菌吸管，按上述操作程序，依次制备 10 倍系列稀释样品匀液，每递增稀释一次，换用一支 1 mL 无菌吸管。

根据对检样污染情况的估计，选择 3 个适宜的连续稀释度，每个稀释度接种 3 支含有 9 mL 3% 氯化钠碱性蛋白胨水的试管，每管接种 1 mL。置（36 ± 1）℃恒温箱内，培养 8～18 h。

三、分离

对所有显示生长的增菌液，用接种环在距离液面以下 1 cm 内沾取一环增菌液，于 TCBS 平板或弧菌显色培养基平板上划线分离。一支试管划线一块平板，于（36 ± 1）℃培养 18～24 h。

典型的副溶血性弧菌在 TCBS 上呈圆形、半透明、表面光滑的绿色菌落，用接种环轻触，有类似口香糖的质感，直径 2～3 mm。从培养箱取出 TCBS 平板后，应尽快（不超过 1 h）挑取菌落或标记要挑取的菌落。典型的副溶血性弧菌在弧菌显色培养基上的特征按照产品说明进行判定。

四、纯培养

挑取 3 个或以上可疑菌落，划线接种 3% 氯化钠胰蛋白胨大豆琼脂平板，(36±1)℃培养 18～24 h。

五、初步鉴定

氧化酶试验：挑选纯培养的单个菌落进行氧化酶试验，副溶血性弧菌为氧化酶阳性。

涂片镜检：将可疑菌落涂片，进行革兰氏染色，镜检观察形态。副溶血性弧菌为革兰氏阴性，呈棒状、弧状、卵圆状等多形态，无芽孢，有鞭毛。

挑取纯培养的单个可疑菌落，转种 3% 氯化钠三糖铁琼脂斜面并穿刺底层，(36±1)℃培养 24 h 观察结果。副溶血性弧菌在 3% 氯化钠三糖铁琼脂中的反应为底层变黄不变黑，无气泡，斜面颜色不变或红色加深，有动力。

嗜盐性试验：挑取纯培养的单个可疑菌落，分别接种 0%、6%、8% 和 10% 不同氯化钠浓度的胰胨水，(36±1)℃培养 24 h，观察液体混浊情况。副溶血性弧菌在无氯化钠和 10% 氯化钠的胰胨水中不生长或微弱生长，在 6% 氯化钠和 8% 氯化钠的胰胨水中生长旺盛。

六、确定鉴定

取纯培养物分别接种含 3% 氯化钠的甘露醇试验培养基、赖氨酸脱羧酶试验培养基、MR-VP 培养基，(36±1)℃培养 24～48 h 后观察结果；3% 氯化钠三糖铁琼脂隔夜培养物进行 ONPG 试验。可选择生化鉴定试剂盒或全自动微生物生化鉴定系统进行确定鉴定。

七、血清学分型（选做项目）

（一）制备

接种两管 3% 氯化钠胰蛋白胨大豆琼脂试管斜面，(36±1)℃培养 18～24 h。用含 3% 氯化钠的 5% 甘油溶液冲洗 3% 氯化钠胰蛋白胨大豆琼脂斜面培养物，获得浓厚的菌悬液。

（二）K 抗原的鉴定

取一管制备好的菌悬液，首先用多价 K 抗血清进行检测，出现凝集反应时再用单个的抗血清进行检测。用蜡笔在一张玻片上划出适当数量的间隔和一个对照间隔。在每个间隔内各滴加一滴菌悬液，并对应加入一滴 K 抗血清。在对照间隔内加一滴 3% 氯化钠溶液。轻微倾斜玻片，使各成分相混合，再前后倾动玻片 1 min。阳性凝集反应可以立即观察到。

（三）O 抗原的鉴定

将另外一管的菌悬液转移到离心管内，121 ℃灭菌 1 h。灭菌后 4 000 r/min 离心

15 min，弃去上层液体，沉淀用生理盐水洗三次，每次 4 000 r/min 离心 15 min，最后一次离心后留少许上层液体，混匀制成菌悬液。用蜡笔将玻片划分成相等的间隔。在每个间隔内加入一滴菌悬液，将 O 群血清分别加一滴到间隔内，最后一个间隔加一滴生理盐水作为自凝对照。轻微倾斜玻片，使各成分相混合，再前后倾动玻片 1 min。阳性凝集反应可以立即观察到。如果未见到与 O 群血清的凝集反应，将菌悬液 121 ℃再次灭菌 1 h 后，重新检测。如果仍为阴性，则培养物的 O 抗原属于未知。根据表 8-3-2 报告血清学分型结果。

表 8-3-2　副溶血性弧菌的抗原

O 群	K 型
1	1，5，20，25，26，32，38，41，56，58，60，64，69
2	3，28
3	4，5，6，7，25，29，30，31，33，37，43，45，48，54，56，57，58，59，72，75
4	4，8，9，10，11，12，13，34，42，49，53，55，63，67，68，73
5	15，17，30，47，60，61，68
6	18，46
7	19
8	20，21，22，39，41，70，74
9	23，44
10	24，71
11	19，36，40，46，50，51，61
12	19，52，61，66
13	65

八、神奈川试验（选做项目）

神奈川试验是在我妻氏琼脂上测试是否存在特定溶血素。神奈川试验阳性结果与副溶血性弧菌分离株的致病性显著相关。

用接种环将测试菌株的 3% 氯化钠胰蛋白胨大豆琼脂 18 h 培养物点种于表面干燥的我妻氏血琼脂平板。每个平板上可以环状点种几个菌。（36 ± 1）℃培养不超过 24 h，并立即观察。阳性结果为菌落周围呈半透明环的 β 溶血。

九、结果与报告

依据检测结果判断其是否为副溶血性弧菌阳性，具体见表 8-3-3。如果进行定量分析，根据证实为副溶血性弧菌阳性的试管管数，查最大可能数（MPN）检索表（表 8-3-4），报告 1 g（mL）副溶血性弧菌的 MPN 值。

表 8-3-3　副溶血性弧菌的生化性状

试验项目	结果
革兰氏染色镜检	阴性，无芽孢
氧化酶	+
动力	+
蔗糖	-
葡萄糖	+
甘露醇	+
分解葡萄糖产气	-
乳糖	-
硫化氢	-
赖氨酸脱羧酶	+
VP	-
ONPG	-
注：+ 表示阳性；- 表示阴性。	

表 8-3-4　副溶血性弧菌最大可能数（MPN）检索表

阳性管数			MPN	95% 可信限		阳性管数			MPN	95% 可信限	
0.10	0.01	0.001		下限	上限	0.10	0.01	0.001		下限	上限
0	0	0	<3.0		9.5	2	2	0	21	4.5	42
0	0	1	3.0	0.15	9.6	2	2	1	28	8.7	94
0	1	0	3.0	0.15	11	2	2	2	35	8.7	94
0	1	1	6.1	1.2	18	2	3	0	29	8.7	94
0	2	0	6.2	1.2	18	2	3	1	36	8.7	94
0	3	0	9.4	3.6	38	3	0	0	23	4.6	94
1	0	0	3.6	0.17	18	3	0	1	38	8.7	110
1	0	1	7.2	1.3	18	3	0	2	64	17	180
1	0	2	11	3.6	38	3	1	0	43	9	180
1	1	0	7.4	1.3	20	3	1	1	75	17	200
1	1	1	11	3.6	38	3	1	2	120	37	420
1	2	0	11	3.6	42	3	1	3	160	40	420
1	2	1	15	4.5	42	3	2	0	93	18	420
1	3	0	16	4.5	42	3	2	1	150	37	420
2	0	0	9.2	1.4	38	3	2	2	210	40	430
2	0	1	14	3.6	42	3	2	3	290	90	1 000
2	0	2	20	4.5	42	3	3	0	240	42	1 000

（续表）

阳性管数			MPN	95% 可信限		阳性管数			MPN	95% 可信限	
0.10	0.01	0.001		下限	上限	0.10	0.01	0.001		下限	上限
2	1	0	15	3.7	42	3	3	1	460	90	2 000
2	1	1	20	4.5	42	3	3	2	1 100	180	4 100
2	1	2	27	8.7	94	3	3	3	>1 100	420	

注：（1）本表采用 3 个稀释度 [0.1 g（mL）、0.01 g（mL）和 0.001 g（mL）]，每个稀释度接种 3 管。

（2）表内所列检样量如改用 1 g（mL）、0.1 g（mL）和 0.01 g（mL）时，表内数字应相应降低 10 倍；如改用 0.01 g（mL）、0.001 g（mL）、0.000 1 g（mL）时，则表内数字应相应增加 10 倍，其余类推。

• 实训报告

操作记录		
实训名称： 姓名：	班级： 学号：	
培养基及试剂配制：		
检验记录		
检测项目： 样品名称： 收样日期：	检测依据： 样品数量： 检测日期：	
操作步骤及反思：		
观察现象和结果		
初步鉴定	氧化酶试验	
	图片镜检	
	3% 氯化钠三糖铁	
	嗜盐性试验	
生化试验	3% 氯化钠甘露醇	
	赖氨酸脱羧酶	
确证试验	MR-VP 培养基	
	API20E 试剂盒	
结果报告		

任务评价

评价表					
项目	评价内容	分值	自评	互评	师评
样品制备	手的消毒：用75%酒精棉擦手心、手指、手背，干后进行操作	2			
	采样：样品称量、均质、无菌操作规范	3			
增菌及分离培养	划线接种：划线前接种环灼烧；划线时第一区域未与最后区域相连；划线时力度不大	3			
	接种环的使用：接种环持法正确；取培养物前接种环灼烧灭菌彻底并能冷却；取出培养物后接种针不碰壁、不过火；接种完接种环灼烧灭菌彻底	2			
	分离培养：培养温度时间控制合理，典型菌落选取正确	5			
鉴定	生化试验：正确使用微量移液管，正确判断典型菌落，正确使用接种环，生化反应结果判断准确	10			
	血清学鉴定：接种环使用正确，血清凝固判定准确，结果观察判定准确	10			
	神奈川试验：接种环使用正确，试验结果判断准确	10			
结果	结果报告：报告结果规范、正确	2			
	物品的整理归位：台面整理干净、物品归位、无破损	3			
任务进度	阶段任务一：能够按照操作要求准确完成增菌	10			
	阶段任务二：能够根据操作要求准确规范完成菌种的分离	10			
	阶段任务三：能够根据副溶血性弧菌检验程序进行初步鉴定及确证试验	10			
任务质量	能够合理规范完成检测任务，并出具完整检测报告	3			
素养表现	清洁操作台面，器械清洁干净并摆放整齐	2			
	废液、废弃物处理合理	2			
	遵守实验室规定，操作文明、安全	3			
	严格执行操作程序，遵守无菌操作要求	4			
思政表现	实事求是的工作态度	3			
	科学严谨的研究态度	3			
合计		100			

任务四　检测食品中的单核细胞增生李斯特氏菌

任务准备

一、知识准备

（一）单核细胞增生李斯特氏菌生物学特性

1. 形态特性

单核细胞增生李斯特氏菌简称单增李斯特菌，革兰氏阳性小杆菌，大小为（0.4～0.5）μm×（0.5～2.0）μm，直或稍弯，两端钝圆，常呈V字形排列，偶有球状、双球状，在20～25 ℃周生鞭毛，在37 ℃只有较少的鞭毛或者1根鞭毛，无芽孢，无荚膜。

2. 培养特性

本菌营养要求不高，需氧及兼性厌氧。在20～25 ℃培养有动力，可见倒立伞状生长。在固体培养基上，菌落初期极小，水滴样，经数天培养后，直径可达2 mm，初期菌落光滑、透明，边缘整齐，后变灰暗。血平板上的菌落有β-型溶血环。本菌耐碱不耐酸，生长温度范围为2～42 ℃，最适生长温度为30～37 ℃。

3. 生化特性

该菌过氧化氢酶阳性，发酵多种糖类，产酸不产气，如发酵葡萄糖、乳糖、水杨素、麦芽糖、鼠李糖、七叶苷、蔗糖（迟发酵）、山梨醇、海藻糖、果糖，不发酵木糖、甘露醇、肌醇、阿拉伯糖、侧金盏花醇、棉子糖、卫矛醇和纤维二糖。不利用枸橼酸盐，40%胆汁不溶解，吲哚、硫化氢、尿素、明胶液化、硝酸盐还原、赖氨酸、鸟氨酸均阴性。VP试验、甲基红试验和精氨酸水解阳性。

（二）检验意义

单核细胞增生李斯特氏菌广泛存在于自然界中，土壤、地表水、污水、废水、植物、青贮饲料、烂菜中均有该菌存在，多种动植物食品、人畜排泄物、污水和青贮饲料中均可检出。单核细胞增生李斯特氏菌是一种人兽共患病的病原菌，动物很容易食入该菌，并通过口腔-粪便的途径进行传播。人主要通过食入软奶酪、未充分加热的鸡肉、未再次加热的热狗、鲜牛奶、巴氏消毒奶、冰激凌、生牛排、羊排、卷心菜沙拉、芹菜、西红柿、法式馅饼、冻猪舌等而感染。

该病的临床表现，健康成人个体出现轻微类似流感症状，新生儿、孕妇、免疫缺陷患者表现为呼吸急促、呕吐、出血性皮疹、化脓性结膜炎、发热、抽搐、昏迷、自然流产、脑膜炎、败血症直至死亡。

子任务一　定性检测单核细胞增生李斯特氏菌

任务导入

你是某检测技术公司的食品检测员，今天接到任务，要完成公司的一批奶酪检测订单中单核细胞增生李斯特氏菌项目的测定，依据检测工作一般流程，完成本次检测项目任务。

任务工单

班级：________　姓名：________　学号：________

任务名称	定性检测奶酪中的单核细胞增生李斯特氏菌
任务描述	任务内容：通过任务实施，完成奶酪中单核细胞增生李斯特氏菌定性检验，并能够确保检测过程正确规范，结果分析无误。 任务目的：合理进行样品预处理，并配制测定所需的试剂与培养基；能够在规定时间内规范正确地完成测定操作，能够完成单核细胞增生李斯特氏菌的菌落特征识别，规范记录、结果判定正确。 任务流程：储备知识、准备仪器设备及试剂培养基、定性检验单核细胞增生李斯特氏菌、结果分析。 任务方法：实践操作法、小组协作。
获取信息	要完成任务，需要掌握相关的知识。请收集资料，回答以下问题。 1. 单核细胞增生李斯特氏菌有哪些生物学特性？ 2. 单核细胞增生李斯特式菌在 PLACAM 琼脂和显色培养基上的典型菌落特征是怎样的？ 3. 单核细胞增生李斯特氏菌的鉴定方法包括哪些？ 4. 单核细胞增生李斯特氏菌生化鉴定试验包括哪些？

一、材料准备

本次单核细胞增生李斯特氏菌检测项目任务主要参考 GB 4789.30—2016《食品安全国家标准　食品微生物学检验　单核细胞增生李斯特氏菌检验》。在检验项目开始前需准备好以下材料：含 0.6% 酵母浸膏的胰酪胨大豆肉汤（TSB-YE）、含 0.6% 酵母浸膏的胰酪胨大豆琼脂（TSA-YE）、李氏增菌肉汤 LB（LB_1，LB_2）、1% 盐酸吖啶黄

（acriflavine HCl）溶液、1% 萘啶酮酸钠盐（naladixic acid）溶液、PALCAM 琼脂、SIM 动力培养基、缓冲葡萄糖蛋白胨水 [甲基红（MR）和 VP 试验用]、甲基红（MR）试剂、6% α- 萘酚 - 乙醇溶液、40% 氢氧化钾溶液、5%～8% 羊血琼脂、糖发酵管过氧化氢酶试验、3% 过氧化氢、缓冲蛋白水（BPW）、李斯特氏菌显色培养基、生化鉴定试剂盒。配制方法详见二维码。

小学士

测定单核细胞增生李斯特氏菌所需试剂及配制方法

二、工具准备

请你按照表 8-4-1 中的清单，准备好实验所需仪器及工具，并填写检查确认情况。

表 8-4-1　测定单核细胞增生李斯特氏菌所需仪器及工具清单

序号	名称	型号与规格	单位	数量	检查确认
1	冰箱	2～5 ℃	台	合用	
2	恒温培养箱	（30 ± 1）℃，（46 ± 1）℃	个	合用	
3	均质器		台	合用	
4	显微镜	10 × ～100 ×	台	1	
5	电子天平	感量 0.1 g	台	1	
6	无菌锥形瓶	100 mL、500 mL	个	2	
7	无菌吸管	1 mL、10 mL	支	10	
8	微量移液器	配吸头	套	1	
9	pH 计		台	1	
10	精密 pH 试纸		包	1	
11	无菌试管	16 mm × 160 mm	支	10	
12	无菌培养皿	直径 90 mm	个	10	
13	离心管	30 mm × 100 mm	个	10	
14	无菌注射器	1 mL	个	10	
15	单核细胞增生李斯特氏菌（*Listeria monocytogenes*）ATCC19111 或 CMCC54004，或其他等效标准菌株		株	1	
16	英诺克李斯特氏菌（*Listeria innocua*）ATCC33090，或其他等效标准菌株		株	1	
17	伊氏李斯特氏菌（*Listeria ivanovii*）ATCC19119，或其他等效标准菌株		株	1	

（续表）

序号	名称	型号与规格	单位	数量	检查确认
18	斯氏李斯特氏菌（*Listeria seeligeri*）ATCC35967，或其他等效标准菌株		株	1	
19	金黄色葡萄球菌（*Staphylococcus aureus*）ATCC25923 或其他产 β-溶血环金葡菌，或其他等效标准菌株		株	1	
20	马红球菌（*Rhodococcus equi*）ATCC6939 或 NCTC1621，或其他等效标准菌株		株	1	
21	小白鼠	16～18 g	只	10	
22	全自动微生物生化鉴定系统		台	合用	

任务筹划

单核细胞增生李斯特氏菌定性检验流程如图 8-4-1 所示。

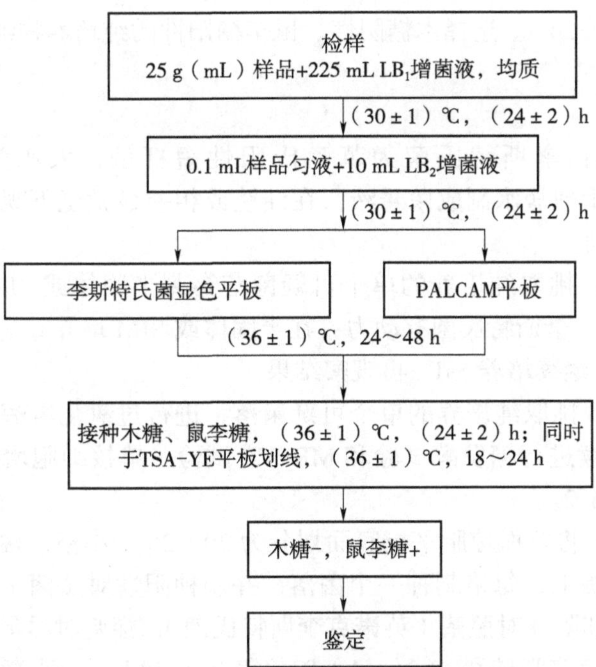

图 8-4-1　单核细胞增生李斯特氏菌定性检验流程

任务实施

一、增菌

以无菌操作取样品 25 g（mL）加入到含有 225 mL LB_1 增菌液的均质袋中，在拍击式均质器上连续均质 1～2 min；或放入盛有 225 mL LB_1 增菌液的均质杯中，8 000～10 000 r/min 均质 1～2 min。于（30 ± 1）℃培养 24 h，移取 0.1 mL，转种 10 mL LB_2 增菌液内，于（30 ± 1）℃培养（24 ± 2）h。

二、分离

取 LB_2 二次增菌液划线接种于 PALCAM 琼脂平板和李斯特氏菌显色培养基上，于（36 ± 1）℃培养 24～48 h，观察各个平板上生长的菌落。典型菌落在 PALCAM 琼脂平板上为小的圆形灰绿色菌落，周围有棕黑色水解圈，有些菌落有黑色凹陷；典型菌落在李斯特氏菌显色培养基上的特征按照产品说明进行判定。

三、初筛

自选择性琼脂平板上分别挑取 3～5 个典型或可疑菌落，分别接种在木糖、鼠李糖发酵管，于（36 ± 1）℃培养（24 ± 2）h；同时在 TSA-YE 平板上划线纯化，于（30 ± 1）℃培养 18～24 h。选择木糖阴性、鼠李糖阳性的纯培养物继续进行鉴定。

四、鉴定

（1）染色镜检：李斯特氏菌为革兰氏阳性短杆菌，大小为（0.4～0.5）μm ×（0.5～2.0）μm；用生理盐水制成菌悬液，在油镜或相差显微镜下观察，该菌出现轻微旋转或翻滚样的运动。

（2）动力试验：挑取纯培养的单个可疑菌落穿刺半固体或 SIM 动力培养基，于 25～30 ℃培养 48 h，李斯特氏菌有动力，在半固体或 SIM 培养基上方呈伞状生长，如伞状生长不明显，可继续培养 5 d，再观察结果。

（3）生化鉴定：挑取纯培养的单个可疑菌落，进行过氧化氢酶试验，过氧化氢酶阳性反应的菌落继续进行糖发酵试验和 MR-VP 试验。单核细胞增生李斯特氏菌的主要生化特征见表 8-4-2。

（4）溶血试验：将羊血琼脂平板底面划分为 20～25 个小格，挑取纯培养的单个可疑菌落刺种到血平板上，每格刺种一个菌落，并刺种阳性对照菌（单增李斯特氏菌和伊氏李斯特氏菌）和阴性对照菌（英诺克李斯特氏菌），穿刺时尽量接近底部，但不要触到底面，同时避免琼脂破裂，（36 ± 1）℃培养 24～48 h，于明亮处观察，单增李斯特氏菌呈现狭窄、清晰、明亮的溶血圈，斯氏李斯特氏菌在刺种点周围产生弱的透明溶血圈，英诺克李斯特氏菌无溶血圈，伊氏李斯特氏菌产生宽的、轮廓清晰的 β- 溶血区域，若结果不明显，可置 4 ℃冰箱 24～48 h 再观察。

（5）协同溶血试验 cAMP（可选项目）：在羊血琼脂平板上平行划线接种金黄色葡

萄球菌和马红球菌，挑取纯培养的单个可疑菌落垂直划线接种于平行线之间，垂直线两端不要触及平行线，距离 1～2 mm ，同时接种单核细胞增生李斯特氏菌、英诺克李斯特氏菌、伊氏李斯特氏菌和斯氏李斯特氏菌，于（36 ± 1）℃培养 24～48 h。单核细胞增生李斯特氏菌在靠近金黄色葡萄球菌处出现约 2 mm 的 β - 溶血增强区域，斯氏李斯特氏菌也出现微弱的溶血增强区域，伊氏李斯特氏菌在靠近马红球菌处出现 5～10 mm 的“箭头状” β - 溶血增强区域，英诺克李斯特氏菌不产生溶血现象。若结果不明显，可置 4 ℃冰箱 24～48 h 再观察。

注：5%～8% 的单核细胞增生李斯特氏菌在马红球菌一端有溶血增强现象。

表 8-4-2　单核细胞增生李斯特氏菌生化特征与其他李斯特氏菌的区别

菌种	溶血反应	葡萄糖	麦芽糖	MR-VP	甘露醇	鼠李糖	木糖	七叶苷
单核细胞增生李斯特氏菌（*L.monocytogenes*）	+	+	+	+/+	-	+	-	+
格氏李斯特氏菌（*L.grayi*）	-	+	+	+/+	+	-	-	+
斯氏李斯特氏菌（*L.seeligeri*）	+	+	+	+/+	-	-	-	-
威氏李斯特氏菌（*L welshimeri*）	-	+	+	+/+	-	V	+	+
伊氏李斯特氏菌（*L.ivanovii*）	+	+	+	+/+	-	-	+	+
英诺克李斯特氏菌（*L.innocua*）	-	+	+	+/+	-	V	-	+
注：+ 阳性；- 阴性；V 反应不定。								

五、小鼠毒力试验（可选择）

将符合上述特性的纯培养物接种于 TSB-YE 中，于（30 ± 1）℃培养 24 h，4 000 r/min 离心 5 min，弃上清液，用无菌生理盐水制备成浓度为 1 010 CFU/mL 的菌悬液，取此菌悬液进行小鼠腹腔注射 3～5 只，每只 0.5 mL，观察小鼠死亡情况。注射过致病株的小鼠于 2～5 d 内死亡。试验设单增李斯特氏菌致病株和灭菌生理盐水对照组。单核细胞增生李斯特氏菌、伊氏李斯特氏菌对小鼠有致病性。

六、结果与报告

综合以上生化试验和溶血试验结果，报告 25 g（mL）样品中检出或未检出单核细胞增生李斯特氏菌。

- **实训报告**

<table>
<tr><td colspan="8" align="center">操作记录</td></tr>
<tr><td colspan="8">实训名称：　　　　班级：
姓名：　　　　学号：</td></tr>
<tr><td colspan="8">培养基及试剂配制：</td></tr>
<tr><td colspan="8" align="center">检验记录</td></tr>
<tr><td colspan="8">检测项目：　　　　检测依据：
样品名称：　　　　样品数量：
收样日期：　　　　检测日期：</td></tr>
<tr><td colspan="8">操作步骤及反思：</td></tr>
<tr><td colspan="8" align="center">观察结果</td></tr>
<tr><td colspan="2" rowspan="2">菌落形态特征描述</td><td colspan="6">PALCAM 琼脂：</td></tr>
<tr><td colspan="6">李斯特显色培养基：</td></tr>
<tr><td colspan="2">初筛实验</td><td colspan="3" align="center">染色镜检</td><td colspan="3" rowspan="2">动力试验</td></tr>
<tr><td>木糖</td><td>鼠李糖</td><td>颜色</td><td colspan="2">形态</td></tr>
<tr><td></td><td></td><td></td><td colspan="2"></td><td colspan="3"></td></tr>
<tr><td colspan="8">生化试验</td></tr>
<tr><td>过氧化氢酶</td><td>葡萄糖</td><td>麦芽糖</td><td>MR-VP</td><td>甘露醇</td><td>七叶苷</td><td>溶血试验</td><td>协同溶血</td></tr>
<tr><td></td><td></td><td></td><td></td><td></td><td></td><td></td><td></td></tr>
<tr><td colspan="2">结果判定</td><td colspan="6"></td></tr>
</table>

任务评价

评价表					
项目	评价内容	分值	自评	互评	师评
样品制备	手的消毒：用75%酒精棉擦手心、手指、手背，干后进行操作	2			
	采样：样品称量、均质、无菌操作规范	3			
样品接种、分离培养与生化鉴定	划线接种：划线前接种环灼烧；划线时第一区域未与最后区域相连；划线时力度不大	3			
	接种环的使用：接种环持法正确；取培养物前接种环灼烧灭菌彻底并能冷却；取出培养物后接种针不碰壁、不过火；接种完接种环灼烧灭菌彻底	3			
	分离培养：培养温度时间控制合理，典型菌落选取正确	4			
	生化试验：正确使用微量移液管，正确判断典型菌落，正确使用接种环，生化反应结果判断准确	10			
结果	结果报告：报告结果规范、正确	5			
	物品的整理归位：台面整理干净、物品归位、无破损	3			
任务进度	阶段任务一：能够按照操作要求准确完成增菌	10			
	阶段任务二：能够根据操作要求准确规范完成菌种的分离	10			
	阶段任务三：能够根据李斯特氏菌检验程序完成染色镜检	10			
	任务进度四：能够根据李斯特氏菌检验程序完成生化鉴定实验	8			
	任务进度五：能够根据李斯特氏菌检验程序完成溶血试验	8			
任务质量	能够合理规范完成检测任务，并出具完整检测报告	2			
素养表现	清洁操作台面，器械清洁干净并摆放整齐	2			
	废液、废弃物处理合理	3			
	遵守实验室规定，操作文明、安全	4			
	严格执行操作程序，遵守无菌操作要求	3			
思政表现	实事求是的工作态度	3			
	科学严谨的研究态度	4			
合计		100			

子任务二 平板计数法检测单核细胞增生李斯特氏菌

任务工单

班级：________________ 姓名：________________ 学号：________________

任务名称	平板计数法检测单核细胞增生李斯特氏菌
任务描述	任务内容：通过任务实施，完成食品中单核细胞增生李斯特氏菌平板计数的检验，并能够确保检测过程正确规范，结果分析无误。 任务目的：合理进行样品预处理，并配制测定所需的试剂与培养基；能够在规定时间内规范正确地完成测定操作，能够完成单核细胞增生李斯特氏菌的菌落特征识别与平板计数，规范记录、结果判定正确。 任务流程：储备知识、准备仪器设备及试剂培养基、平板计数检测单核细胞增生李斯特氏菌、分析结果。 任务方法：实践操作法、小组协作。
获取信息	要完成任务，需要掌握相关的知识。请收集资料，回答以下问题。 1. 单核细胞增生李斯特氏菌样品该如何稀释？ 2. 在不同稀释度下，单核细胞增生李斯特式菌典型菌落该如何确认计数？ 3. 样品中单核细胞增生李斯特氏菌菌落数的计算公式是什么？ 4. 当计算的 T 值为“0”时该如何报告？

一、材料准备

培养基与试剂同子任务一。

二、工具准备

请你按照表 8-4-3 中的清单，准备好实验所需仪器及工具，并填写检查确认情况。

表 8-4-3　平板计数法检测单核细胞增生李斯特氏菌所需仪器及工具

序号	名称	型号与规格	单位	数量	检查确认
1	冰箱	2～5 ℃、7～10 ℃	台	合用	
2	恒温培养箱	（30 ± 1）℃、（36 ± 1）℃	个	合用	
3	恒温水浴箱	（36 ± 1）℃		合用	
4	均质器		台	合用	
5	电子天平	感量 0.1 g	台	1	
6	显微镜	10 × ～100 ×	台	1	
7	高压蒸汽灭菌锅		台	合用	
8	超净工作台		台	1	
9	无菌锥形瓶	1 000 mL、500 mL、250 mL	个	2	
10	无菌吸管	1 mL、10 mL	支	10	
11	微量移液器	配吸头	套	1	
12	pH 计		台	1	
13	无菌试管	18 mm × 180 mm 15 mm × 100 mm	支	10	

任务筹划

单核细胞增生李斯特氏菌平板计数流程如图 8-4-2 所示。

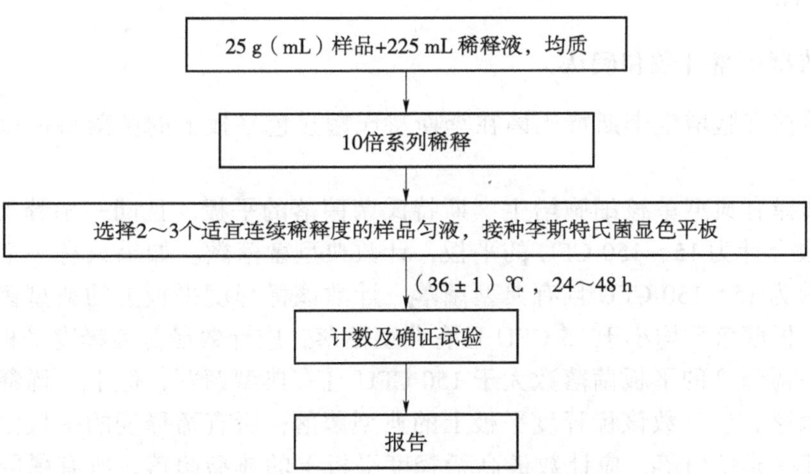

图 8-4-2　单核细胞增生李斯特氏菌平板计数法流程

任务实施

一、样品的稀释

以无菌操作称取样品 25 g（mL），放入盛 225 mL 缓冲蛋白胨水或无添加剂的 LB 肉汤的无菌均质袋（或均质杯）内，在拍击式均质器上连续均质 1～2 min 或以 8 000～10 000 r/min 均质 1～2 min。液体样品，振荡混匀制成 1∶10 的样品匀液。

用 1 mL 无菌吸管或微量移液器吸取 1∶10 样品匀液 1 mL，沿管壁缓慢注于盛有 9 mL 缓冲蛋白胨水或无添加剂的 LB 肉汤的无菌试管中（注意吸管或吸头尖端不要触及稀释液面），振摇试管或换用 1 支 1 mL 无菌吸管反复吹打使其混合均匀，制成 1∶100 的样品匀液。

按上述操作程序，制备 10 倍系列稀释样品匀液。每递增稀释 1 次，换用 1 支 1 mL 无菌吸管或吸头。

二、样品的接种

根据对样品污染状况的估计，选择 2～3 个适宜连续稀释度的样品匀液（液体样品可包括原液），每个稀释度的样品匀液分别吸取 1 mL 以 0.3 mL、0.3 mL、0.4 mL 的接种量分别加入 3 块李斯特氏菌显色平板，用无菌 L 棒涂布整个平板，注意不要触及平板边缘。使用前，如琼脂平板表面有水珠，可放在 25～50 ℃的培养箱里干燥，直到平板表面的水珠消失。

三、培养

在通常情况下，涂布后，将平板静置 10 min，如样液不易吸收，可将平板放在培养箱（36±1）℃培养 1 h；等样品匀液吸收后翻转平皿，倒置于培养箱，（36±1）℃培养 24～48 h。

四、典型菌落计数和确认

（1）单核细胞增生李斯特氏菌在李斯特氏菌显色平板上的菌落特征以产品说明为准。

（2）选择有典型单核细胞增生李斯特氏菌菌落的平板，且同一稀释度 3 个平板所有菌落数合计为 15～150 CFU 的平板，计数典型菌落数。如果只有一个稀释度的平板菌落数为 15～150 CFU 且有典型菌落，计数该稀释度平板上的典型菌落；所有稀释度的平板菌落数均小于 15 CFU 且有典型菌落，应计数最低稀释度平板上的典型菌落；某一稀释度的平板菌落数大于 150 CFU 且有典型菌落，但下一稀释度平板上没有典型菌落，应计数该稀释度平板上的典型菌落；所有稀释度的平板菌落数大于 150 CFU 且有典型菌落，应计数最高稀释度平板上的典型菌落；所有稀释度的平板菌落数均不在 15～150 CFU 范围内且有典型菌落，其中一部分小于 15 CFU 或大于 150 CFU 时，应计数最接近 15 CFU 或 150 CFU 的稀释度平板上的典型菌落。

以上按公式 8-4-1 计算。

2 个连续稀释度的平板菌落数均在 15～150 CFU 范围内，按公式 8-4-2 计算。

（3）从典型菌落中任选 5 个菌落（小于 5 个全选），分别按初筛及鉴定中的菌群进行鉴定。

五、结果计算

$$T=\frac{AB}{Cd} \quad \cdots\cdots（8-4-1）$$

式中：T——样品中单核细胞增生李斯特氏菌菌落数；

A——某一稀释度典型菌落的总数；

B——某一稀释度确证为单核细胞增生李斯特氏菌的菌落数；

C——某一稀释度用于单核细胞增生李斯特氏菌确证试验的菌落数；

d——稀释因子。

$$T=\frac{A_1B_1/C_1+A_2B_2/C_2}{1.1d} \quad \cdots\cdots（8-4-2）$$

式中：T——样品中单核细胞增生李斯特氏菌菌落数；

A_1——第一稀释度（低稀释倍数）典型菌落的总数；

B_1——第一稀释度（低稀释倍数）确证为单核细胞增生李斯特氏菌的菌落数；

C_1——第一稀释度（低稀释倍数）用于单核细胞增生李斯特氏菌确证试验的菌落数；

A_2——第二稀释度（高稀释倍数）典型菌落的总数；

B_2——第二稀释度（高稀释倍数）确证为单核细胞增生李斯特氏菌的菌落数；

C_2——第二稀释度（高稀释倍数）用于单核细胞增生李斯特氏菌确证试验的菌落数；

1.1——计算系数；

d——稀释因子（第一稀释度）。

六、结果报告

报告每 g（mL）样品中单核细胞增生李斯特氏菌菌数，以 CFU/g（mL）表示；如 T 值为 0，则以“小于 1”乘以最低稀释倍数报告。

- **实训报告**

操作记录	
实训名称： 姓名：	班级： 学号：
培养基及试剂配制：	

（续表）

<table>
<tr><td colspan="6">检验记录</td></tr>
<tr><td colspan="3">检测项目：
样品名称：
收样日期：</td><td colspan="3">检测依据：
样品数量：
检测日期：</td></tr>
<tr><td colspan="6">操作步骤及反思：</td></tr>
<tr><td>菌落形态特征描述</td><td colspan="5"></td></tr>
<tr><td colspan="3">各稀释度典型菌落数</td><td rowspan="2">用于确证试验菌落数</td><td rowspan="2">确证阳性菌落数</td><td rowspan="2">结果报告</td></tr>
<tr><td></td><td></td><td></td></tr>
<tr><td></td><td></td><td></td><td></td><td></td><td></td></tr>
<tr><td colspan="6">计算过程：</td></tr>
</table>

任务评价

评价表					
项目	评价内容	分值	自评	互评	师评
样品稀释	手的消毒：用 75% 酒精棉擦手心、手指、手背，干后进行操作	3			
	稀释：样品匀液制备正确、无菌；正确制备不同稀释倍数样品匀液	2			

（续表）

评价表					
项目	评价内容	分值	自评	互评	师评
样品接种及分离培养	划线接种：划线前接种环灼烧；划线时第一区域未与最后区域相连；划线时力度不大	5			
	接种环的使用：接种环持法正确；取培养物前接种环灼烧灭菌彻底并能冷却；取出培养物后接种针不碰壁、不过火；接种完接种环灼烧灭菌彻底	5			
	分离培养：培养温度时间控制合理，典型菌落选取正确	5			
	正确识别、鉴定典型单核细胞增生李斯特氏菌菌落并计数，完成结果计算	10			
结果	结果报告：报告结果计算正确；报告填写规范	10			
	物品的整理归位：台面整理干净、物品归位、无破损	5			
任务进度	阶段任务一：能够按照操作要求准确完成样品稀释	5			
	阶段任务二：能够根据操作要求准确规范完成样品的接种培养	10			
	阶段任务三：能够根据单核细胞增生李斯特氏菌典型群落特点，完成鉴定计数，并计算出结果	10			
任务质量	能够合理规范完成检测任务，并出具完整检测报告	3			
素养表现	清洁操作台面，器械清洁干净并摆放整齐	2			
	废液、废弃物处理合理	5			
	遵守实验室规定，操作文明、安全	5			
	严格执行操作程序，遵守无菌操作要求	5			
思政表现	实事求是的工作态度	5			
	科学严谨的研究态度	5			
合计		100			

子任务三　MPN 计数法检测单核细胞增生李斯特氏菌

任务工单

班级：________________　　姓名：________________　　学号：________________

任务名称	MPN 计数法检测单核细胞增生李斯特氏菌
任务描述	任务内容：通过任务实施，完成食品中单核细胞增生李斯特氏菌 MPN 计数的检验，并能够确保检测过程正确规范，结果分析无误。 任务目的：合理进行样品预处理，并配制测定所需的试剂与培养基；能够在规定时间内规范正确地完成测定操作，能够完成单核细胞增生李斯特氏菌的 MPN 计数法，规范记录、结果判定正确。 任务流程：储备知识、准备仪器设备及试剂培养基、MPN 计数检测单核细胞增生李斯特氏菌、分析结果。 任务方法：实践操作法、小组协作。
获取信息	要完成任务，需要掌握相关的知识。请收集资料，回答以下问题。 1. 单核细胞增生李斯特氏菌平板计数法与 MPN 计数法样品稀释是否一样？ 2. 单核细胞增生李斯特氏菌 MPN 计数法如何确证典型菌落？

一、材料准备

培养基与试剂同子任务一。

二、工具准备

请你按照表 8-4-4 中的清单，准备好实验所需仪器及工具，并填写检查确认情况。

表 8-4-4　MPN 计数法检测单核细胞增生李斯特氏菌所需仪器及工具

序号	名称	型号与规格	单位	数量	检查确认
1	冰箱	2～5 ℃、7～10 ℃	台	合用	
2	恒温培养箱	（30 ± 1）℃、（36 ± 1）℃	个	合用	
3	恒温水浴箱	（36 ± 1）℃		合用	
4	均质器		台	合用	
5	电子天平	感量 0.1 g	台	1	
6	显微镜	10 × ～100 ×	台	1	
7	高压蒸汽灭菌锅		台	合用	

（续表）

序号	名称	型号与规格	单位	数量	检查确认
8	超净工作台		台	1	
9	无菌锥形瓶	100 mL、500 mL	个	2	
10	无菌吸管	1 mL、10 mL	支	10	
11	微量移液器	配吸头	套	1	
12	精密 pH 试纸		包	1	
13	无菌试管	16 mm × 160 mm	支	10	
14	无菌培养皿	直径 90 mm	个	10	
15	离心管	30 mm × 100 mm	支	10	

任务筹划

单核细胞增生李斯特氏菌 MPN 计数流程如图 8-4-3 所示。

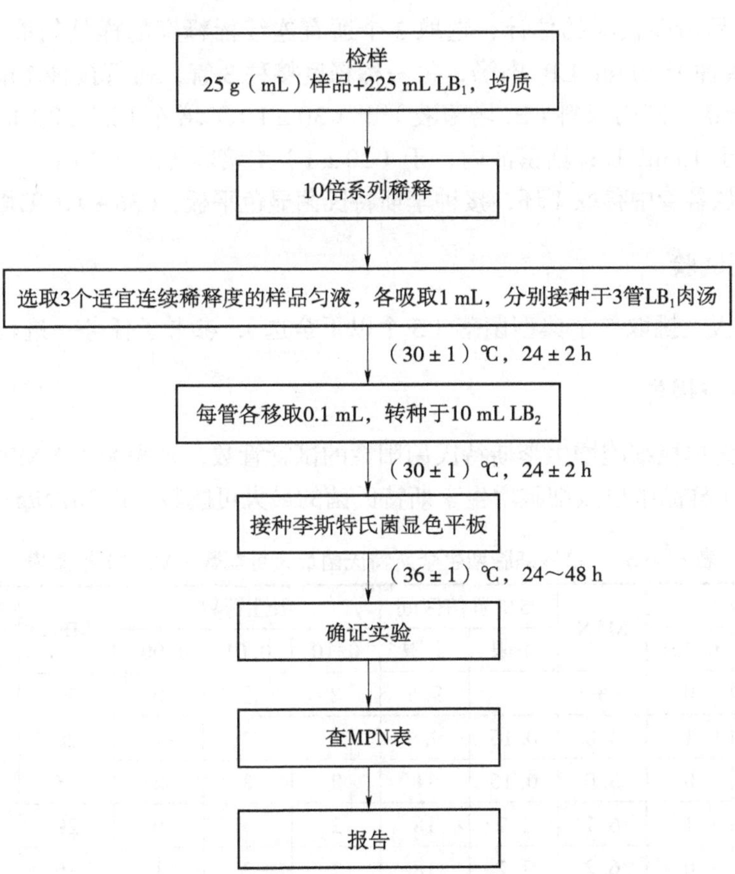

图 8-4-3　单核细胞增生李斯特氏菌 MPN 计数法检验流程

任务实施

一、样品的稀释

以无菌操作称取样品 25 g（mL），放入盛有 225 mL 缓冲蛋白胨水或无添加剂的 LB 肉汤的无菌均质袋（或均质杯）内，在拍击式均质器上连续均质 1～2 min 或以 8 000～10 000 r/min 均质 1～2 min。液体样品，振荡混匀，制成 1∶10 的样品匀液。

用 1 mL 无菌吸管或微量移液器吸取 1∶10 样品匀液 1 mL，沿管壁缓慢注于盛有 9 mL 缓冲蛋白胨水或无添加剂的 LB 肉汤的无菌试管中（注意吸管或吸头尖端不要触及稀释液面），振摇试管或换用 1 支 1 mL 无菌吸管反复吹打使其混合均匀，制成 1∶100 的样品匀液。

依次制备 10 倍系列稀释样品匀液。每递增稀释 1 次，换用 1 支 1 mL 无菌吸管或吸头。

二、接种和培养

根据对样品污染状况的估计，选取 3 个适宜连续稀释度的样品匀液（液体样品可包括原液），接种于 10 mL LB_1 肉汤，每一稀释度接种 3 管，每管接种 1 mL（如果接种量需要超过 1 mL，则用双料 LB_1 增菌液）于（30 ± 1）℃培养（24 ± 2）h。每管各移取 0.1 mL，转种于 10 mL LB_2 增菌液内，于（30 ± 1）℃培养（24 ± 2）h。

用接种环从各管中移取 1 环，接种李斯特氏菌显色平板，（36 ± 1）℃培养 24～48 h。

三、确证试验

自每块平板上挑取 5 个典型菌落（5 个以下全选），参考子任务一进行鉴定。

四、结果与报告

根据证实为单核细胞增生李斯特氏菌阳性的试管管数，查表 8-4-5 MPN 检索表，报告每克（毫升）样品中单核细胞增生李斯特氏菌的最大可能数，以 MPN/g（mL）表示。

表 8-4-5　单核细胞增生李斯特氏菌最大可能数（MPN）检索表

阳性管数			MPN	95% 置信区间		阳性管数			MPN	95% 置信区间	
0.10	0.01	0.001		下限	上限	0.10	0.01	0.001		下限	上限
0	0	0	<3.0		9.5	2	2	0	21	4.5	42
0	0	1	3.0	0.15	9.6	2	2	1	28	8.7	94
0	1	0	3.0	0.15	11	2	2	2	35	8.7	94
0	1	1	6.1	1.2	18	2	3	0	29	8.7	94
0	2	0	6.2	1.2	18	2	3	1	36	8.7	94
0	3	0	9.4	3.6	38	3	0	0	23	4.6	94
1	0	0	3.6	0.17	18	3	0	1	38	8.7	110

（续表）

阳性管数			MPN	95% 置信区间		阳性管数			MPN	95% 置信区间	
0.10	0.01	0.001		下限	上限	0.10	0.01	0.001		下限	上限
1	0	1	7.2	1.3	18	3	0	2	64	17	180
1	0	2	11	3.6	38	3	1	0	43	9	180
1	1	0	7.4	1.3	20	3	1	1	75	17	200
1	1	1	11	3.6	38	3	1	2	120	37	420
1	2	0	11	3.6	42	3	1	3	160	40	420
1	2	1	15	4.5	42	3	2	0	93	18	420
1	3	0	16	4.5	42	3	2	1	150	37	420
2	0	0	9.2	1.4	38	3	2	2	210	40	430
2	0	1	14	3.6	42	3	2	3	290	90	1 000
2	0	2	20	4.5	42	3	3	0	240	42	1 000
2	1	0	15	3.7	42	3	3	1	460	90	2 000
2	1	1	20	4.5	42	3	3	2	1 100	180	4 100
2	1	2	27	8.7	94	3	3	3	>1 100	420	

注：（1）本表采用 3 个稀释度 [0.1 g（mL）、0.01 g（mL）和 0.001 g（mL）]、每个稀释度接种 3 管。

（2）表内所列检样量如改用 1 g（mL）、0.1 g（mL）和 0.01 g（mL）时，表内数字应相应降低 10 倍；如改用 0.01 g（mL）、0.001 g（mL）、0.0001 g（mL）时，则表内数字应相应增高 10 倍，其余类推。

• 实训报告

操作记录	
实训名称： 姓名：	班级： 学号：
培养基及试剂配制：	
检验记录	
检测项目： 样品名称： 收样日期：	检测依据： 样品数量： 检测日期：
操作步骤及反思：	

（续表）

<table>
<tr><td colspan="4">结果判定</td></tr>
<tr><td colspan="3">各稀释度证实为阳性的管数</td><td>查 MPN 表结果报告</td></tr>
<tr><td></td><td></td><td></td><td rowspan="2"></td></tr>
<tr><td></td><td></td><td></td></tr>
<tr><td colspan="4">计算过程：</td></tr>
</table>

任务评价

<table>
<tr><td rowspan="13">任务评价</td><td colspan="6">评价表</td></tr>
<tr><td>项目</td><td>评价内容</td><td>分值</td><td>自评</td><td>互评</td><td>师评</td></tr>
<tr><td rowspan="2">样品稀释</td><td>手的消毒：用 75% 酒精棉擦手心、手指、手背，干后进行操作</td><td>3</td><td></td><td></td><td></td></tr>
<tr><td>稀释：样品匀液制备正确、无菌；稀释的样品匀液倍数正确</td><td>2</td><td></td><td></td><td></td></tr>
<tr><td rowspan="4">样品接种及分离培养</td><td>划线接种：划线前接种环灼烧；划线时第一区域未与最后区域相连；划线时力度不大</td><td>5</td><td></td><td></td><td></td></tr>
<tr><td>接种环的使用：接种环持法正确；取培养物前接种环灼烧灭菌彻底并能冷却；取出培养物后接种针不碰壁、不过火；接种完接种环灼烧灭菌彻底</td><td>5</td><td></td><td></td><td></td></tr>
<tr><td>分离培养：培养温度时间控制合理，典型菌落选取正确</td><td>5</td><td></td><td></td><td></td></tr>
<tr><td>正确识别、鉴定典型单核细胞增生李斯特氏菌菌落进行鉴定试验，查 MPN 表得出结果</td><td>10</td><td></td><td></td><td></td></tr>
<tr><td rowspan="2">结果</td><td>结果报告：报告结果规范、正确</td><td>5</td><td></td><td></td><td></td></tr>
<tr><td>物品的整理归位：台面整理干净、物品归位、无破损</td><td>5</td><td></td><td></td><td></td></tr>
<tr><td rowspan="3">任务进度</td><td>阶段任务一：能够按照操作要求准确完成样品稀释</td><td>7</td><td></td><td></td><td></td></tr>
<tr><td>阶段任务二：能够根据操作要求准确规范完成样品的接种培养</td><td>8</td><td></td><td></td><td></td></tr>
<tr><td>阶段任务三：能够根据李斯特氏菌阳性的试管管数，得出样品中单核细胞增生李斯特氏菌的最大可能数</td><td>10</td><td></td><td></td><td></td></tr>
</table>

（续表）

<table>
<tr><td rowspan="10">任务评价</td><td colspan="6">评价表</td></tr>
<tr><td>项目</td><td>评价内容</td><td>分值</td><td>自评</td><td>互评</td><td>师评</td></tr>
<tr><td>任务质量</td><td>能够合理规范完成检测任务，并出具完整检测报告</td><td>5</td><td></td><td></td><td></td></tr>
<tr><td rowspan="4">素养表现</td><td>清洁操作台面，器械清洁干净并摆放整齐</td><td>5</td><td></td><td></td><td></td></tr>
<tr><td>废液、废弃物处理合理</td><td>5</td><td></td><td></td><td></td></tr>
<tr><td>遵守实验室规定，操作文明、安全</td><td>5</td><td></td><td></td><td></td></tr>
<tr><td>严格执行操作程序，遵守无菌操作要求</td><td>5</td><td></td><td></td><td></td></tr>
<tr><td rowspan="2">思政表现</td><td>实事求是的工作态度</td><td>5</td><td></td><td></td><td></td></tr>
<tr><td>科学严谨的研究态度</td><td>5</td><td></td><td></td><td></td></tr>
<tr><td colspan="2">合计</td><td>100</td><td></td><td></td><td></td></tr>
</table>

任务五　检测食品中的志贺氏菌

任务导入

你是某检测技术公司的食品检测员，今天接到任务，要完成公司的一批生蔬菜检测订单中志贺氏菌项目的测定，依据检测工作一般流程，完成本次检测项目任务。

任务工单

班级：__________　姓名：__________　学号：__________

<table>
<tr><td>任务名称</td><td>检测生蔬菜中的志贺氏菌</td></tr>
<tr><td>任务描述</td><td>任务内容：通过任务实施，完成生蔬菜中志贺氏菌的检验，并能够确保检测过程正确规范，结果分析无误。
任务目的：合理进行样品预处理，并配制测定所需的试剂与培养基；能够在规定时间内规范正确地完成测定操作，能够完成志贺氏菌的菌落特征识别并完成生化试验，规范记录、依据生化试验结果判定其是否为阳性。
任务流程：储备知识、准备仪器设备及试剂培养基、检测志贺氏菌、分析结果。
任务方法：实践操作法、小组协作。</td></tr>
</table>

（续表）

<table>
<tr><td>获取信息</td><td>要完成任务，需要掌握相关的知识。请收集资料，回答以下问题。
1. 志贺氏菌有哪些生物学特性？

2. 志贺氏菌在 XLD 平板和 MAC 平板上的菌落特征是怎样的？

3. 志贺氏菌的生化鉴定试验包括哪些？</td></tr>
</table>

任务准备

一、知识准备

（一）志贺氏菌生物学特性

1. 形态特性

志贺氏菌为革兰氏阴性菌，无芽孢，无荚膜、无鞭毛、有菌毛。

2. 培养特性

需氧或兼性厌氧菌，营养要求不高，在普通培养基上可以生长，形成中等大小、半透明的光滑菌落，边缘整齐，直径约 2 mm。宋内志贺菌菌落一般较大，较不透明，并常出现扁平的粗糙型菌落。

3. 生化特性

在肠道鉴别培养基上形成无色，半透明的菌落，均能分解葡萄糖，只产酸不产气，除宋内志贺菌迟缓发酵乳糖外，均不分解乳糖。产生现象不确定，甲基红阳性，VP 试验阴性，不分解尿素，不产生 H_2S。最适培养温度为 37 ℃，最适 pH 值为 6.4～7.8。在液体培养基中呈均匀浑浊生长，一般不形成沉淀，无菌膜形成。志贺氏菌的抵抗力比其他肠道杆菌弱，对酸和一般消毒剂敏感。

（二）检验意义

人和灵长类是志贺氏菌的适宜宿主，营养不良的幼儿、老人及免疫缺陷者更为易感。志贺氏菌病常为食物爆发型或经水传播。和志贺氏菌病相关的食品包括沙拉、生的蔬菜、奶和奶制品、禽、水果、面包制品、汉堡包、有鳍鱼类。志贺氏菌在拥挤和不卫生条件下能迅速传播，经常发现于人员大量集中的地方如餐厅、食堂。食源性志贺氏菌流行的最主要原因是从事食品加工行业人员患菌痢或带菌者污染食品，食品接触人员个人卫生差，存放已污染的食品温度不适当等。

根据抗原结构不同，按最新国际分类法，将志贺氏菌分为 4 个群、39 个血清型：A 群，也称痢疾志贺菌（*S. dysenteriae*），有 10 个血清型；B 群，也称福氏志贺菌（*S. flexner*），有 13 个血清型；C 群，也称鲍氏志贺菌（*S. boydii*），有 15 个血清型；D 群，也称宋内志贺菌（*S. sonnei*），1 个血清型。

二、材料准备

本次志贺氏菌检测项目任务主要参考 GB 4789.5—2012《食品安全国家标准　食品微生物学检验　志贺氏菌检验》。在检验项目开始前需准备好以下材料：志贺氏菌增菌肉汤－新生霉素、麦康凯（MAC）琼脂、木糖赖氨酸脱氧胆酸盐（XLD）琼脂、三糖铁（TSI）琼脂、营养琼脂斜面、半固体琼脂、葡萄糖铵培养基、尿素琼脂、β－半乳糖苷酶培养基、氨基酸脱羧酶试验培养基、糖发酵管、西蒙氏柠檬酸盐培养基、粘液酸盐培养基、蛋白胨水、靛基质试剂。配制方法详见二维码。

小学士

测定志贺氏菌所需试剂及配制方法

三、工具准备

请你按照表 8-5-1 中的清单，准备好实验所需仪器及工具，并填写检查确认情况。

表 8-5-1　检测志贺氏菌所需仪器及工具清单

序号	名称	型号与规格	单位	数量	检查确认
1	冰箱	2～5 ℃	台	合用	
2	恒温培养箱	（36 ± 1）℃	个	合用	
3	膜过滤系统		套	合用	
4	厌氧培养装置	（41.5 ± 1）℃	台	合用	
5	均质器		台	1	
6	振荡器		台	1	
7	电子天平	感量 0.1 g	台	1	
8	无菌吸管	1 mL、10 mL	支	10	
9	微量移液器	配吸头	套	1	
10	pH 计		台	1	
11	精密 pH 试纸		包	1	
12	无菌均质杯或无菌均质袋	500 mL	个	2	
13	无菌培养皿	直径 90 mm	个	10	
14	无菌手术剪、镊子		个	1	
15	高压蒸汽灭菌锅		台	合用	
16	超净工作台		台	1	
17	全自动微生物生化鉴定系统		台	合用	
18	显微镜	10 × ～100 ×	台	1	

任务筹划

志贺氏菌检测项目流程如图 8-5-1 所示。

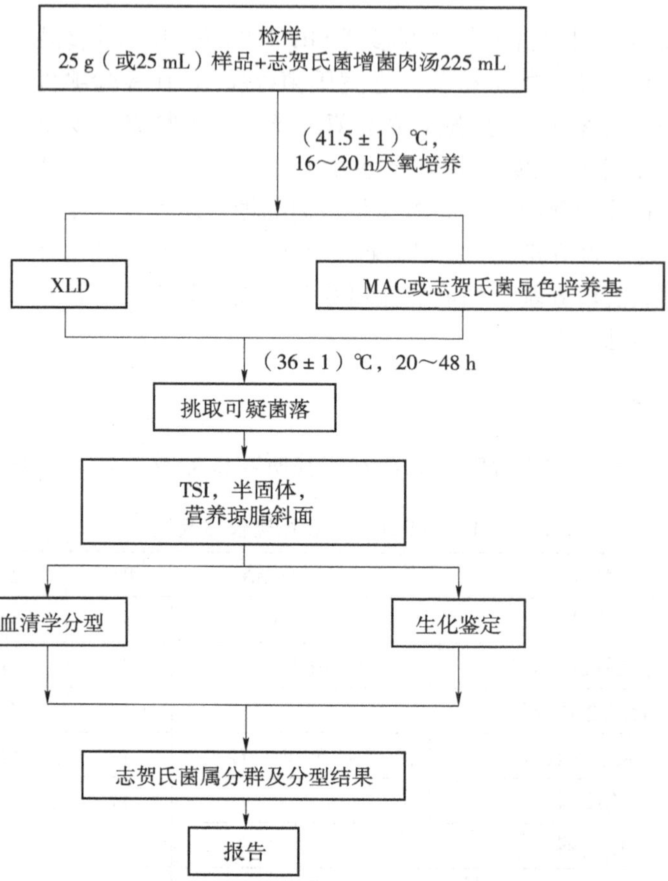

图 8-5-1　志贺氏菌检测流程

任务实施

一、增菌

以无菌操作取检样 25 g（mL），加入装有灭菌 225 mL 志贺氏菌增菌肉汤的均质杯，用旋转刀片式均质器以 8 000～10 000 r/min 均质；或加入装有 225 mL 志贺氏菌增菌肉汤的均质袋中，用拍击式均质器连续均质 1～2 min，液体样品振荡混匀即可。于（41.5±1）℃，厌氧培养 16～20 h。

二、分离

取增菌后的志贺氏菌增菌液分别划线接种于 XLD 琼脂平板和 MAC 琼脂平板或志

贺氏菌显色培养基平板上，于（36±1）℃培养 20～24 h，观察各个平板上生长的菌落形态。宋内氏志贺氏菌的单个菌落直径大于其他志贺氏菌。若出现的菌落不典型或菌落较小不易观察，则继续培养至 48 h 再进行观察。志贺氏菌在不同选择性琼脂平板上的菌落特征见表 8-5-2。

表 8-5-2　志贺氏菌在不同选择性琼脂平板上的菌落特征

选择性琼脂平板	志贺氏菌的菌落特征
MAC 琼脂	无色至浅粉红色，半透明、光滑、湿润、圆形、边缘整齐或不齐
XLD 琼脂	粉红色至无色，半透明、光滑、湿润、圆形、边缘整齐或不齐
志贺氏菌显色培养基	按照显色培养基的说明进行判定

三、初步生化试验

自选择性琼脂平板上分别挑取 2 个以上典型或可疑菌落，分别接种 TSI、半固体和营养琼脂斜面各一管，置（36±1）℃培养 20～24 h，分别观察结果。

凡是三糖铁琼脂中斜面产碱、底层产酸（发酵葡萄糖，不发酵乳糖，蔗糖）、不产气（福氏志贺氏菌 6 型可产生少量气体）、不产硫化氢、半固体管中无动力的菌株，挑取已培养的营养琼脂斜面上生长的菌苔，进行生化试验和血清学分型。

四、生化试验及附加生化试验

（一）生化实验

用初步生化实验中已培养的营养琼脂斜面上生长的菌苔，进行生化试验，即β-半乳糖苷酶、尿素、赖氨酸脱羧酶、鸟氨酸脱羧酶以及水杨苷和七叶苷的分解试验。除宋内氏志贺氏菌、鲍氏志贺氏菌 13 型的鸟氨酸阳性；宋内氏菌和痢疾志贺氏菌 1 型，鲍氏志贺氏菌 13 型的β-半乳糖苷酶为阳性以外，其余生化试验志贺氏菌属的培养物均为阴性结果。另外由于福氏志贺氏菌 6 型的生化特性和痢疾志贺氏菌或鲍氏志贺氏菌相似，必要时还需加做靛基质、甘露醇、棉子糖、甘油试验，也可做革兰氏染色检查和氧化酶试验，应为氧化酶阴性的革兰氏阴性杆菌。生化反应不符合的菌株，即使能与某种志贺氏菌分型血清发生凝集，仍不得判定为志贺氏菌属。志贺氏菌属生化特性见表 8-5-3。

表 8-5-3　志贺氏菌属四个群的生化特征

生化反应	A 群：痢疾志贺氏菌	B 群：福氏志贺氏菌	C 群：鲍氏志贺氏菌	D 群：宋内氏志贺氏菌
β-半乳糖苷酶	-[a]	-	-[a]	+
尿素	-	-	-	-
赖氨酸脱羧酶	-	-	-	-
鸟氨酸脱羧酶	-	-	-[b]	+

（续表）

生化反应	A 群：痢疾志贺氏菌	B 群：福氏志贺氏菌	C 群：鲍氏志贺氏菌	D 群：宋内氏志贺氏菌
水杨苷	-	-	-	-
七叶苷	-	-	-	-
靛基质	-/+	（+）	-/+	-
甘露醇	-	+[c]	+	+
棉子糖	-	+	-	+
甘油	（+）	-	（+）	d
注：+ 表示阳性；- 表示阴性；-/+ 表示多数阴性；+/- 表示多数阳性；（+）表示迟缓阳性；d 表示有不同生化型。				
a 痢疾志贺 1 型和鲍氏 13 型为阳性。 b 鲍氏 13 型为鸟氨酸阳性。 c 福氏 4 型和 6 型常见甘露醇阴性变种。				

（二）附加生化实验

由于某些不活泼的大肠埃希氏菌（anaerogenic *E.coli*）、A-D（Alkalescens-Disparbiotypes 碱性 - 异型）菌的部分生化特征与志贺氏菌相似，并能与某种志贺氏菌分型血清发生凝集；因此前面生化实验符合志贺氏菌属生化特性的培养物还需另加葡萄糖胺、西蒙氏柠檬酸盐、黏液酸盐试验（36 ℃培养 24～48 h）。志贺氏菌属和不活泼大肠埃希氏菌、A-D 菌的生化特性区别见表 8-5-4。

表 8-5-4　志贺氏菌属和不活泼大肠埃希氏菌、A-D 菌的生化特性区别

生化反应	A 群：痢疾志贺氏菌	B 群：福氏志贺氏菌	C 群：鲍氏志贺氏菌	D 群：宋内氏志贺氏菌	大肠埃希氏菌	A-D 菌
葡萄糖铵	-	-	-	-	+	+
西蒙氏柠檬酸盐	-	-	-	-	d	d
黏液酸盐	-	-	-	d	+	d
注 1：+ 表示阳性；- 表示阴性；d 表示有不同生化型。 注 2：在葡萄糖铵、西蒙氏柠檬酸盐、黏液酸盐试验三项反应中志贺氏菌一般为阴性，而不活泼的大肠埃希氏菌、A-D（碱性 - 异型）菌至少有一项反应为阳性。						

五、血清学鉴定

（一）抗原的准备

志贺氏菌属没有动力，所以没有鞭毛抗原。志贺氏菌属主要有菌体（O）抗原，菌体 O 抗原又可分为型和群的特异性抗原。

一般采用 1.2%～1.5% 琼脂培养物作为玻片凝集试验用的抗原。

注意事项

（1）一些志贺氏菌如果因为 K 抗原的存在而不出现凝集反应时，可挑取菌苔于 1 mL 生理盐水做成浓菌液，100 ℃煮沸 15～60 min 去除 K 抗原后再检查。

（2）D 群志贺氏菌既可能是光滑型菌株也可能是粗糙型菌株，与其他志贺氏菌群抗原不存在交叉反应。与肠杆菌科不同，宋内氏志贺氏菌粗糙型菌株不一定会自凝。宋内氏志贺氏菌没有 K 抗原。

（二）凝集反应

在玻片上划出 2 个约 1 cm×2 cm 的区域，挑取一环待测菌，各放 1/2 环于玻片上的每一区域上部，在其中一个区域下部加 1 滴抗血清，在另一区域下部加入 1 滴生理盐水，作为对照。再用无菌的接种环或针分别将两个区域内的菌落研成乳状液。将玻片倾斜摇动混合 1 min，并对着黑色背景进行观察，如果抗血清中出现凝结成块的颗粒，而且生理盐水中没有发生自凝现象，那么凝集反应为阳性。如果生理盐水中出现凝集，视作为自凝。这时，应挑取同一培养基上的其他菌落继续进行试验。

如果待测菌的生化特征符合志贺氏菌属生化特征，而其血清学试验为阴性的话，则按上述注意事项（1）进行试验。

（三）血清学分型（选做项目）

先用 4 种志贺氏菌多价血清检查，如果呈现凝集，则再用相应各群多价血清分别试验。先用 B 群福氏志贺氏菌多价血清进行实验，如呈现凝集，再用其群和型因子血清分别检查。如果 B 群多价血清不凝集，则用 D 群宋内氏志贺氏菌血清进行实验，如呈现凝集，则用其Ⅰ相和Ⅱ相血清检查；如果 B、D 群多价血清都不凝集，则用 A 群痢疾志贺氏菌多价血清及 1～12 各型因子血清检查，如果上述三种多价血清都不凝集，可用 C 群鲍氏志贺氏菌多价检查，并进一步用 1～18 各型因子血清检查。福氏志贺氏菌各型和亚型的型抗原和群抗原鉴别见表 5-5-5。

表 5-5-5　福氏志贺氏菌各型和亚型的型抗原和群抗原的鉴别表

型和亚型	型抗原	群抗原	在群因子血清中的凝集		
			3,4	6	7,8
1a	Ⅰ	4	+	−	−
1b	Ⅰ	（4）,6	（+）	+	−
2a	Ⅱ	3,4	+	−	−
2b	Ⅱ	7,8	−	−	+
3a	Ⅲ	（3,4）,6,7,8	（+）	+	+
3b	Ⅲ	（3,4）,6	（+）	+	−
4a	Ⅳ	3,4	+	−	−

（续表）

型和亚型	型抗原	群抗原	在群因子血清中的凝集		
			3,4	6	7,8
4b	Ⅳ	6	−	+	−
4c	Ⅳ	7,8	−	−	+
5a	Ⅴ	（3,4）	（+）	−	−
5b	Ⅴ	7,8	−	−	+
6	Ⅵ	4	+	−	−
X	−	7,8	−	−	+
Y	−	3,4	+	−	−
注：+ 表示凝集；− 表示不凝集；（+）表示有或无。					

六、结果与报告

综合以上生化试验和血清学鉴定的结果，报告 25 g（mL）样品中检出或未检出志贺氏菌。

- **实训报告**

操作记录		
实训名称： 姓名：		班级： 学号：
培养基及试剂配制：		
检验记录		
检测项目： 样品名称： 收样日期：		检测依据： 样品数量： 检测日期：
操作步骤及反思：		
观察结果		
分离菌落形态	XLD 平板：	
	MAC 平板：	

（续表）

TSI 试验			动力试验			附加生化试验			
生化试验									
半乳糖苷酶	尿素	赖氨酸脱羧酶	鸟氨酸脱羧酶	水杨苷	七叶苷	靛基质	甘露醇	棉子糖	甘油
血清学鉴定				结果报告					

任务评价

评价表					
项目	评价内容	分值	自评	互评	师评
预增菌	手的消毒：用 75% 酒精棉擦手心、手指、手背，干后进行操作	2			
	采样：样品称量、均质、无菌操作规范	3			
	划线接种：划线前接种环灼烧；划线时第一区域未与最后区域相连；划线时力度不大	5			
	接种环的使用：接种环持法正确；取培养物前接种环灼烧灭菌彻底并能冷却；取出培养物后接种针不碰壁、不过火；接种完接种环灼烧灭菌彻底	5			
	分离培养：培养温度时间控制合理，典型菌落选取正确	10			
生化鉴定	生化试验：正确使用微量移液管，正确判断典型菌落，正确使用接种环，生化反应结果判断准确	10			
	血清学鉴定：接种环使用正确，血清凝固判定准确，结果观察判定准确	10			
结果	结果报告：报告结果规范、正确	5			
	物品的整理归位：台面整理干净、物品归位、无破损	5			
任务进度	阶段任务一：能够按照操作要求准确完成增菌	5			
	阶段任务二：能够根据操作要求准确规范完成菌种的分离	5			
	阶段任务三：能够根据志贺氏菌检验流程进行初步鉴定及确证试验	5			

（续表）

评价表					
项目	评价内容	分值	自评	互评	师评
任务质量	能够合理规范完成检测任务，并出具完整检测报告	5			
素养表现	清洁操作台面，器械清洁干净并摆放整齐	4			
	废液、废弃物处理合理	4			
	遵守实验室规定，操作文明、安全	4			
	严格执行操作程序，遵守无菌操作要求	3			
思政表现	实事求是的工作态度	5			
	科学严谨的研究态度	5			
合计					

参考文献

国家质量监督检验检疫总局，国家标准化管理委员会，2005. 食品中苏丹红染料的检测方法　高效液相色谱法：GB/T 19681—2005[S]. 北京：中国标准出版社 .

王建刚，李增绪，宋德花，2023. 食品理化检测技术 [M]. 北京：化学工业出版社 .

张爽，2024. 食品微生物检验技术 [M]. 北京：化学工业出版社 .

中华人民共和国国家卫生和计划生育委员会，2014. 食品安全国家标准　食品微生物学检验　副溶血性弧菌检验：GB 4789.7—2013[S]. 北京：中国标准出版社 .

中华人民共和国国家卫生和计划生育委员会，2016. 食品安全国家标准　食品中还原糖的测定：GB 5009.7—2016[S]. 北京：中国标准出版社 .

中华人民共和国国家卫生和计划生育委员会，2016. 食品安全国家标准　食品中灰分的测定：GB 5009.4—2016[S]. 北京：中国标准出版社 .

中华人民共和国国家卫生和计划生育委员会，2016. 食品安全国家标准　食品中抗坏血酸的测定：GB 5009.86—2016[S]. 北京：中国标准出版社 .

中华人民共和国国家卫生和计划生育委员会，2016. 食品安全国家标准　食品中水分的测定：GB 5009.3—2016[S]. 北京：中国标准出版社 .

中华人民共和国国家卫生和计划生育委员会，2016. 食品安全国家标准　食品中酸度的测定：GB 5009.239—2016[S]. 北京：中国标准出版社 .

中华人民共和国国家卫生和计划生育委员会，2016. 食品安全国家标准　食品中酸价的测定：GB 5009.229—2016[S]. 北京：中国标准出版社 .

中华人民共和国国家卫生和计划生育委员会，国家食品药品监督管理总局，2017. 食品安全国家标准　食品微生物学检验　单核细胞增生李斯特氏菌检验：GB 4789.30—2016[S]. 北京：中国标准出版社 .

中华人民共和国国家卫生和计划生育委员会，国家食品药品监督管理总局，2017. 食品安全国家标准　食品微生物学检验　金黄色葡萄球菌检验：GB 4789.10—2016[S]. 北京：中国标准出版社 .

中华人民共和国国家卫生和计划生育委员会，国家食品药品监督管理总局，2017. 食品安全国家标准　食品中 9 种抗氧化剂的测定：GB 5009.32—2016[S]. 北京：中国标准出版社 .

中华人民共和国国家卫生和计划生育委员会，国家食品药品监督管理总局，2017. 食品安全国家标准　食品中苯甲酸、山梨酸和糖精钠的测定：GB 5009.28—2016[S]. 北京：中国标准出版社 .

中华人民共和国国家卫生和计划生育委员会，国家食品药品监督管理总局，2017. 食品安全国家标准　食品中蛋白质的测定：GB 5009.5—2016[S]. 北京：中国标准出版社 .

中华人民共和国国家卫生和计划生育委员会，国家食品药品监督管理总局，2017. 食品安全国家标准　食品中钙的测定：GB 5009.92—2016[S]. 北京：中国标准出版社 .

中华人民共和国国家卫生和计划生育委员会，国家食品药品监督管理总局，2017. 食品安全国家标准　食品中黄曲霉毒素 B 族和 G 族的测定：GB 5009.22—2016[S]. 北京：中国标准出版社 .

中华人民共和国国家卫生和计划生育委员会，国家食品药品监督管理总局，2017. 食品安全国家标准　食品中钾、钠的测定：GB 5009.91—2017[S]. 北京：中国标准出版社 .

中华人民共和国国家卫生和计划生育委员会，国家食品药品监督管理总局，2017. 食品安全国家标准　食品中亚硝酸盐与硝酸盐的测定：GB 5009.33—2016[S]. 北京：中国标准出版社 .

中华人民共和国国家卫生和计划生育委员会，国家食品药品监督管理总局，2017. 食品安全国家标准　食品中脂肪的测定：GB 5009.6—2016[S]. 北京：中国标准出版社 .

中华人民共和国国家卫生和计划生育委员会，中华人民共和国农业部，国家食品药品监督管理总局，2017. 食品安全国家标准　水果和蔬菜中 500 种农药及相关化学品残留量的测定　气相色谱 - 质谱法：GB 23200.8—2016[S]. 北京：中国标准出版社 .

中华人民共和国国家卫生健康委员会，国家市场监督管理总局，2022. 食品安全国家标准　食品中二氧化硫的测定：GB 5009.34—2022[S]. 北京：中国标准出版社 .

中华人民共和国国家卫生健康委员会，国家市场监督管理总局，2023. 食品安全国家标准　食品中过氧化值的测定：GB 5009.227—2023[S]. 北京：中国标准出版社 .

中华人民共和国国家卫生健康委员会，国家市场监督管理总局，2023. 食品安全国家标准　食品中铅的测定：GB 5009.12—2023[S]. 北京：中国标准出版社 .

中华人民共和国国家卫生健康委员会，国家市场监督管理总局，2023. 食品安全国家标准　食品中三氯蔗糖（蔗糖素）的测定：GB 5009.298—2023[S]. 北京：中国标准出版社 .

中华人民共和国国家卫生健康委员会，国家市场监督管理总局，2023. 食品安全国家标准　食品中膳食纤维的测定：GB 5009.88—2023[S]. 北京：中国标准出版社 .

中华人民共和国国家卫生健康委员会，国家市场监督管理总局，2024. 食品安全国家标准　食品微生物学检验　沙门氏菌检验：GB 4789.4—2024[S]. 北京：中国标准出版社 .

中华人民共和国国家卫生健康委员会，国家市场监督管理总局，2024. 食品安全国家标准　食品相对密度的测定：GB 5009.2—2024[S]. 北京：中国标准出版社 .

中华人民共和国国家质量监督检验检疫总局，中国国家标准化管理委员会，2016. 化学试剂　标准滴定溶液的制备：GB/T 601—2016[S]. 北京：中国标准出版社 .

中华人民共和国国家质量监督检验检疫总局，中国国家标准化管理委员会 . 2008. 动物源性食品中四环素类兽药残留量检测方法　液相色谱 - 质谱 / 质谱法与高效液相色谱法：GB/T 21317—2007[S]. 北京：中国标准出版社 .
中华人民共和国国家质量监督检验检疫总局，中国国家标准化管理委员会 . 2008. 肉制品　维生素 C 含量测定：GB/T 9695.29—2008[S]. 北京：中国标准出版社 .
中华人民共和国国家质量监督检验检疫总局，中国国家标准化管理委员会 . 2008. 原料乳与乳制品中三聚氰胺检测方法：GB/T 22388—2008[S]. 北京：中国标准出版社 .
中华人民共和国卫生部，2012. 食品安全国家标准　食品微生物学检验　志贺氏菌检验：GB 4789.5—2012[S]. 北京：中国标准出版社 .
周扬，张放，李妍，2023. 食品检测技术 [M]. 成都：西南交通大学出版社 .
朱克永，2011. 食品检测技术 理化检测 感官检测技术 [M]. 北京：科学出版社 .